U0059540

電路板技術與應用彙編

林定皓　編著

全華圖書股份有限公司

編者序

　　電路板製造技術是電子、電機產業的重要環節，它可摒除傳統配線凌亂與難大量複製的問題，對各種用到電能、電訊的產品，都有舉足輕重的影響。自電晶體發明以來，傳統真空管面對的高耗能、發熱等問題得以改善，而可用電路板建構通路。電子科技發展，又讓這類技術可應用在電子構裝範疇。目前全球電路板產業，幾乎以亞洲為中心，而華文世界所佔比例又居首，這些更讓產業需要有可參考的完整中文資料。

　　市面常見的中文電路板技術書籍，比較偏向理論性陳述，或者是透過外文翻譯成書。要有系統性的討論，或者做全系列研討，則比較偏向單篇集結難免零散不連貫，還常缺少生產現場的經驗陳述與分享。閱讀書籍除了增長知識，實用性應該更為重要，這是筆者多年來動手整理資料的重要原動力。

　　筆者多年任職生產工廠，且以產品研發與技術推廣為主要工作，也曾擔任不同機構技術顧問。其間還曾擔任技術教學、論文評審、資料編纂、文章發表等工作。整理出版的相關書籍不少，但做整體性重新編修則是個不同的嘗試。科技進步對產業的影響，不可能因為應用歷史長久而停滯，反而因為可變化的領域多元，更顯得連貫性與彈性應用的重要。

　　過去曾經以基礎製程模式編寫本書，不過從宏觀角度看，那僅是開啟整個技術認知的「敲門磚」。內容深淺的拿捏確實有其難處，深廣會讓篇幅過大而不切實際，涉獵過少又會讓照顧範圍狹隘。筆者僅能依據自己的理解做取捨。領域內專家很多，不同的觀點與陳述方式都可能有其考量與優缺點，筆者此次是嘗試將相關書冊重新整理，構成整套的十本套書，讓讀者選擇分冊或整套閱讀。這是除了隨身小手札外，比較完整的第一本，內容龐雜錯漏難免，尚祈進前輩同業友好不吝批評指教。

景碩科技 林定晧

2018 年春　謹識於 台北

編輯部序

　　「系統編輯」是我們的編輯方針，我們所提供給您的，絕不只是一本書，而是關於這門學問的所有知識，它們由淺入深，循序漸進。

　　本書不同於市面上較偏向理論性陳述之電路板技術書籍，以生產現場的經驗陳述與分享為主要內容。本書共有十六個章節，分別介紹各式電路板的製程、設計、材料特性及使用等，作者以循序漸進的方式，一步步帶領讀者從認識到實際操作，搭配上圖表說明使讀者更容易進入狀況。本書適用於電路板相關從業人員使用。

　　同時，本書為電路板系列套書 (共 10 冊) 之一，為了使您能有系統且循序漸進研習相關方面的叢書，我們分為基礎、進階、輔助三大類，以減少您研習此門學問的摸索時間，並能對這門學問有完整的知識。若您在這方面有任何問題，歡迎來函聯繫，我們將竭誠為您服務。

目　錄

CONTENTS

CONTENTS

CONTENTS

CHAPTER 0

前言 – 製造業的工程概念

0.1 製造業的技術特性

　　工程師從學校畢業,開始投入工業界,首先面臨的挑戰就是如何儘快進入工作崗位,發揮功能並快速學習。對多數工程師在校所學,常是專業、單項性知識,但產業領域需求,卻希望面面俱到沒有領域別。

　　以電路板製造業所需知識為基礎,用學校科系看,所需的知識學門橫跨化學、化工、機械、電機、電子、材料、工業工程、統計等。希望初出校門的學生,具有這種宏觀眼光根本不可能,即使修完博士學位,恐怕也只能說是對某些技術有概略領會。不僅電路板產業有這種特性,不同製造領域狀況也類似。常聽到高新產業愛用的詞彙,這是一個「知識密集資本密集的產業」,沒有相關知識很難將產業做好,即便有足夠資金仍只算是準備了一半。

　　學校教育比較著重基礎學識培養,但產業領域則以應用及工作方法為培訓重點,學校受到先天限制很難涵蓋全面,這類問題只能靠產業內訓練與自我學習補強。所謂「學到用時方恨少」,這是一個終生學習的時代,只要社會繼續進步,製造業領域技能需求就會不斷更新增進,不論進入哪行,這個概念應該都可以適用。實際追溯電路板歷史,其實已有百年,但若與工業革命發生時間比,這個產業還算年輕。許多業者將製作電路板技巧,定位為電路板製作技術,從分類角度看這個描述沒錯。

　　但筆者以為從宏觀角度看,電路板製造技術取材自許多不同產業是不爭的事實。例如:玻璃纖維布取自纖維與紡織業,電鍍技術歷史也比電路板產業久遠。在多層電路板開始製造前，已經有三合板製造業。舉凡印刷、電鍍、壓合、塗裝、機械加工、雷射等技術，無不是引用自不同技術領域，且有不少電路板製造技術，也間接被別的產業引用，這種現象俯拾皆是不足為奇。如果再加上相關建廠、營繕、週邊建置等生產工廠技能，個人以為工業界只能說是有廣泛產業製造技術，而很難將特定技術限定為單一產業技能。

　　如果這個概念被接受，那麼產業領域眼光就可以擴大，秉持「他山之石可以攻錯」的精神，藉著引用與整合手法可以擴大技術應用彈性，宏觀視野可以讓產業有更寬廣發展空間。

0.2 以電路板製造資源為基礎的特性描述

　　技術分類主要目的，是為了方便了解、熟悉與應用，對新進入產業的人，也可以藉由技術分類作為學習地圖，按圖索驥逐步探尋更寬廣的資源。電路板產品類型非常多樣化，很難用單一技術描述，來概括所有技術類型，因此只能以簡單模型概略敘述，以方便學習者了解。

　　首先從生產體系看，電路板直接與製造有關的大項技術，可分為品管系統與產品製造系統兩大領域。圖 0.1 所示，為電路板製作系統示意圖，這張圖是依據多層電路板概念鋪陳，未必適用於其他產品領域。

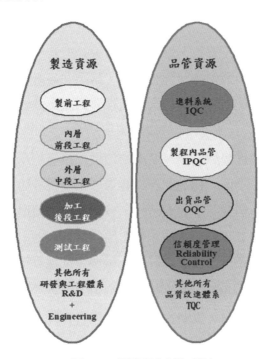

▲ 圖 0.1　電路板的製作系統

電路板製造廠的製造體系，會以製造工程資源與品管資源為核心。在製造工程部分，依據功能執掌及特性概述如下：

製前工程

主管所有製造資訊與工具整合、製程設計及參數訂定，主要工作包含客戶資料接收、轉譯及初稿產出，經過設計規則比對，確認做相關工具製作及流程工單產出，同時提供生產用程式資料給生產單位。各生產公司組織有所不同，但這段工程基本功能類似，對整體電路板製作品質與產出具有決定性影響。

內層前段工程

主管基材裁切發料、內層線路製作、多層板堆疊製作、多層板壓合，並做外型修整、執行鑽孔導通工程等工作。因為內層板數量會隨產品需求不同產生變異，因此產能平衡利用在此段特別重要，目前業界有專門工廠做此段工程代工製作，稱為 Mass Lam 代工。

外層中段工程

主管壓板鑽孔後，導通電鍍及外部線路製作，製程包含：除膠渣、去毛頭、通孔化銅、全板電鍍、外層影像轉移、線路電鍍、線路蝕刻等。因為高密度電路板逐年成長，以往電路板業在這段工程的負荷量，因為有新產品投入開始產生產能控制困擾，產能平衡不再如以往單純。

加工後段工程

電路板外部線路製作完畢，必須依據未來電路板組裝與成品需要，做後段加工，製程包含：止焊漆塗裝、表面金屬處理、外型修整與成型工程及其他特殊處理需求。由於電路板只有一個表面，因此理論上此段工程沒有產能平衡問題。但實際情況是，電路板表面處理選擇性十分多樣化，因此作業狀況會比一般認知複雜得多。

電路板製造廠品管體系，會以維持整體製造與工程品質為考量，依據其功能執掌及特性概述如下：

進料系統 (IQC-In coming Quality Control)

電路板使用的物料有千項以上，直、間接使用物料會對產品產生不同程度影響，因此必須要在投入生產前做評估、驗證及管制。最常被檢驗的材物料，分為永久及暫時性材料，多數公司將重點放在永久材料，如：介電質材料、銅皮、銅球、銅粉、止焊漆等，至於暫時或單純的耗用物料，則以較低抽檢量或依據進料報告管控。

製程內品管 (IPQC-In Process Quality Control)

電路板製作程序多寡差異頗大，每個製程所應管控的品質狀態及項目也不相同。一般性產品可能經過約二十多個步驟就可完成，但較複雜的產品則必須經過將近五十個製程以上才能到達終點。愈長的製程，其管控困難度愈高，尤其是批量管制特別麻煩。

每個不同製程，都會有特定品質特性要監控，如：內層板的層間對位、壓板的板厚度、鑽孔孔徑與位置精度、電鍍厚度、止焊漆塗裝均勻度、噴錫鍍金厚度控制、表面缺點篩除等，都是典型控制項目。

某些公司不但將產品特性列入，同時將製程內參數控制也列入管制，由製程內品管人員或廠內專人負責管制，藉此進一步對產品更細節層面做監控。這些工作是繁重、重複單調，但對產品品質十分重要，值得從業人員多加關注。

出貨品管 (OQC-Out Going Quality Control)

電路板成品品質，雖然有不同規格要求，但都必須在成品出廠前做完整品質保證程序。該段品管主要是做電氣測試、外觀檢查、必要切片與特性尺寸量測、信賴度抽驗等。

為了應對產品變異需求及廠內異常問題，多數工廠會設置研發單位做新產品與製程研究。同時製造工程的改進，也會由支援工程單位執行。至於品管體系，多數會增設一些客戶品質支援、品質分析改進、工廠全面品管單位，輔助工廠品質維持與改進。

0.3 以電路板製造技術為基礎的特性描述

許多以理工背景進入電路板製造領域的人，比較希望以技術領域來了解製造技術特性。依據技術特性，也可以將電路板製作加以分類說明。單就技術特性，許多業者將製造技術類型分為所謂的：機械加工製程、濕製程、影像轉移製程三大類。

機械加工主要製程包括：鑽、切、沖、削、刨、壓等工序。導通孔製作，就是典型鑽孔工程範例。至於切的方面，電路板成型及開溝槽都屬於此類。沖的部分，在軟性電路板應用較為廣泛，硬式電路板因為在沖製過程會產生粉屑、斷裂，因此相對應用較少。至於削的部分，則以各種刷磨處理為代表，常見的除毛頭、表面粗化、填孔整平都屬於此類技術應用。刨的應用，則以電路板邊緣修整為主要應用，在各個需要板邊平整倒角的製程，會使用這種技術。壓合是多層電路板相當重要的技術應用，包括壓膜、壓板等程序都是製作重點。

　　至於濕製程，凡是應用到藥水及清洗技術，都歸為此類製程。電鍍、顯影、蝕刻、剝膜、清洗、脫脂、超音波洗淨、除膠渣、化學粗化等，都屬於濕製程範疇。通孔電鍍、金鎳電鍍、錫電鍍、各種化學鍍，都廣泛用來製作電路板金屬表面處理及導通用製程。顯影、蝕刻、剝膜製程，則主要用於影像轉移後續處理，藉著這種處理在板面產生光阻或金屬線路的線型。至於清洗、脫脂、超音波洗淨，常用來增進板面清潔度及準備做後段處理的前製程。除膠渣製程用於鑽孔後去除孔壁殘膠，同時強化表面粗度強化結合力。化學粗化則時常用於塗裝或壓合前處理，藉著表面適當粗化，強化材料結合力。

　　依據電路板精細度不同，各種重複性線路與外型製作，會採用不同複製技術製造。其中最典型的兩種影像複製技術，就屬絲網印刷及曝光影像轉移技術。傳統絲網印刷因為製程簡單成本低廉，在精度可允許下，大量用在精度要求較寬鬆的產品與製程，如：印字、全板印刷等。但在精度較高部分，如：內層線路、外層線路及止焊漆製作等，則會採用感光材料製造。

　　不論從何種角度切入電路板製造技術，根本特性並沒有太大差異。所有製造技術，都不外乎要使用恰當物料，利用適當設備與輔助工具製造。而整合製造技術，就是製程技術的核心價值，要了解製程就不能不了解設備與物料，要製作出良好生產設備與工具，更必須了解實際製程需要。

　　開發物料者如果不知道製程特性，不可能發展出好的物料，而製程作業者如果不知道物料特性，又如何能發揮物料應有表現。所有技術特質，都應該以數據化表現呈現，這又必須要有良好的統計與量測方法才能完整掌控，種種現象都告訴我們，材料、設備、工具、製程、量測與管制方法，是介入製造技術不可忽視的五大領域。而整合能力，則是發揮整體戰力的必要修為，這方面是經驗累積的結果，新進者應該要留意這多元學習，長期才能累積出應對的實力。

電路板的歷史演進

1.1 何謂印刷電路板

電路板原始稱謂來自英文的 PCB(Printed Circuit Board)，中文則譯稱爲「印刷電路板」，也有人以 PWB(Printed Wiring Board) 稱之，顧名思義該產品是以印刷 (影像) 技術製作的電路產品。它取代了 1940 年代以前電氣產品以銅線配電的製造法，使大量生產複製速度加快、產品體積縮小、方便性提昇、單價降低。

早期電路板是將金屬融熔覆蓋於絕緣板表面，作出所要線路。1936 年以後，製作法轉向將覆蓋有金屬的絕緣基板以耐蝕油墨作區域選別，將不要區域以蝕刻去除，這叫做減除法 (Subtractive Method)。在英文字義中，"Print" 可翻譯爲印刷，但實際意義也有影像製作的意思，因此即使許多電路板技術已經使用非印刷技術，但英文仍然以 "Print" 描述，而中文稱謂則繼續沿用「印刷電路板」名稱。

印刷電路板的定義是：依據電路設計，將連結元件線路以印刷或影像轉移技術，呈現在絕緣材料表面及內部，這種線路製作技術產生的結構元件，稱爲「印刷電路板」。

1.2 電路板的歷史

電路板概念歷史久遠，各種形式的電路板或概念，曾經以不同形式存在。例如：曾經有發明者利用黏性油墨，在絕緣材料上製作線路圖形，之後在表面灑上導電粉末提升導電性。這個觀念被申請專利，成為早期電路板的一種形式，如圖 1.1 所示。這種觀念，到最近還是有類似或轉變的想法繼續被應用。英國的 Paul Eisler 1936 年發表印刷電路板形式，與現在的印刷電路板最接近，被認爲是現代電路板技術的濫觴。

U.S. Patent 4,421,944. This figure shows the tacky ink been dusted with metal powder to enhance electrical conductivity.

▲ 圖 1.1　　一種早期電路板形式，以金屬粉粒灑在黏性油墨上，增加導電度構成電路

　　電路板發展初期，結構設計相當單純，且主要是電氣應用爲主。最早出現的專利觀念，更接近陣列交錯結構，如圖 1.2 所示。

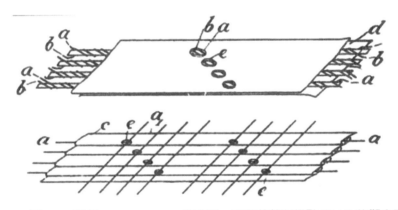

▲ 圖 1.2　　這是 Albert Hanson 的專利，百年前就有格點 (Grid) 的觀念了

　　爲了能大量生產，我們現在認爲先進的捲對捲電路板製程，非常早期就已經被提出了。圖 1.3 所示，爲美國 1968 年的專利設備外觀。前人的想像力，並不因爲科技差距而有絲毫遜色。

　　早年沒有電子設備這類名詞，凡通訊或電氣產品都採用配線連結，由於配線耗用大量人力，對推廣大量生產不利，因此產生簡化製程的壓力。其實採用印刷配線或電子元件組裝的想法，在 1900 年代後即已陸續產生並有相關專利發表。然而整體產業基礎仍然薄弱，因此具體產業建立經過了相當長的時間。電路板一些重要發展大事，如表 1.1 所示。

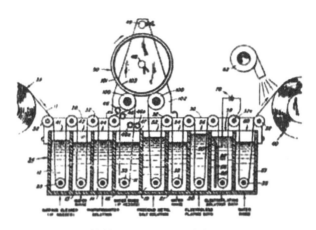

▲ 圖 1.3　DeAngelo 的美國 3,562,005 號專利，看到連續生產的雛形

▼ 表 1.1　印刷電路板發展的重要大事

年代	概要
1903	Albert P. Hanson 提出以抽出金屬粉方式在絕緣板上連接元件
1909	Dr. L. Baekland 提出以酚醛樹脂與木棉或紙質含浸製成絕緣材料
1913	Berry 提出電阻加熱體的金屬箔蝕刻製作法
1918	M.U. Schoop 提出熔融金屬噴鍍製作線路的方法
1920	Formica 製造無線電用的酚醛基板
1925	美國的 Chartes Ducas 在絕緣體上以印刷出圖案，再局部電鍍形成線路
1926	Paragon Rubber Co. 提出四項形呈現路的專利，主要以低融點金屬流入凹痕線路區形成線路爲訴求
1927	C. Paralimi 提出油墨印刷灑金屬粉接著後，以電鍍固定的線路形成法
1929	O'Connell 發表金屬薄膜衝壓法及阻絕膜 (resist) 蝕刻法
1936	英國的 Eisler 發表金屬膜線路形成技術
1938	Owens Corning Glass 開始生產玻璃纖維
1940 ～ 1942	玻璃布基材 polyester 樹脂基板開始實用化
1943	使用電木基材的銅箔基板，其實用化因 Formica 而盛行
1947	NBS(美國國家標準局) 開始研究以印刷技術形成被動元件的製造技術，環氧樹脂於此期間陸續開始利用
1960 ～	電唱機 / 錄音機 / 錄影機等產品市場陸續採用了雙面貫通孔的電路板製造技術，耐熱及尺寸安定的環氧樹脂基板被大量採用，至今仍爲電路板製作的主要樹脂基材

▼ 表 1.1　印刷電路板發展的重要大事 (續)

年代	概要
1995 ～	隨著半導體技術的演進，電子產品走向更高密度的結構，逐漸形成今日高密度電路板的設計
2002 ～	隨著個人化、行動化輕薄短小需求及平面顯示器發展，軟板供不應求高密度電路板持續成長，而各類的構裝載板也因應產品的高密度化而逐步成長

　　相較於早年配線生產，電路板可以獲致以下優勢：

● 減少產品配線工作量
● 提高產品組裝可靠度
● 自動化生產程度高，適合大量生產
● 降低成本、縮短製作時間
● 縮小產品體積，達成產品輕量化
● 設計流程簡化有利電性控制

　　這些優勢也是促成電子產品普及化，同時提昇性能的有利條件。電子產品高速化、小型化、行動化、多媒體化等性能提昇，電路板製作技術進步都有相當貢獻。圖 1.4 所示，為配線與電路板組裝的差異，零件允許的話，電路板組裝真的優勢不小。

▲ 圖 1.4　銅線組裝對電路板組裝

　　Paul Eisler 在 1936 年發表的金屬膜線路形成技術，是以酚醛樹脂為基材，這和現在的單面板很類似。但因為當時電氣產品仍然以真空管元件為主，酚醛樹脂無法承受如此大的發熱量，因此要大量實用化仍有困難。自從美國軍方 1947 年開始將電路板用於近接信管 (proximity fuse) 並發表量產訊息，電路板應用才開始逐漸受到重視。

　　美國國家標準局 (NBS) 基於認知電路板的重要性，乃針對使用真空管的電子線路板展開製作研究，這些技巧也成為現代電路板的起源，爾後對於其他如：複合式電路板和陶瓷電路板等都產生了深遠影響。

　　發展初期因為印刷形成電路的方法，在電子設備小型化、量產化、易於設計等方面表現優勢而受到重視。因此有部份業者嘗試在真空管壁面形成線路，將電阻及電容連同線路一起印刷在滑石板上，或者在真空管週邊安裝套件等。但空間利用率很低，無法發揮電路板特性，而在此期間不論材料及製程設備也都不夠普及，真空管散發高熱又成為致命問題，整體電路板發展因而受到限制。

　　這種狀況一直到 1950 年代電晶體上市，整體電路板應用才有進一步發展。此期間陶瓷基板往複合式電路元件發展，有機材料為基礎的基板則朝向印刷電路板前進。

　　1950 ～ 1960 年間，電路板開始大量採用蝕刻銅膜技術製造，在絕緣基板單側形成金屬線路，而在其上安裝電子元件並焊接固定或連接。1953 年前後電晶體無線電產品逐漸成熟，這種電氣產品結構形式漸被確立，甚至延續到現在仍被使用著。

　　由於元件逐步小型化，同時希望一片板子裝載更多元件，而產生線路配置必須交叉的問題，這種結構無法以單面配線解決。而開始採用雙面線路配置做跨接設計，當時採用雙面組裝連結。這些方法不但耗工費時且信賴性不佳，直到 1953 年前後 Motorola 公司開發了電鍍導通雙面線路法，才獲致可靠度較佳的電路板並被廣泛採用，成為多層板的基礎技術，並在以後多年持續發展。圖 1.5 所示，為跨層接線、鉚釘連結及導通孔法的幾何結構。

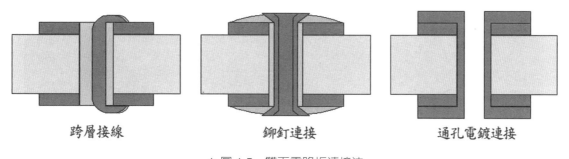

跨層接線　　　　　　　鉚釘連接　　　　　　通孔電鍍連接

▲ 圖 1.5　雙面電路板連接法

　　在材料開發方面，紙質酚醛板、特多龍布質環氧樹脂板、玻纖環氧樹脂板等都已在市場出現，在 1960 年以後則以電鍍通孔為主要電路板生產形式。由於積體電路 IC(Integrated Circuit) 出現，電子設備構造明顯往輕薄短小發展，接點大幅增加促使配線密度提高，為提昇連接密度電路板再向多層板演進。於 1961 年，Hazeltine 公司開發出以鍍通孔製作的多層電路板，產業進入多層板時代。因為設備多元與複雜性，自此電路板發展開始專注於提高線路密度容納更多元件，不再與電子元件配線等因素混雜，成為較獨立的結構元件產業。

　　通常多層板會採取影像蝕刻法製作內層，完成指定層結構後再以膠片熱壓黏合完成固著程序。製作流程從鑽孔後，採用與雙面板類似的電鍍通孔法製作，這種基本流程自

1960 年代以後沒有太大變化。但多層板和雙面板，在製作方式及品質考慮仍有許多不同，發展到現在材料、製程、設備、工具、信賴度等，都已經有較多改善。

多層板製作最大的不同點，是採用多片內層板結合結構設計，除了膠片 (Prepreg) 特性改良外，銅面也採用粗化手法 (如：氧化處理、微蝕粗化等) 來改善表面接著力，氧化處理是 1949 年由 Meyer 提出。鑽孔產生的樹脂膠渣 (Smear)，對雙面板生產問題較少，但對於多層板則有深遠影響。多層板在材料選用、鑽孔條件、除膠渣處理條件等都必須注意，才能生產出符合規格的產品。

美國軍方曾於 1960 年代提出回蝕 (Etchback) 法，以提昇孔銅與孔壁間結合力，其做法如圖 1.6 所示，是將孔壁樹脂局部溶解使銅箔露出，但此規格僅限用於軍方板。近年的做法則是以提昇鑽孔能力抑制膠渣產生為主，少量膠渣則採高錳酸鹽處理去除。

積體電路發展及電子元件小型化、高密度化，促使線路配置隨之細密化。數位設備增加及高速傳輸需求，促使電路板對阻抗控制、減低雜訊 (Cross-talk) 等電氣需求相形提高。元件組裝是一對一的關係，接點數增多、接點間距縮小，使得配線狀態更形複雜。許多地方因此採用更細線路 (如：4 mil 以下)、更小孔 (如：10 mil 或更小)，甚至在面積不足下採用更多層數板 (如：10 ～ 50 層) 產品，大型電腦用電路板在 1975 ～ 1990 年間就出現了 42 ～ 50 層的設計。

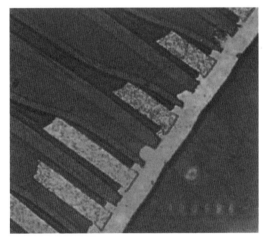 

▲ 圖 1.6　Etch Back 的孔壁結構

多層板應用，因電腦產業發達而大增，尤其在 1980 年代後半，需求擴增使得壓合量產廠 (Mass-Lamination) 大增。當然平行發展的產品形式尚有許多，如：用鋁或 CIC(Copper-Invar-Copper 合金) 的金屬核心板、陶瓷材質多層電路板、Flex-Rigid(軟硬) 板等，也都各有其特性，到了 1990 年代各式應用逐步增加。

　　雖然增層板觀念，自 1967 年後就陸續有概念性設計出現在產品上，但直到 1990 年 IBM 發表 SLC 技術，微孔技術才漸漸趨於成熟實用化。在此之前若不用全板通孔，設計者會採用多次壓合獲得較高配線密度，由於材料進步迅速，感光性、非感光性絕緣材料陸續上市，微孔技術逐漸成為高密度電路板主要設計，並出現在可攜式產品上。在線路層間連接方面，除了電鍍外，使用導電膏連接的產品也陸續出現，較知名的技術有，松下公司發表的 ALIVH 法，及東芝公司發表的 B2it 法，這些技術將電路板應用推入高密度連接 (HDI-High Density Interconnection) 時代。重要增層板技術發展時程如表 1.2 所示。

▼ 表 1.2　電路板增層法的發展軌跡

1988	Siemens 開發出 Micro-wiring Substrate 增層板，使用 Excimer Laser 製造，用於大型計算機
1990	IBM 公司開發出稱為 SLC 之增層電路板。
1995	松下發表 ALIVH 技術。
1996	東芝發表 B2it(Buried Bump Interconnection Technology) 電路板。
1998	雷射技術逐漸成熟，增層電路板開始成長。

1.3 軟性電路板的沿革

　　最早軟性電路板是用線路印製法製作，在 1904 年左右名叫 Thomas Edison 的人被要求在亞麻材質的紙上製作導電線，用以取代一般電線。因此他提出了以油墨印刷後，在線路表面灑上金屬硝酸鹽粉末，之後以還原法將金屬鹽還原成金屬態，製作出導線。這是軟性電路板概念的濫觴，但這種概念沒有實際用在量產，近年來又有類似概念被提出，用於製作線路產品。

　　早期有許多相關專利被提出過，如：1916 年就有以金屬箔片做選擇性蝕刻製作線路的專利提出，專利擁有者是一位叫 Novotny 的先生。實際上選擇性蝕銅法，早在 1920 年代就已被實用化，利用感光材料做曝光、顯影、蝕刻製作線路，而這些技術後來陸續被用在製作各種不同線路。在當時有多種不同製程被提出，包括利用印刷法、轉印法、電鍍法等技術的組合。

　　早期因為可用材料有限，一些橡膠類材料成為發明者的選擇。雖然材料有所不同，但質地柔軟、可撓曲的特性，都會在各個文件中被強調，因此雖然數十年後 3-D 線路才真的被實際利用，但概念早已存在。圖 1.7 為一般傳統排線與軟板製作的連結機構。

　　電路板真的開始大量用於工業界，成為電氣產品的一部份，不論軟板或硬板仍在 1940 年代以後才逐漸成形。

1960 年以後，電唱機、錄音機、錄影機等產品，陸續採用電路板大量生產，軟板則在後來的連結及特殊應用漸被導入。近年來隨著電子構裝及產品設計立體化、輕薄化，軟板重要性與日俱增。

▲ 圖 1.7　常見排線與改變設計的軟板

1.4 ⠿ 電路板在電子產業中的定位

數十年來電子產業發展快速，但最具有代表性的產業結構，是以電子系統為中心，向外發展出來的整體週邊產業。電子產品

會以電路板為連結基礎，而電路板也是電子元件的承載母體。電子產業以系統為中心，連結周邊與搭配軟體，延伸其應用到網路、通訊領域。圖 1.8 所示，為電路板在電子系統、週邊產業鏈的角色定位。

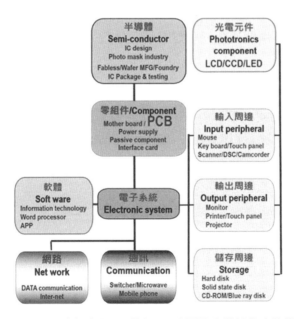

▲ 圖 1.8　電路板在電子系統、週邊電子產業鏈的定位關係

CHAPTER 2

電路板的種類及構造

2.1 ∷ 電路板概述

印刷電路板 (Printed Circuit Board 或 Printed Wiring Board) 是以絕緣材料輔以導線形成的結構性元件。成品會安裝積體電路、電晶體、二極體、被動元件 (如：電阻、電容、連接器等) 及其他各種電子元件。藉著導線連通，可以形成電子訊號連結及應有機能。

因此，電路板是一種提供元件連結的平台，用以承接聯繫元件的基地。由於電路板並非最終使用產品，因此名稱定義上略為混亂，如：個人電腦用的母板，稱為主機板而不能直接稱為電路板。雖然主機板中有電路板，但在評估產業分類上兩者是有關，卻不相同。再如：因為有積體電路元件裝載在電路板上，因而新聞媒體稱他為 IC 板，但實質上它不等同於電路板。

電路板是依據設計者設定的產品性能、元件配置製作，其形式十分多樣化，沒有絕對設計規則限制。電子產品進步迅速，設計變更或元件更新都可能需要重新製作。因此多數製品會先做小量試產再放大，其間可能會經過多次修飾更改設計。隨著電子產品多功能化、複雜化，變更設計頻繁，是所有產品供應者必須面對的課題。

電路板既然是以電氣連接及承載元件為主要功能，它就必須具有耐熱、高強度、低電阻、低雜訊、層間線間絕緣性良好等特性。在製造性方面，必須有良好可組裝性，通常指的是可焊接或連結性。當電子產品多功能、複雜化，積體電路元件的接點距離隨之縮小，信號傳送速度則相對提高，這樣接線數量必然提高，點間配線長度會局部性縮短，這些結構變異需要利用高密度線路配置及微孔技術達成。

　　利用配線與跨接達成高密度連接,單雙面板有其達成的困難,因而電路板會走向多層化。又由於訊號線不斷增加,更多電源層與接地層成為設計的必須手段,這些都促使多層板 (Multilayer Boards) 應用更加普遍。對於高速化訊號的電性需求,電路板必須提供具有：交流電特性阻抗控制、高頻傳輸能力、降低不必要幅射 (EMI) 等功能設計的產品。採用 Stripline、Microstrip line 結構,多層化就成為必要設計。為減低訊號傳送品質問題,會採用低介電質係數、低衰減率絕緣材料,為配合電子元件構裝小型化及陣列化,電路板也不斷提高密度因應需求。BGA(Ball Grid Array)、CSP(Chip Scale Package)、DCA(Direct Chip Attachment) 等組裝出現,更促使電路板推向前所未有的高密度境界。

2.2 電路板的分類

　　電路板是由絕緣材料和導體所構成,依據結構、製程、材質、外觀、物理特性、應用等來分類都可以,但主要仍應以便於瞭解為依歸。一般較常提到的分類有以金屬層數、絕緣材類別、材質軟硬、斷面結構等作為分類依據,典型分類如圖 2.1 所示。

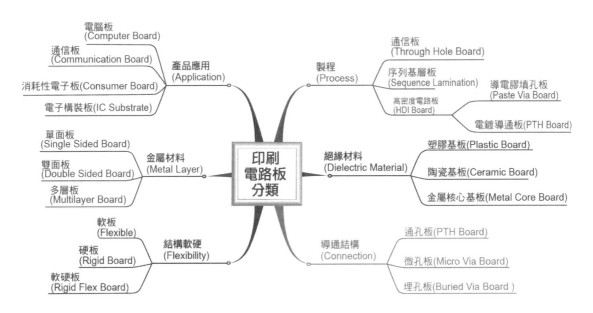

▲ 圖 2.1　電路板一般分類

　　多層電路板,一般以電鍍通孔為核心,其層數、板厚、孔位配置等隨線路密度而變,其規格內容分類多數以此為基礎。軟硬板 (Rigid-Flex) 以往多用於軍事及航太,這些年來由於可攜式電子產品的輕薄多元需求,而受到消費性產品製作者重視。

2.3 關於金屬層間連結的方式

電路板將金屬層建立在獨立的線路層，因此層間縱向連接結構是不可或缺的。為了達到層間連接，必須使用鑽孔法形成通路，並在孔壁上形成可靠導體，才能完成電力或訊號連結。自從通孔電鍍技術提出後，幾乎所有多層板都採用此法生產。

至於高密度電路板，則是採用增層法製作。它的做法是以雷射或光感應法在介電質材料上形成小孔，再以電鍍導通而成。或者有部份製作者以導電膠填充連結孔達成導通，日本開發的 ALIVH、B2it 等就屬此類，國外有人將這種技術稱為導電膏通孔技術 (Paste Via Technology)。

2.4 電路板的橫斷面幾何結構

多層電路板依據金屬線路層數而有：單、雙、多層結構之分。至於高密度電路板，因為通常中心有一片核心板，以此為基礎向兩側作成長增層，有所謂 4 + 2、2 + 2、6 + 4 等描述。但另一種描述更容易讓人理解，因為多層板設計多採對稱，因此採用 1 + 4 + 1、3 + 6 + 3 等名稱。在這個系統下，若有人說 2 + 4 結構，就有可能表達不對稱結構。圖 2.2 所示，為一般電路板結構示意。

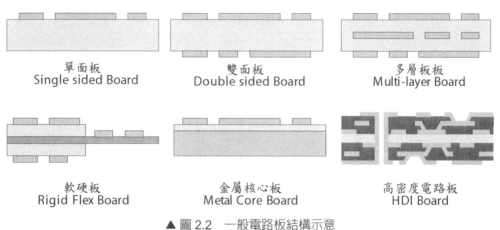

▲ 圖 2.2　一般電路板結構示意

通孔電鍍多層電路板

通孔電鍍用於多層板已有數十年歷史，要了解電路板產業則認識通孔電鍍是基本功課。電路板通孔，一般提供兩種主要功能，就是層間導通、安裝通孔元件。如果純粹用作導通，英文有較常用的稱呼叫做 (Via)，它和孔 (Hole) 在意義上不完全相同，但中文翻譯都是以孔來稱呼，因此有所謂元件孔和導通孔的不同。

　　為促使電路板密度提高、層數降低、組裝方便，大量使用表面貼裝 (SMT) 元件，除了特定端子及工具孔會採用大孔徑設計外，純導通功能孔幾乎都採用最小孔設計，降低佔用面積。圖 2.3 所示，為複雜六層板範例，通常多數電路板不會一次採用所有結構。通孔結構為通孔元件組裝必要結構，其他孔都只是為了提高接線密度而製作，密度愈高、層數愈多、層間厚度愈薄，製作難度愈高。

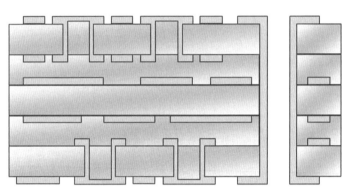

▲ 圖 2.3　多次電鍍的通孔多層電路板

　　為了避開傳統通孔都是從頭到底的結構，會浪費大量繞線空間，圖中所示結構採用了部份表面通孔模式製作，這種結構可以充分利用同一平面位置的立體空間，沒有傳統線路板空間利用率低的缺點。由於表層通孔壓板時已被樹脂填平，經過電鍍處理可使表層孔變成平面銅墊，可以直接安裝電子元件有利於密度提昇。

金屬核心板 (Metal Core Board)

　　一種為特殊用途設計的電路板，不同於一般多層板，如：為高耗電、高溫、高熱設備而設計的金屬核心板就是一例，為了降低電路板漲縮係數影響也可能採用此種設計結構，圖 2.4 所示為金屬核心板的斷面結構。

　　金屬核心板將較厚的金屬配置在高發熱元件區，電源供應器則直接將金屬塊曝露與元件直接接觸，某些設計只採用較厚銅皮做部份散熱改善，因此常見的銅皮厚度約 0.5 ～ 2 oz，他的結構仍保持雙數。但金屬核心板特別強調散熱效率，常用金屬厚度約 3 ～ 14 oz，因為加了一層厚金屬使總金屬層數常呈現單數，這與一般電路板有明顯不同。雖然製作程序及設計考慮，金屬核心板都有其複雜性，但對大功率低漲縮元件，仍有其存在價值。

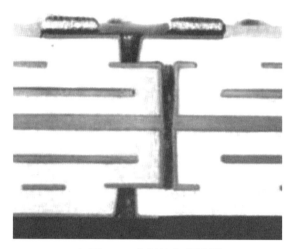

▲ 圖 2.4　金屬核心板結構

軟性電路板 (Flexible Printed Circuit Board)

　　軟性電路板是由軟質介電材料支撐的一種線路板，這是一種可提供撓曲功能的電纜 (Cable) 結構產品。由於可提供電子產品立體連結能力，同時在過去許多連續性動態 (Dynamic) 彎折產品也多所應用。近年來可攜式電子產品需求，應用數量及領域更加廣泛。諸如：軟硬式磁碟機、光碟機、筆電、手機、數位攝影機、數位相機、印表機等，都為了動、靜態連結特性，而大量採用軟性電路板作素材。圖 2.5 為軟性電路板的應用範例。

▲ 圖 2.5　軟性電路板的應用

軟硬複合板 (Rigid-Flex Board)

　　早期軟硬板應用，主要集中在特殊電子產品，尤其是軍事及需要高信賴度的產品，特別會使用這種設計。為了因應可攜式電子產品的多媒體、多功能、輕薄小型化設計需求，許多產品如：手機、遊戲機等結構都有走向摺疊、輕薄、影音、大螢幕、無線上網等不同產品結構。為了隨時擷取影像，相當比例產品還附上雙螢幕、數位相機功能。因此傳統純粹以軟板製作的可攜產品，開始因為厚度與接點限制，被要求採取更輕薄設計，這使得以往昂貴不常使用的軟硬板設計逐漸被引用。圖 2.6 所示為軟硬複合板的範例

▲ 圖 2.6　軟硬複合板的應用

軟硬複合板是由硬板與軟板搭配製成，是為了符合性能提昇、輕量化、節省空間等需求。它可以免除連接器配線，但因製程麻煩而成本較高，除軍事及航太用途，以往使用並不普遍，近來由於可攜式電子產品的輕量化需求而逐漸被重視。

高密度增層印刷電路板

高密度增層電路板，是採用序列式建構線路層和絕緣層製程作出的電路板，形成的斷面結構如圖 2.7 所示。

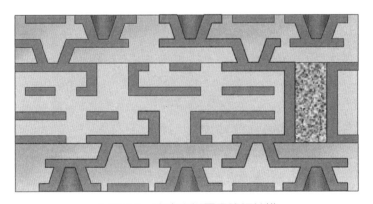

▲ 圖 2.7　高密度增層電路板結構

　　高密度電路板發展初期，設計結構以無強化材料的樹脂膜爲高密度層絕緣基材，設計方式以傳統硬板結構爲基礎，再逐步建立純樹脂高密度線路。當然也有部分電路板採用不同做法，不遵循中間有較厚基板結構，這種結構稱爲無核心 (Core-less) 技術，日本開發的 ALIVH 就歸爲此類技術。

　　由於過去傳統電路板結構不容易製作出微孔，因此就有開發者以影像轉移、雷射技術或其他小孔成孔法製作，藉此可節省銅墊 (Pad) 配置空間，保留更多空間繞線。又由於絕緣層變薄，因此特性阻抗及電磁效應也有較佳表現。

3

電子設備組裝對電路板的要求

3.1 電子設備的形成過程

　　電子產品應用擴張到不同領域，在資訊、通信、網路設備等不同範疇都有大量使用案例。由於可攜式產品如：筆電、手機等攜帶式產品愈行普及，電子器材小型、輕量、行動化發展極為明顯。行動化不只是機器變小，也必須提供使用者無線、高頻功能，這必須仰賴電氣性能提昇。

　　在大型電腦全盛時期，為了高層次電路板製作需求，電路板也採用 polyimide、陶瓷等為基材製作電路板。但自從個人電腦、工作站、一般消費性電子產品走向高密度組裝、縮短更換週期後，電路板的材料由過去採用陶瓷材料做半導體構裝為主的模式，轉而以樹脂材料為大宗構裝，有機材料高密度電路板在這種變革下，扮演的角色也愈發重要。

3.2 電子元件組裝階層

　　在電子設備基本功能決定後，設計者會將非標準元件設計完成，交給晶圓廠或代工廠製作功能元件，其他標準元件則自市場上取得。這些訂製功能元件製作出來後，經過晶片構裝將晶片作成適合組裝的元件，再經過組裝焊接安裝在介面卡或母板上，這就是電子設備製作程序。晶圓製造在系統製作階層，被定義為零階構裝。將晶片作成適合組裝的狀態叫做一階構裝。一階構裝元件，經過焊接安裝到介面卡，稱為二階構裝。介面卡安裝到母板，就稱為三階構裝。

　　整體電子設備，以主動元件晶片及許多被動元件為最小單位，這些元件隨技術進步逐年高密度化、小型化、多功能化。雖然所謂系統晶片 (SOC-System On Chip) 是早有的理想，但實務應用對較複雜系統仍窒礙難行。因此電路板仍須扮演穿針引線的角色，這也再度突顯出高密度元件必須有高密度電路板支援的事實。

　　圖 3.1 所示，為整體電子設備構裝關係，從半導體裸晶做成構裝顆粒或直接裝載到板面上 (COB-Chip On Board)，較複雜的晶片顆粒經過構裝仍會安裝到電路板上，這些完成的元件可能是介面卡或模塊。之後介面卡或模塊，也會與主機板 (Mother Board) 完成組合，雖然不是所有電子設備都遵循相同模式，但大致結構很相似。如：行動電話、錄影機、數位相機、筆電等都有類似結構，只是複雜度與細密度不同。

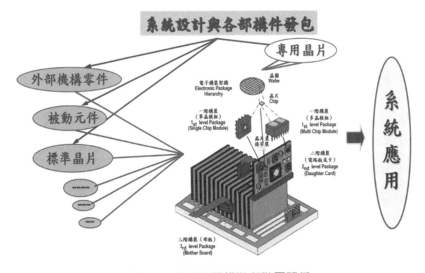

▲ 圖 3.1　電子設備構裝與階層關係

　　至於系統產品，如：通信機房用的背板 (Back Panel) 是另一種不同用途電路板，因此有部份人將電路板分為所謂功能板 (Function Board) 及互連板 (Connection Board) 兩類。一般互連板，多數是高度整合大型系統使用。這類電路板本身可能厚重但線路單純，雖說線路單純但製作技術層次卻並不低。圖 3.2 所示，為典型的大型系統板範例。

　　由於電子設備功能整合趨於複雜，半導體構裝也走向高腳位高密度化，傳統導線架 (Lead Frame) 構裝已不能完全滿足半導體構裝需求。因此多晶粒模塊 MCM(Multi-Chip-Module)、裸晶粒 (Bare Chip)、直接裝載 DCA(Direct Chip Attachment)、轉接板 (Interposer-Board) 構裝、晶片尺寸構裝 CSP(Chip Scale Package)、晶片級構裝 WLP(Wafer Level

Package)、針陣列構裝 PGA(Pin Grid Array)、球狀陣列構裝 BGA(Ball Grid Array)、柱陣列構裝 CGA(Column Grid Array) 等在各不同領域出現，他們與電路板連接也呈現多樣變化。

　　導線架無法滿足所需，晶片構裝從打線 (Wire Bonding) 推向 TAB(Tape Automated Bonding) 及覆晶技術 (Flip Chip Technology)，而這類高密度載板又依賴高密度電路板技術，才能實現低價大量化目標。

▲ 圖 3.2　典型的大型系統板，龐大厚重

3.3　半導體積體電路的變化與元件構裝

　　看過了電子組裝形態，可以了解積體電路各階層構裝模式，而構裝模式又直接影響電路板設計。半導體元件構裝一向都以陶瓷 (Ceramic) 材料或導線架 (Lead Frame) 為載體，經過構裝後再安裝到電路板上。不過由於低電容率、輕量、加工性、低價大量等因素，這種狀態逐漸改變，有機絕緣基板逐漸在電子構裝領域嶄露頭角。組裝方式也由接腳插入式 (TMT-Through Hole Mounting Technology)，轉為表面貼裝式 (SMT-Surface Mounting Technology)。圖 3.3 所示，為 2017 年 ITRI 提出的電子構裝技術地圖。接腳型結構，對中大型構裝已無法符合密度所需，除了針陣列 (PGA) 構裝外，高腳數構裝使用接腳模式已不多見。低腳數構裝 DIP 則仍有一定使用量。其實這種趨勢除了積體電路構裝多腳化因素外，高速訊號必須使用無引腳 (Leadless) 構裝降低電氣干擾也是原因。當然，同樣面積下希望容納更多接腳，讓元件小型化又是另一個重要原因。

　　這種提高構裝密度、降低電氣雜訊、縮小原件尺寸的做法，不但是系統用電路板必須細密化，高腳數積體電路構裝板也大量採用類似的高密度載板。因此表面陣列組裝逐漸普及，接腳間距密度大幅提高。傳統構裝使用導線架構裝，引腳分布四周而被稱為周邊型 (Peripheral Type) 構裝，又因為構裝有引腳 (Lead)，被稱為引腳型 (Lead Type) 構裝。

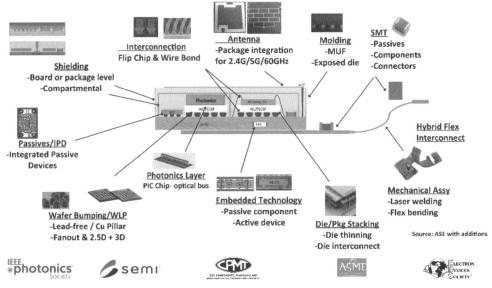

▲ 圖 3.3　2017 年 ITRI 提出的電子構裝技術地圖

　　由於邏輯積體電路晶片顆粒接出點 (I/O) 大幅增加，其增加接點就發生配置困難。因此高 (I/O) 積體電路多已改用陣列型 (Area Array Type) 構裝，又因陣列型構裝沒有側向引腳拉出，因此有無引腳 (Leadless Type) 構裝稱謂。因為需求量大、低單價、高密度需求、產品生命週期縮短、信賴度要求放寬等因素，有機材料構裝板的地位變得相當重要。圖 3.4 所示，為構裝引腳結構變異示意。圖 3.5 為塑膠積體電路構裝板範例。

　　這類構裝載板，必須在接腳間作出連結線路，所以須有微細配線及小 via 設計。

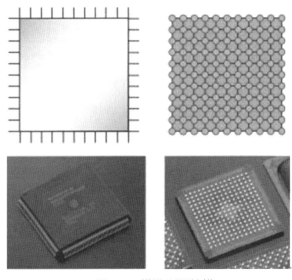

▲ 圖 3.4　構裝引腳結構

▲ 圖 3.5　塑膠積體電路構裝板範例

3.4 主機板及 Back Panel

個人電腦普及後「主機板」這個名詞變得非常重要，這類電路板因為負擔承載連接器 (Connector) 及各種主被動元件功能，被歸類為功能性電路板 (Function Board)。然而所謂背板 (Back Panel) 的電路板，其功能主要在連結較大型介面板，板面元件是以被動元件及插槽為主，主功能在負擔板間連通及訊號傳輸，但沒有功能板的複雜結構，因此被歸類為連接板 (Connection Board)。圖 3.6 所示，為連接板範例。

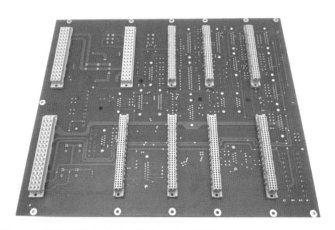

▲ 圖 3.6　以連接功能為主的連接板 (來源：http://www.sbcinc.com)

類似於個人電腦系統的各類電子器材所用母板，都因為裝載的電子元件影響，而正急速高密度化。大型通信系統及伺服器，則因信賴度及複雜度提高，而陸續採用高層次板或厚重背板，接近 50 層的產品也被用在設計上。電路板在這些領域備受矚目，增層法製作比例大量成長，高層板需求也有提昇。由於有機材料製作彈性較大，因此可以配合各種需求作適當調節與製作。

3.5 電路板要求的規格

隨著電子產品普及化及轉換率提高，有機材料已大量介入以往主要為陶瓷的構裝市場。因而探討電路板形式與規格，不但必須涵蓋以往的傳統大電路板及受到注意的高密度電路板，積體電路用的構裝板也不能缺席。表 3.1 為一般典型的電路板規格。

▼ 表 3.1　典型電路板規格

	一般等級	高密度等級	構裝模塊級
線寬	150 ～ 100 μm	100 ～ 30 μm	50 ～ 10 μm
間距	150 ～ 100 μm	100 ～ 30 μm	50 ～ 10 μm
微孔 (via) 直徑	500 ～ 150 μm	200 ～ 70 μm	100 ～ 45 μm
銅墊 (land) 直徑	1000 ～ 350 μm	500 ～ 150 μm	200 ～ 70 μm
層數	4 ～ 8 層	6 ～ 12 層	6 ～ 16 層
介電層厚度	200 ～ 40 μm	80 ～ 30 μm	50 ～ 15 μm
全板厚度	0.4 ～ 2.0 mm	0.4 ～ 1.2 mm	0.08 ～ 0.8 mm

** 表內規格並不包含高層數電路板規格

電路板主要介電質材料是以玻璃纖維及環氧樹脂為主，但因為構裝板不論製作及實際信賴度要求都較嚴苛，因此使用基材以高耐熱性、低吸濕材料為主，BT(Bismaleimide-Triazine)、Polyimide、PPE(Poly Phenylene Ether)、Megtron 等樹脂系統，都被選為構裝基材。除了一般多層板，許多應用領域都已使用高密度電路板，不僅 via 數量暴增，線路配置空間與自由度也因為空間有限顯得擁擠。模塊構裝技術發展，對高密度電路板及構裝技術都是另一個新里程碑，這也為電子產品整合性提昇提供了大助力。

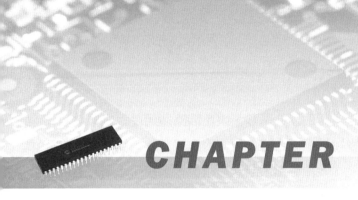

CHAPTER 4

多層電路板設計與電氣性質關係

電路板是組裝、連結電氣元件的結構元件，在電子設備數位化、高速高性能化下，表現的電氣性質備受關注。多層及高密度電路板電氣特性要有更高表現，尤其相較於單雙面板，多層板在線路配置有更大自由度，可以對應不同電氣要求，一般常被要求的電氣性質如表 4.1 所示。

▼ 表 4.1　電路板一般的電氣控制項目

直流的特性	交流的特性
● 導體電阻	● 特性阻抗控制
● 絕緣電阻	● 信號傳輸速度及衰減率
	● 雜訊容許量
	● 高頻特性
	● 電磁封閉性

這些項目與電路板介電質材料、線路配置、斷面構造都相關，必須在設計初期依據指定電氣特性，選擇適當材料與結構達成，容許公差也要在製作前決定，這關係著電路板製作品質良率及未來成品整體表現。

4.1 線路電阻

多層板以絕緣材料固定線路，作爲電子元件互連基礎，因此線路連通電阻愈低愈好。當組裝密度提昇時，元件距離雖然可能變短，但高密度必須使用細線設計，卻反而使電阻增大。在必須增加系統功能下，更多功能性元件會加入同一片載板，某些線路不但不會縮短反而會因爲空間配置而延長，這些都使線路電阻大幅成長。

電路板導體以銅爲主，金屬中銅的電阻係數僅高於銀，而電阻是由線路截面積與長度決定。當電路板要作細線設計時，線路厚度必須加厚，這對電路板製造是一大考驗。銅電阻係數爲 0.0174 Ohm-μm，當線寬爲 10 μm、厚度爲 5 μm 時，若線長 10 mm 電阻爲 3.48 Ohm，這個值對小構裝不成問題，但對大型電路板應用就會有信號遲延問題，設計電路板時相關問題必須列入考慮。

4.2 絕緣強度

線路必須暢通無礙，但線路間絕緣性卻必須維持，否則整體電性將因而受損。多層電路板絕緣性，主要來自介電質材料絕緣能力，絕緣材料絕緣性又會因爲本身吸水性、不純物含量、介面狀態等因素影響而改變。不論加濕或其他污染因素加總，絕緣電阻仍應有 5×10^8 Ohm 以上，這個值被視爲實用的必要下限。

線路間距與附加電壓間的關係並不單純，表 4.2 MIL-STD-275D 是可供參考的標準之一。隨著高密度電路板應用愈趨普及，更好的絕緣性材料成爲急迫課題，雖然主動元件操作電壓逐步下降，但線路間距壓縮需求更快。介電質層薄形化，對內層線路絕緣性產生考驗，表面線路細密化更要考驗止焊漆絕緣性。高密度導致的孔密度增加，不但使盲孔密度大幅提昇，通孔間距也大幅壓縮，這又考驗介電質材料加工性及後續電性表現。

▼ 表 4.2　MIL-STD-275D 之操作電壓及線路間距關係

最小間隙 (mil)	使用電壓 (VDC 或 AC peak)
5	0 ～ 15
10	16 ～ 30
15	31 ～ 50
20	51 ～ 100
30	101 ～ 300
60	301 ～ 500
0.12/volt	> 500

　　由於高密度、小孔、細線等因素，介電質層厚度不斷下降，某些特殊產品甚至將厚度設計到低於 0.6 mil 以下，如此的厚度甚至連銅皮粗度都開始影響到導體間絕緣性，加上如此薄的材料，強度也受到挑戰，因此如何保持良好絕緣性，成為提高電路板密度的關鍵因素。

4.3　特性阻抗控制與信號傳輸速度的關係

　　電子設備操作時脈進步神速，尤其是半導體內頻進步更快。至於電路板現在也有相當多超過 GHz 產品應用，在通信及高頻產品也已出現數十 GHz 的產品，而這類產品對電路板特性阻抗需求就更嚴謹。

　　當工作電壓降低、頻寬變大、波長變短時，可容許雜訊量相對變小。一般電子元件如果輸出或輸入阻抗與電路板匹配性不佳，在銜接介面會產生反射訊號，這將減低訊號品質，甚至使訊號失真無法辨識。對高頻電子設備高速傳輸線路，這種問題就更加明顯。

　　個人通信技術發達，造就通信市場蓬勃發展，但通信品質有賴公共建設品質。以手機市場為例，通信服務公司必須建置足夠基地台及交換機才能提供穩定服務，而基地台功能表現又與基地台建置所用基地台電路板及相關電子元件表現有極大關係。圖 4.1 所示，是不同線路配置在電路板的阻抗值計算參考公式。

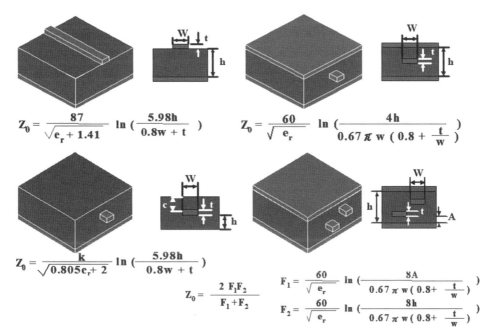

▲ 圖 4.1　典型的電路板線路配置及阻抗計算

　　由於數位電路是以交流電方式傳輸，因此以 Z_0 為表示符號，從公式中可以看出 R 仍是其中因子，特性阻抗一般採用 TDR(Time Domain Reflect Meter) 測量。由於電路板線路配置多樣，因此多數阻抗偵測都是透過特定標準線路設計在板邊或空區，作為偵測參考數據依據。

　　Stripline 是單邊有大銅面的線路，Microstrip Line 則是雙邊有銅面包覆的線，當然也有特殊設計是在銅平面線路兩側加上平行銅線，這種設計有點像同軸電纜觀念，是為維持信號穩定特別設計的。

　　由於實際阻抗常利用實驗公式或經驗式，其計算偏差量會隨不同假設及模式有差異，目前市場上已有不少軟體可供不同模擬計算，只要輸入相關數據如：線寬間距、材料種類、幾何形狀等，軟體就會提供相關答案。不同設計書籍也提供各式阻抗關係圖供參考，專攻設計者最好查閱專書較不易疏漏。

　　一般常見要求較嚴的特性阻抗精度，常落在 +/- 10% ～ +/- 8% 的範圍。嚴格特性阻抗值，使線路寬度及厚度、絕緣層厚度等精度要求大幅提高。因此必須開發更新的絕緣基板以提高精度，並進一步提升製作技術以穩定結構。另一項與絕緣材料有關的電氣特性是介電損失，這是介電質上電阻狀態的比值，其表示方式如下：

$$\tan(\delta) = \omega CR$$

　　$\tan(\delta)$ 被稱為 (Loss Tangent)，如果這個數值大就代表訊號會衰減較快，損耗電能會變成熱損失，影響信號品質甚至使信號消失。這對高頻產品尤其重要，這也是為何低介電損失材料備受重視的原因。

　　信號的傳輸速度可以下式代表：

$$V = \frac{k}{\sqrt{\varepsilon_r}} \ (\text{ns/m})$$

　　由於介電質係數落在分母，在高速電路板應用上必須找到介電質係數低的材料，才能應對電氣訊號的高速運行。

4.4　串音雜訊 (Cross Talk)

　　在電路板設計準則中，有所謂相鄰線路層不走同一方向的規則，這是為了避免平行線所造成的感應信號干擾。但是銅層線路或特定區域，線路配置仍有可能局部平行，尤其是集中在主動元件附近的訊號線，其配置勢必有相當長度平行。若施加電壓在平行線路的其中一條，則在另一條相鄰線路會感應出電壓而變成訊號雜音，這種衍生出來的訊號被稱為串音雜訊，這種現象在高密設計電路板必定變得顯著。

依測定雜訊的方法，會有所謂的 Forward Crosstalk 及 Backward Crosstalk 兩類雜訊，從字面即可知道這是執行量測時，在訊號兩個走向可能測到的值，線路間距愈小串訊愈大，線路離接地層愈遠串音雜訊也愈大，這也就回答了為何高密度線路傳訊容易有問題，又為何高密度電路板介電質層常設計較薄的原因。

防止串音雜訊的方法，可以加大線路間距或縮小接地間隙，因此對電路板設計者的建議是在同樣間距 (Pitch) 下，將線路略為縮小而放大線路間空間，這樣可以降低串音雜訊。當然線路與接地銅面間距大小也會影響特性阻抗高低，在設計過程必須考慮。

串音雜訊會因為線路平行長度增加產生累積，這在設計上無法用改變材料或其他手段改善，主要仍以控制線路平行長度解決。這也是為何相鄰線路層線路不走同方向的原因，即使必要繞線跨越某一特殊結構而造成平行線，在跨越後仍應回到非平行狀態較佳，同時在轉彎時也可考慮走不同角度，這也有助於降低串音雜訊。

4.5 　EMI 的影響

來自外部雜音也會影響電子產品表現，這也和電子設備高頻化、多功能化有關，尤其高密度化使各個元件極為貼近或整合成一個小模塊，外部或元件間的放射雜音就更嚴重。這些所謂放射雜音主要就是指電磁輻射造成的影響，為了防止這些外在影響，多數電子設備都會對局部或整體作電磁遮蔽處理。

電磁輻射干擾如同天線作用，天線要收訊好就必須容易受干擾，如此才能收訊良好，因此巨大天線或聚波碟形天線就是這種設計。但是線路與元件要避開雜訊，洽好要反其道而行。平行線多或觸角多的元件都容易受到電磁干擾，因此電路板就將較怕干擾的線路，以電源層或接地層銅面上下包覆，來防止外來雜音。至於較敏感元件，則在組裝後以金屬外框或金屬蓋遮蔽，以防止電磁輻射。由於金屬有導磁作用，作出這種保護設計可以有不錯效果，而這也是為何多數電子設備都引用多層電路板設計。雙面板因為沒有接地層及電源層可用，因此部份業者會在做完止焊漆後，表面再以導電膏形成電磁保護層，這樣可以得到與多層板類似效果。

CHAPTER 5

多層與高密度電路板結構選用

　　硬式 (Rigid) 多層板結構，主要是以電鍍通孔法作層間導通。這導因於多年來的設備及材料，多以配合電鍍通孔法開發，產業基礎也以此類結構爲依歸，且通孔導通結構適用於雙面及多層板。電鍍通孔法是將各層線路以絕緣材料固定，再利用通孔結構及孔內壁電鍍法，達成連結層間線路的功能。

　　在 1988 年前後所提出的高密度增層板觀念，經過多年發展實用化進入量產。相較於過去多層板製作，這種高密度板引進了不同技術。由於新技術引進，高密度電路連結得以實現，但其基本形式仍不脫電鍍通孔基本概念。

5.1 ⋮⋮ 電鍍通孔 (PTH) 製程

　　電路板鑽孔並未導通，必須藉電鍍在孔壁形成導電膜 (Conductive Layer)，也有人稱之爲種子層 (Seeds Layer)，作爲電鍍基礎。導電膜形成後再經過電鍍加厚，就可以形成穩定的孔壁導電層，這種製程稱爲電鍍通孔 (PTH-Plating Through Hole)。導通製程採用電化學法，程序分爲電鍍及化學鍍兩部分，線路形成也分爲表面有銅皮與純樹脂兩類做法。依據線路形成與通孔電鍍法不同，目前業界採用四類主要製作方式，他們的特色如後：

(1) 減除 (Subtractive) 法 - 線路主要由蝕刻法完成，這類做法用於粗線路及內層線路製作。這種方法用在外層線路製作，需要蝕除的金屬量較高。典型線路做法有，全板電鍍 (Panel Plating) 和線路電鍍 (Pattern Plating) 兩種製程，減除法應該歸類為全板電鍍製程。

(2) 部分加成 (Semi-Additive) 法 - 線路主要由電鍍成長得到，這類做法主要用於較細外層線路，線路底部要蝕除的金屬量非常低。典型做法有，半成長 (Semi-Additive) 和全成長法 (Full-Additive) 兩種。

多層電路板製作，必須承接產品設計需求產生原圖 (Artwork) 資料，在線路與結構設計完成後，將所有資料轉成製作工具，之後才利用這些工具製作電路板。圖 5.1 為典型多層電路板加工程序示意。

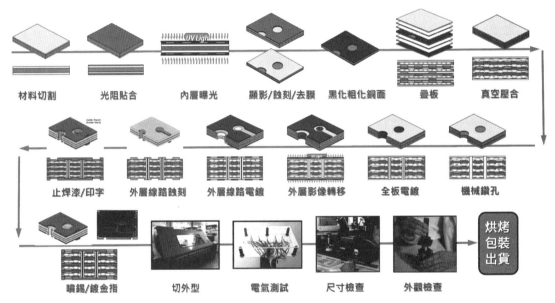

▲ 圖 5.1　典型多層電路板加工示意流程 (雙面板可從鑽孔開始加工)

多層電路板製程可大分為三段，他們各為：

(1) 內層製程、壓板：以完成電路板整體內部線路結構固著為目的。

(2) 鑽孔、全板電鍍、線路電鍍、線路蝕刻：以完成外層線路形成，達成孔內導通為目的。

(3) 止焊漆、鍍金、噴錫等：以完成線路保護，表面金屬處理為目的。

內層製程一般以減除蝕刻法為主，當然也有部分設計會在內層做電鍍通孔，再將線路做出後疊合熱壓。這種線路形成法稱為「構成影像蝕刻法 (Print & Etch)」。內層線路製作，是用薄銅基板作內層核心，經過前處理、光阻塗布、曝光、顯影、蝕刻、去膜程序，可製作出完整內部線路。之後經過外觀檢查、線路測試、缺點修補等，進入黑化或棕化製程。黑、棕化的目的，是為了確保層間密著性，接著依設計結構作立體疊合並在核心板間加入膠片 (Prepreg) 做內層板接著工作。

　　鑽孔是為了建立導電線路層間通道，以鑽孔手段對電路板作立體連接加工。其後將加工孔內膠渣清除，再用通孔電鍍將各層連接，不論用全板電鍍或線路電鍍法，最後都會經過影像轉移將線路作出。外部線路產生後的後加工處理，主要目的保護線路同時定義出未來組裝與非組裝區域，這就是止焊漆的用途。最終表面金屬處理，與組裝成品時所用元件組裝法有關，有鎳金、鎳鈀金、高純度金、焊錫、有機保護膜、銀等處理，當然也有組合式最終表面處理。

　　高密度電路板增層製程，多數遵循一般多層板製程製作，某些使用純樹脂製作表層線路的做法，會使用化學銅表面處理製作線路，其他程序大致類似。當然高密度電路板，在增加層數時會重複製作循環，這也是一般多層電路板所沒有的。

5.2　減除法 (Subtractive Process)

　　減除法的定義是線路形成完全以蝕刻方式作業，因為線路完全是減除銅所形成而如此命名，這種方法主要使用的是全板 (Panel) 電鍍法。以全板電鍍製作電路板，是對通孔與板面作整體電鍍析出，之後再以影像轉移做外層線路的方法。由於線路完全依賴蝕刻，程序較簡單但線路製作能力差，不利於細線路製作。圖 5.2 所示為減除法線路製作流程示意。

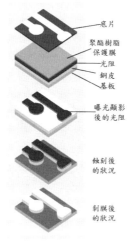

影像轉移蝕刻製程
(Print & Etch process)

▲ 圖 5.2　減除法製作線路流程

　　電路板線路製作，主要依賴蝕刻與電鍍兩者搭配形成，愈依賴電鍍形成線路，其尺寸控制能力愈佳，但相對操作成本愈高。愈依賴蝕刻形成線路，細線能力及尺寸控制能力愈差，但相對操作成本較低、流程較短。

5.3 線路電鍍法 (Pattern Plating Process)

　　線路電鍍法是藉化學銅或導電物質將通孔內部導電化，之後以全板電鍍加厚孔銅，再以光阻形成電鍍阻絕層 (Plating Resist) 或在導電化後直接作電鍍阻絕層，其後對未阻絕區及通孔做銅層加厚作業。一般全板電鍍法，其化學銅會成長到 0.5 ～ 1 μm 的厚度，若是直接當作導電層不利用電鍍再加厚，則化學銅厚度可能要成長到 2 ～ 3 μm 以上。至於使用何種組合較適用產品生產，必須依據操作成本、擁有製程適用性、產品規格需求而定，沒有絕對準則。由於線路電鍍時以鍍錫作為抗蝕刻膜，因此蝕刻時必須以鹼性蝕刻液處理。圖 5.3 所示為線路電鍍法製作線路流程示意。

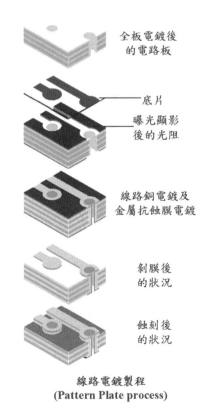

全板電鍍後
的電路板

底片
曝光顯影
後的光阻

線路銅電鍍及
金屬抗蝕膜電鍍

剝膜後
的狀況

蝕刻後
的狀況

線路電鍍製程
(Pattern Plate process)

▲ 圖 5.3　線路電鍍法製作線路流程

5.4 加成法製程 (Additive Process)

加成法在製作線路時，是以化學銅直接析出在介電材料表面，用以形成線路及孔內導通層。這種製程並不使用表面壓合銅皮，而完全以化學銅長出銅層，因此被稱為加成法製程 (Additive Process)。

依據化學銅成長的多寡及形式，加成法分為 (1) 全成長法 (2) 半加成法兩類，半加成法的製程與線路電鍍法相當，所不同的是底層銅由化學法析出，其厚度相當薄而有利於後續線路蝕刻。全成長型製程，其所有線路及孔銅都完全由化學銅製作，並不使用電鍍法，因此在線路寬度控制會有更佳表現。全加成法由於線路完全由化學銅形成，一般化學銅槽內的鹼度及溫度都較高，因此所使用的光阻會較特殊。又由於化學銅直接析出在介電質材料上，其析出銅密著性、物理性質將是一大考驗。為了提高化學銅密著性，介電質層表面要做適當的粗面化處理。

在製作成本方面由於化學銅析出速率慢，製作成本相當高，但又由於是用化學銅析出不需要電流，因此對深孔內孔銅成長有正面意義。

由於電鍍主要功能之一是加厚孔銅，但電鍍同時面銅也會增高，如果孔銅完全依賴線路電鍍成長，則電鍍用阻抗膜就必須較厚以防止線路電鍍超越阻抗膜造成夾膜危險。較厚光阻會損傷其解析度，因而降低製作細線能力，但若將孔銅成長責任分配給全板電鍍較多，則底銅偏高也會造成蝕銅負擔降低細線能力。如何拿捏，這有賴於電路板製作者依據自身技術能力及產品特性作判斷。

5.5 盲、埋孔 (IVH)

電路板上相同面積內所容納的線路長度需求，會隨組裝密度提高而逐年成長。產品小型化需求，使得高密度電路板結構成為必要手段，只依賴通孔來完成電路板層間連結，對許多電子設備尤其是隨身型設備，連結密度早已不敷使用。

為了提高電路板設計彈性，電路板縱向連結不完全依賴通孔結構，而改採表面或內部局部導通。這種作法在許多可攜式電子產品都已使用，且使用範圍不斷擴展。若由外層與鄰接內層以電鍍孔連接的稱為盲孔 (Blind-Via)，而內層任意層間以電鍍通孔連接的導通孔則稱為埋孔 (Buried-Via)。

　　導通結構多元化，製作電路板的程序自然會複雜化。孔的連結構造，隨著密度提高需求而逐步變動。圖 5.4 所示為整體電路板孔連結結構變動趨勢。圖 5.4 最左邊結構，只需要一次壓板與一次電鍍就可以完成製作，結構導通完全依賴電鍍通孔。由於一般機械鑽孔尺寸不易縮小，因此通孔佔用面積不但大，且所佔區域除導通層外其他層線路也無法再通過利用。這種結構雖然簡單，但連結密度低，對高密度電子產品應用有先天限制。

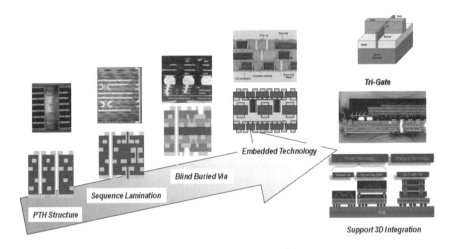

▲ 圖 5.4　電路板導通孔結構趨勢

　　圖 5.4 中所謂序列式壓合 (Sequence Lamination) 結構，由於採用多次熱壓合程序而命名。他改善了同一位置下有導通孔連結，就不能再與其他層線路連結的限制，因此提高了連結密度。但由於傳統機械鑽孔仍在，同時又必須製作較薄通孔板，因此製作難度較高且配位度不易掌握。如果內部通孔的內層板是多層結構，又必須加上內層熱壓及電鍍等製程。因此雖然在電路板密度提昇有相當貢獻，但實務應用仍不理想，這是傳統電路板設計走向較高密度時，部分設計者會使用的結構之一。

　　某些特殊設計要求表面小孔必須連接元件，因此將端面鍍銅成為銅墊，這種結構被稱為 POH(Pad On Hole)，對大型系統電路板尚不放心使用高密度電路板 (HDI) 設計者，這種設計是可選擇的方案。

　　圖 5.4 中所謂的 Blind-Buried-Via，就是一般所稱高密度 (HDI) 電路板，除了特殊製程，一般高密度電路板是以硬式電路板為核心，可以是雙面或多層板，其後以增層 (Build Up) 法向外建立線路層。由於有核心硬板支撐，製程不必在濕製程操作很薄的基材，卻能作出薄介電質層，因此薄層製作，比其他兩種結構更具優勢。又因為增層結構中採用小孔結構 (相對於傳統孔)，採用曝光成孔、雷射成孔等技術，因此可以提高密度、拉低成本，這是可攜式電子器材用電路板，最常採用的結構。

　　圖 5.4 中所謂的 Embedded Technology，則是突破傳統電路板的結構作法。為了提升電性表現縮短導通路徑，同時縮小電路板結構面積，有部分產品設計，將主、被動元件埋入電路板中一起製作。這讓過去單純電路板結構元件角色，產生了新的定位。電路板不再僅是處理導通、絕緣，還進入了功能性製作範疇，這是電子製造立體化的做法之一。

　　由於技術變化與設計多元性，除了較低密度的固定式設備，可攜式產品用電路板，多已走向較高密度設計。如果高密度技術成本費用及信賴度都能應對產品需求，高密度結構應該是各領域電路板的主流設計。

5.6　高密度增層電路板技術

　　以雙面或多層電路板做為核心，再利用介電質材料逐層製作線路提高密度的電路板，這種作法稱為「高密度增層技術」。這種想法在 70 年代就已產生，並被用於半導體製造領域。但在電路板製作，因為密度需求及材料結構不成熟，以致實用化十分緩慢。

　　1988 年前後，Siemens 開發了所謂 Micro-Wiring 高密度增層電路板，此後初步應用才逐步展開。IBM 也在此期間發表類似結構產品，加上許多相關研發相繼進行，高密度增層電路板才逐漸進入實用化。

　　高密度增層法在立體結構形成，摒棄了機械鑽孔，而改採影像轉移、雷射鑽孔、電漿挖孔、化學蝕刻、噴砂成孔、凸塊連接等種種取代方案。這些方法，不但可以加工出微小孔，結構上也可以在同位置不同層間個別交連，使得立體連接有更高密度配置的可能，這些部分讀者可在拙作《高密度電路板應用》看到比較詳細討論。

　　這類電路板結構由於加工方法不同，採用的材料也和以往材料相左，材料與電路板商必須為材料特性與加工方法協商共同需求特性。材料主要訴求，仍以微孔、細線形成做法為主要，加上電鍍、填孔等導通製程開發，組成了高密度增層電路板製作技術。目前雖然有不少增層製程被提出，但主流做法針對其材料、立體結構、孔的形成等特徵，可概分為兩類較受重視製程。

主要製程比較

　　圖 5.5 為典型以傳統電鍍法製作的高密度增層電路板製程比較。

　　在圖 5.5 中顯示了雙邊單層線路形成的過程，依據開孔模式分類。左方 Conformal-Process 使用材料，以樹脂銅箔 (RCC-Resin Coated Copper) 或銅皮搭配膠片為基礎，樹脂特性只需熱硬化型即可，有無強化纖維都可接受。但若成孔要靠化學咬蝕或電漿處理，則此樹脂必須無強化纖維材料，設計適合這類咬蝕才可製作，採用雷射加工則無此限制。如果製程是圖右方的 Non-Conformal-Process，則必須看是否要用影像轉移法製作微孔，如果是則樹脂必須是感光型。

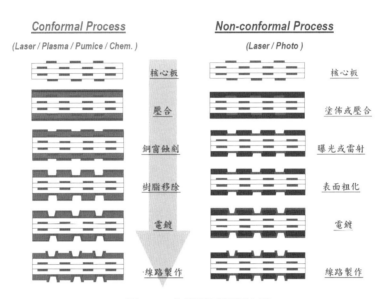

▲ 圖 5.5　典型增層製程比較

　　核心雙面或多層硬板主要用來支撐電路板結構，其上形成的 Build-Up 層，則是由介電質層與細線路組合而成。一般增層結構，若是使用附樹脂銅箔，可以使用傳統熱壓製程或真空壓合機，當然也有少部分特殊材料設計可以用連續式滾輪壓合機。

　　由於二氧化碳雷射進步快速，已經可以直接對含銅皮材料加工，因此為了成本考慮，目前利用蝕刻開遮蔽銅窗 (Conformal Mask) 加工法，已經屬於相對弱勢作法。純樹脂膜加工的部分，如果使用雷射則沒有銅皮處理的問題。

　　不論用何種方法將銅金屬、介電質材料移除，微孔都必須經過除膠渣處理再做電鍍。除膠渣製程對無銅皮製程十分重要，因為表面線路結合力完全來自於成長銅結合力，因此其表面粗度及蝕刻量控制就要格外小心控制。

　　電鍍做法必須依據電路板狀態調整，無銅就必須長銅，表面銅過厚時最好能降低其厚度，整體重點仍是如何在有效做法下形成穩定細緻線路。如果要再次成長更多線路層，只要重覆執行增層製程建立線路就可以。

　　若使用感光樹脂作為介電質材料，就會用曝光機及光罩 (Mask) 經過曝光、顯影程序開孔。因為電路板表面沒有覆銅層，因此不會與一般有銅雷射製程相同，在建立銅層後，其他線路製程則大致類似。

典型 RCC 製程

RCC 是因為早年雷射加工能力不佳，發展出來的材料類型，目前這類附樹脂銅箔使用者應該不多。使用這類材料，除了部分疊板操作及壓合機具可以沿用，操作習慣及後續製程作業改變有限，所以在雷射沒有大幅改善前，被普遍用增層板製作。製程是以傳統雙面或多層板為核心，以電鍍通孔完成導通後，在通孔內充填樹脂或導電膏。其後經過樹脂刷磨、線路形成、表面粗化等程序，再做附樹脂銅箔壓合。

其後以影像轉移、蝕刻，在表面開出微孔窗，以此窗作為雷射加工遮罩 (Mask)，再以雷射能量除去遮罩區樹脂。雷射加工與玻璃纖維材料進步，這種加工方式已經逐漸被取代。業者利用銅面氧化處理強化吸收率後，已經可以對不同厚度的銅面直接穿透加工，可以節省工序降低成本，因此這類材料應用大幅下滑。終究電路板廠對傳統膠片習慣性，與玻璃纖維對板子的支撐性、低成本，都使得這類技術價值降低。以雷射加工樹脂，微孔底部可看到殘留樹脂 (Residue)，所以要除膠渣才能做化學銅、電鍍銅。直接電鍍 (Direct-Plating) 製程成熟，用於高密度增層板也是可行選擇。只是不同製程組合就會有不同條件考慮，這個部份必須自行斟酌。

電鍍銅製程，所應注意的是高密度增層板有相當多盲孔與通孔共存，如何能同時兼顧盲孔、通孔鍍層結構，是製程中必須注意的。在製作線路方面，仍必須依據線路粗細及允許公差，來調節全板電鍍與線路電鍍間的搭配。經過電鍍及線路製作後增層結構已然形成，若要再次增加層數，重覆執行前列製程即可。

除非特別需求，一般電路板設計都會採取對稱結構，否則容易產生板彎板翹。幸好目前除了特殊半導體構裝載板有使用不對稱設計外，一般電路板比較少採用非對稱設計。

典型樹脂加成製程

這種製程技術，屬於純樹脂加成式做法。其程序是在核心板上塗裝或貼附樹脂，成膜後再作微孔加工。因為板面無銅，所以緊接著會做表面粗化處理來提高後續鍍層結合力，其後就做化學銅析出。此後，可以做全板電鍍、線路電鍍或直接做線路電鍍，再經過光阻剝除、蝕刻、剝錫等程序，即完成單層線路建置。接著可以再建立介電質材料層，形成下一層結構或者作加工處理，準備電路板表面處理。

對使用感光性絕緣層 (PID-Phot Imagable Dielectric) 廠商，由於材料有感光性，其製作微孔的方法是透過影像轉移執行。當然，這種方法不論一片電路板有多少孔都可一次曝光完成，因此效率是較高的。但這種製程用的樹脂，為了保有感光性，有可能必須犧牲某些成品樹脂特性，因此樹脂選擇必須留意。

同時，感光樹脂曝光的散射、樹脂均勻度、底面解析度等問題，都有可能使成孔品質變差，所以小孔徑產品較少使用感光型樹脂製作。過去因為孔密度，某些感光樹脂有配方專利問題，一般製造商不願因此綁手綁腳，使用普及性較低。這些問題，目前應該都因為專利陸續到期，不再成為困擾。某些廠商也嘗試利用這種材料製作細緻線路，這方面的應用也會在拙作《高密度電路板技術與應用》中討論。

完成小孔製作後，感光油墨必須作硬化處理，其後的製程與熱硬化樹脂製程相同。這種製程，最麻煩的是表面線路結合力完全來自於除膠渣及化學銅製程，對一般沒有長期使用全板化學銅經驗的人，這是一個極大的挑戰。圖 5.6 所示，為無銅皮製程，結合力不良導致的線路脫離。

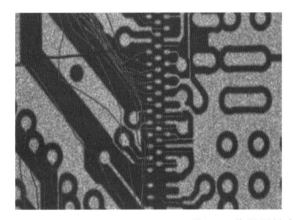 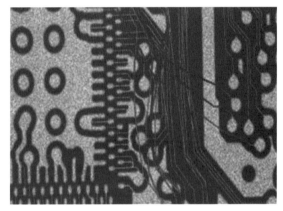

▲ 圖 5.6　化學銅結合力弱導致的線路脫落

非電鍍導通或混成增層製程技術

(1) 松下公司的 ALIVH 法

這個製程做法如圖 5.7 所示，它使用名為 Aramid 的不織布纖維膠片為黏合材料，在上面製作雷射孔並充填導電膏。其後用薄銅皮壓合，作出內層線路成為內層板。接著在內層板兩側貼上另外兩片充填完成導電膏的膠片並再次壓合，這樣就形成了六層板。當然也可以個別完成雙面板，再用一片膠片壓合形成四層板。

只要重複前述程序，就可以作出各種疊合結構，只是作業應該儘可能作對稱配置。由於製程內並不使用電鍍作孔連結，線路也僅以單純蝕刻完成，因此製程簡單又具彈性。另外由於孔內以導電膏作連結，電路板表面不會看到孔痕，因此可以節省配線空間。若蝕刻精度能控制得當，細線能力仍能保持一定水準。可惜的是，後來的 Panasonic 公司，因為整體企業策略方向，將相關電路板事業縮編，讓這個技術成為絕響。某些公司也有類似技術與傳統電路板組合應用，作成一次壓合製程，這類技術是導電膏型 (Paste Via) 電路板代表之一。

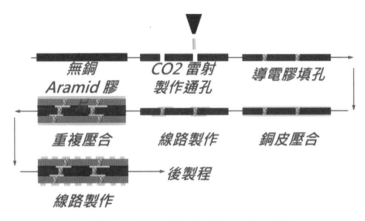

▲ 圖 5.7　日本松下公司的 ALIVH 製程

(2) Toshiba 的 B2it 製程

　　這個製程如圖 5.8 所示，將導電膏印在銅皮或內層板上，形成圓錐狀凸塊。依據所需要介電質層厚度，反覆印刷二至五次將導電凸塊建立。之後將導電膏烘乾，利用其硬度把膠片貫通，再疊上銅皮作壓合。由於導電膏處於半聚合狀態，壓合後不但膠片會熔融接合，導電膏也會軟化並填充空隙。若重複此製程數次，即可作出多層板疊合結構。

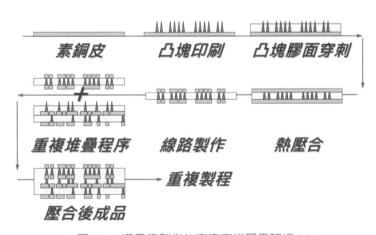

▲ 圖 5.8　導電膏製作的高密度增層電路板 B2it

　　由電路板斷面看，此製程結構和 ALIVH 類似，但使用膠片材料只需一般傳統材料即可，故宣稱有較低製作成本。有不少類似概念在日本廠商間發展，因此當地有一個團體，專門推廣這方面的應用。填膠式電路板技術，還有多種不同變形做法提出，但精神大致類似，因此僅以此二種代表技術作簡單說明。

高密度電路板的孔堆疊結構

電路板結構，脫不開線的細密化、層次高層化、微孔化、立體堆疊等變化。要節省空間加高疊密度，孔堆疊結構是必須探討的話題。孔的堆疊結構離不開幾種基本模式，除了通孔結構尚必須考慮通孔與盲孔交替運用。這些基本模式如圖 5.9 所示，其中包含了雷射孔及感光孔兩種不同製程製作考慮，以雷射孔製作彈性較大。

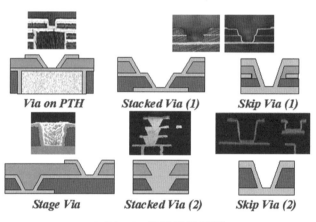

▲ 圖 5.9　盲孔堆疊結構

通孔會比盲孔佔地大，因此要達成高密度就必須多用盲孔、微孔少用通孔，尤其是電路板表層更必須多考慮使用微孔。一般高密度增層板，多以 B＋N＋B 的數字結構表示疊板結構，其中 B 代表增層結構層數，N 代表核心板結構層數，且一般都是對稱結構。如：2＋4＋2 就代表核心板為四層結構，單邊各加兩層增層結構。

市面上常見的高密度增層板結構，多數增層都保持在二以下，因此若加入電鍍填孔可以有多種結構變化。基本原則是，層次愈多孔層數愈多製程愈複雜，因而製作費用也愈高，選用技術時應該留意成本與實際需要的搭配。此外，因為微孔加工與電鍍技術成熟，全堆疊結構逐漸成為可攜式產品設計選擇，這方面讀者也可在拙作「高密度電路板應用」中看到相關討論。圖 5.10 所示，為全堆疊孔試做範例。

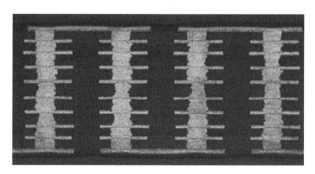

▲ 圖 5.10　常見於高密度載板與可攜式產品的全堆疊孔結構

CHAPTER 6

多層電路板的介電質材料

6.1 概述

電路板是以銅箔基板 (Copper-clad Laminate 簡稱 CCL) 做原料，製造電氣或電子重要結構元件，故從事電路板上下游業者，必須對基板材料有所瞭解：有那些種類基板？它們是如何製造出來的？使用於何種產品？它們各有那些優劣點？如此才能選擇適當基板材料。表 6.1 簡單列出幾種不同典型基板的適用場合。

▼ 表 6.1 幾種典型基板材料的應用

印刷電路板的結構種類	應用的領域
紙質酚醛樹脂單、雙面板 (FR-1、FR-2)	電視、顯示器、電源供應器、音響、影印機、錄放影機、計算機、電話機、遊樂器、鍵盤
環氧樹脂複合基材單、雙面板 (CEM-1、CEM-2)	電視、顯示器、電源供應器、高級音響、電話機、遊樂器、汽車用電子產品、滑鼠、電子筆記本
玻纖布環氧樹脂單雙面板	介面卡、電腦週邊設備、通訊設備、無線電話機、手錶、文書處理器
玻纖布環氧樹脂多層板	桌上型電腦、筆記型電腦、掌上型電腦、硬碟機、文書處理器、呼叫器、行動電話、IC 卡、數位電視音響、傳真機、軍用設備、汽車用品
PE 軟板	儀表板、印表機
PI 軟板	照相機、硬碟機、印表機、筆記型電腦、攝錄放影機、手機、電子秘書
軟硬板	照相機、攝錄放影機、手機、電子秘書、超薄行動化電子產品
Teflon base 電路板	高頻通信設備、軍用設備、航太設備

電鍍通、盲孔使用的介電質材料以有機樹脂為主體，加上強化纖維及銅皮即形成多層電路板。電路板銅線路製作在介電質材料 (Dielectric Material) 上，因為傳統銅線是以絕緣材料包覆，因此介電質材料也被稱為絕緣材料。對於不同層線路，會藉由通孔電鍍做縱向連接。這些介電質材料具有固定線路、維持結構、保持電性、保護線路的多重功能，因此對電子器材實際表現具有重大影響。

多層電路板已發展多年，而高密度增層電路板也廣為應用，相關的介電質材料因而蓬勃發展。當然軟板領域和無機系陶瓷材料，也是兩塊極受重視的領域，由於可攜式電子產品普及和被動元件需求成長，這兩類電路板需求也逐步成長，材料也就呈多樣化發展。

常見的銅箔基板，是以環氧樹脂或其他有機樹脂系統製作而成，在製程中加入玻纖布等強化纖維補強，利用壓合將表面貼附銅皮，就形成了銅箔基板。因為材料多於一種，故被定位為複合材料，它是製造多層電路板的主要材料。

高密度增層純樹脂介電質材料，有感光性材料與熱硬化材料兩類，而熱硬化材料又分為附銅皮與不附銅皮兩類，這些材料與核心板貼合製作增層電路層。目前在雷射技術提升與傳統膠片改善狀況下，增層結構材料多數已使用含纖維膠片作介電質材料。各個材料性能對電路板的特性都有影響，必須在確定目標產品後選用恰當材料系統，才能符合產品規格需求。

當多層電路板走向高速、高密度發展後，所需的材料規格勢必更嚴格。做材料開發、改良，對這些結構發展需求至為重要，這需要更多的業者參與及努力。

6.2　銅箔基板 (CCL-Copper Clad Laminate)

銅箔基板基本材料特性

多層板所用銅箔基板，在加工、組裝、器材運作，都有各種不同條件，這些特性探討如後：

(1) 對電路板加工的需求

 (a) 製程中尺寸安定性

  多層電路板必須經過壓合對位，若內層板在製作過程中發生不預期尺寸變化，則後續通孔製作就會發生切破或鑽偏問題。因此電路板材料尺寸穩定度必須提高，尺寸不規則變化小有利於尺寸控制。

(b) 可電鍍性

電鍍通孔是導通層間電路的手段，電鍍時材料不能有抑制化學銅析出的物質。至於溶出物的量應該愈低愈好，以免污染電鍍液。這方面的考慮在目前選用無鹵素材料時，被列為重要考慮因素之一。

(c) 通孔可加工性

多層板通孔幾乎都以機械鑽孔加工產生，因此如何降低鑽孔產生的纖維突出。機械鑽孔的切削熱會在孔內產生樹脂融解，產生電鍍通孔與內層連接障礙。鑽孔條件固然可以減少其發生，但仍必須做除膠渣處理。因此提高樹脂耐熱性及易於讓除膠渣劑處理就是重點。

(d) 板彎板翹

基板翹曲會造成線路對位偏差，尤其是曝光、切形等必須有座標關係的製程。因此為避免偏差的發生，板彎板翹應該盡量避免。

(e) 耐化學性

電路板製程中會用到大量化學品，但不可以發生侵蝕、過度膨潤、變色等性質變化現象。

(f) 熱安定性

電路板製作會有烘烤、樹脂聚合、噴錫等高溫製程，電路板經過這些製程不可發生變色、分離、剝落、白點、爆板等缺陷。並非所有的樹脂耐熱性都好，一般會以玻璃態轉化點 (Glass Transition Temperature-Tg)，與分解溫度 (Desomposition Temperature-Td) 為判定標準。

(g) 表面平整性

細線加工，電路板表面所呈現的纖維束凹凸痕跡，也可能影響細線製作能力，因此必須有平整表面才能順利操作生產。

(h) 樹脂密著性

內層線路製作完成，會做多層板壓合，樹脂與基材密著性會直接影響電路板成品絕緣能力，因此必須確認選用材料壓合密著性。

(2) 成品組裝時的需求特性

(a) 電路板成品尺寸安定性

電子元件不斷小型化，表面貼裝元件和自動化組裝的普及，對銅墊 (Pad) 位置精度要求更加嚴格。

(b) 焊錫熱穩定性

電子元件多數以焊錫組裝，電路板必須承受高溫考驗。經過焊接，電路板不可以發生爆板、分離、白斑等缺陷。尤其是面對無鉛焊接需求，焊錫溫度比傳統焊錫高，電路板材料必須能承受嚴苛考驗。

(c) 板彎板翹

電子元件組裝時若發生板彎板翹，會使元件組裝發生困難，尤其是精度一再提高的高密度電路板。由於高密度元件大量使用，平整度成為組裝重要訴求。

(d) 銅皮的結合力

經元件組裝加熱後，不可發生銅皮脫離或剝落的現象。

(e) 機械強度

電路板不可因為元件重量而產生板子變形。

(3) 電路板的操作穩定性

(a) 線路絕緣性

電子器材穩定運作，有賴於電路板電氣安定性，而電路板導通性和絕緣性都必須保持穩定。其中尤其是基板電氣絕緣性、耐電壓能力等都必須夠高，當然也必須有低的吸濕率以防止離子遷移現象發生。

(b) 電氣特性

介電質材料除了絕緣性外，也對線路特性阻抗、訊號傳輸、電子雜訊等產生影響。設計電路板必須針對介電質常數 (Dielectric Constant；日本稱為「誘電率」)、介電正切耗損角 (Loss Tangent)、容許電流量、電感、電阻等特性加以考慮，以達到產品目標範圍並調整出適合生產的線路配置。特性阻抗控制，還包括內層板層間距離，對整體板厚來說某些特定組裝需要特別強的機械強度，因此全板厚度也會同時列入考慮。

(c) 信賴度

電路板必須能承受電氣產品實際使用環境考驗，尤其是縱向漲縮容易產生通孔問題。一般在開發新電路板材料之初，會對該材料信賴度作完整測試，以確保整體電氣特性及長期信賴度。

(d) 物料安全性

電路板材料有耐燃性規定，即使意外失火也必須在短時間內自動熄滅。以往都使用鹵素添加物來達成耐燃目的，隨著環保需求提高，未來將以無鹵素材料取代。

　　業界沒有萬用的材料存在，電路板製作者希望使用廉價符合規格的素材，但高功能、高信賴度需求的電路板，就不是一般樹脂可以支援的。如何讓單一樹脂多用途化，提昇樹脂整體物、化性，是業者不斷努力的目標。

銅箔基板的結構特性

　　基板是電路板產業的基礎材料工業，它是由介電質層 (樹脂 Resin、玻璃纖維 Glass fiber) 及高純度導體 (銅箔 Copper foil) 三者構成的複合材料 (Composite material)。雖然東西樣式不多，但牽涉的理論及實務複雜度卻不輸給電路板產業本身。

　　銅箔基板構造簡單，是以玻纖布或強化纖維含浸樹脂乾燥後，以熱壓方式作出的平板複合材料，其基本結構如圖 6.1 所示。多數多層電路板是使用玻纖布為主，在其他基材，如：Aramid 纖維、LCP 纖維則用量較少。至於其他混合材料、紙材等，在多層板的應用極為罕見。

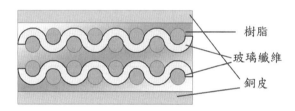

　　　　　　　　　　　　　　　　　　　　　　樹脂
　　　　　　　　　　　　　　　　　　　　　　玻璃纖維
　　　　　　　　　　　　　　　　　　　　　　銅皮

▲ 圖 6.1　銅箔基板的結構斷面

　　製作銅箔基板前，會先將玻纖布經過樹脂含浸，含浸乾燥後的素材稱為膠片 (Prepreg)。其後依據基板厚度需求決定所需膠片張數，疊上適當厚度銅皮，作熱壓即成為銅箔基板。

　　多層電路板把線路作在基板上作為內層，再經過與膠片、銅皮堆疊壓合成為一體。因為內層板厚度、全板厚、線路層數、特性阻抗控制、電容量等特性都直接受制於結構，因此使用不同厚度內層板及銅皮可以組合出多樣結構。現有市場最薄內層基材產品，除軟板材料外目前已有 < 30 μm 的產品在量產，特殊產品甚至更薄。銅皮以 35 μm 最普通，薄銅產品有 5 μm 而厚銅產品則有超過 200 μm 者。軟板用輾壓銅皮目前實用化最薄厚度為 9 μm，隨微細線需求的增加，薄銅產品比例也逐漸變多。構裝載板用的載體銅皮，目前最薄的規格是 2 μm。

　　塑膠基材是以樹脂與玻纖布為骨幹製作的複合材料，為了使玻纖與樹脂有較強結合力，在玻纖上會處理一層矽烷 (Silane) 化合物。這層化合物可以使樹脂與玻纖布結合緊密，維持絕緣、強度及耐熱性。

一般市售基材都會注意某些特性，並提供在基本資料內，主要的項目如表 6.2 所示。

▼ 表 6.2　典型的電路板基材特性內容

電氣特性	物化特性
● 介電常數 (Dielectric Constant) ● 介電耗損正切 (Loss Tangent) ● 絕緣電阻 (Electrical Strength) 　1. 體積電阻係數 　2. 表面電阻係數 　3. 耐離子遷移性	● 機械強度 (Toughness) ● 熱膨脹係數 (CTE) 　1. XY 方向 　2. Z 方向 ● 玻璃轉移點 (Tg) ● 耐熱性、焊錫耐熱性 (Thermal Stability) ● 銅箔剝離強度 (Peel Strength) ● 樹脂間接著強度 (Bonding Strength) ● 尺寸變化率 (Dimension Stability) ● 翹曲、扭曲 (Warp) ● 吸水率 (Water Adsorption Rate) ● 耐藥品性 (Chemical Resistance) ● PCB 加工性 (Manufacturability)

除普通基材產品外，也有高耐熱、高尺寸安定性、低熱膨脹率、低電容率、或無鹵素等不同的產品。一般用於高頻、電子構裝、信賴度測試等領域，較知名產品如：Polyimide、PPE、BT、FR-5、GETEK、Megtron 等，這些都是在某些電氣特性或物化性有特殊表現者。電子技術進步快速，因此對應多層電路板及基材也勢必須要搭配，在選用前必須充分瞭解產品需求，才能恰當選用材料。

有機樹脂多少會具有吸濕性，在高濕度時水分吸收很快，長時間放置有電性劣化問題，因此吸濕性是先進材料重要指標之一。對於特定物料適合應用的範圍，需要檢討使用環境及機器要求特性，而這些特性近年來已有相當改善。吸濕不只會影響絕緣電阻，也會影響到焊錫與耐熱性，由於水汽化過程體積會膨脹百倍以上，汽化壓力容易產生爆板問題。

雙面板紫外光可穿透板面，因此止焊漆曝光時會影響另一面光阻影像形成。基材廠對此會採用添加紫外光遮蔽 (UV-Block) 設計，在基材內添加吸收材料，而目前泛用的四功能 (Tetra Function) 環氧樹脂基材，不須特別添加即可切斷紫外線。

對目前普遍使用的光學自動檢查機 (AOI)，除了用可見光偵測外也有螢光偵測模式。由於一般環氧樹脂螢光很弱，因此添加螢光劑就成為必要手段。泛用四功能環氧樹脂，由於本身會發出螢光，也不需要再添加。

　　由於新特性需求或製程特性，製造商不斷對現有樹脂系統作改良與變更。但變更時仍必須對材料基本性能產生的影響，如：鑽孔、電鍍等加工性或絕緣性、機械特性、熱穩定性等最終產品需求作全面探討，才能真正發揮新材料功能。

低介電質係數材料

　　為改善電路板電氣特性，業者不斷尋求低介電質係數材料。低介電質係數的材料，多數都是高耐熱低吸水性產品。目前所知低介電質係數材料數值最低者，是使用氟樹脂 (PTFE) 產品。但因為是熱可塑性材料，使用上有困難，因此替代性熱硬化樹脂材料仍在開發中。在玻纖方面多數使用 E 級玻纖，有特定需要低介電質係數的產品會使用 D 級玻纖，而需要高尺寸安定性時，會使用 S 級玻纖等。但因後二者價格高，且有加工製造困難度，因此一般只會使用在非常特殊的應用。

6.3　銅箔基板的製法及基本原料

　　銅箔基板的基本結構有：介電質樹脂、強化用纖維布及銅箔。絕大部分電路板基材都使用玻纖布，特殊用途也有使用 Aramid 纖維、液晶高分子 (LCP) 纖維等，在此以玻纖布製作的銅箔基板為基礎加以說明。

(1) 銅箔基板製作

　　銅箔基板用膠片的製作程序，從調製清漆 (Varnish)、含浸、刮平、乾燥到做成膠片為止。製作時會先調整樹脂組成、粘度、溫度等，之後送入清漆槽，將玻纖布以傳動機構將清漆含浸入纖維內，再用刮輪 (Doctor Roll) 調節攜出量。

　　烘烤前的清漆狀樹脂稱為 A 階段，經過乾燥塔乾燥、烘烤除去溶劑後稱為 B 階段。藉控制溫度及烘烤速度調整樹脂聚合度，達成最適的 B 階膠片。膠片呈半乾固狀態，製作出的膠片會依需求長度成捲後以切刀切斷。

　　製作完成的膠片與銅皮依規格組合堆疊，被放置在鏡面不銹鋼板間送入熱壓合機。壓機加熱材料同時也會施加壓力，使樹脂熔融流動並固化聚合。經過高溫聚合後，冷卻下料即完成製作程序。熱壓昇溫速度、操作時間，隨樹脂特性及疊合膠片張數而異，一般製程都會取得平衡性統一操作條件來簡化生產程序。

　　冷卻後取出堆疊材料拿掉鏡面板，就成為一片片分離的銅箔基板，下料狀態如圖 6.2 所示。

▲ 圖 6.2　熱壓完成的銅箔基板脫除鋼板的狀態

　　之後再經過裁切、修邊、烘烤、端面研磨、倒角等程序後檢查出貨。檢查項目主要以板厚均勻度、銅面缺陷、樹脂聚合度等為重要事項，但也可以依照使用者需求訂定。

(2) 玻纖布及其他相關原料

　　玻璃纖維 (Fiber-glass) 在基板中的功用，是作為補強材料。基板補強材料尚有其它種類，如：紙質基板的紙材、Kelvar(Polyamide 聚醯胺) 纖維及石英 (Quartz) 纖維等，此地仍以最大宗使用者玻璃纖維為討論對象。

　　玻璃纖維因為有以下的共同特性，而被用於電路板製造：

高強度	和其它紡織用纖維比較，玻璃有極高強度。在某些應用上，其強度 / 重量比甚至超過鐵絲。
抗熱與火	玻璃纖維為無機物，因此不會燃燒
抗化性	可耐大部份的化學品，也不為黴菌，細菌的滲入及昆蟲的攻擊
防潮	玻璃並不吸水，即使在很潮濕的環境，依然保持它的機械強度
熱性質	玻纖有很低的熱線性膨脹係數，及高的熱導係數，因此在高溫環境下有極佳的表現
電性	由於玻璃纖維的不導電性，是一個很好的絕緣物質選擇

　　玻璃 (Glass) 本身是一種混合物，它是一些無機物經高溫融熔而成，再經抽絲冷卻成為非結晶結構的堅硬物體。此物質的使用，已有數千年歷史。做成纖維狀使用則可追溯至 17 世紀。真正大量做商用產品，則是 Owen-Illinois 及 Corning Glass Works 兩家公司共同研究努力後，組合成 Owens-Corning Fiberglass Corporation 於 1939 年正式生產製造。

　　原始融熔態玻璃的組成成份不同，會影響玻璃纖維特性，不同組成呈現的差異，也各有其獨特及不同應用處。按組成不同，玻璃等級可分四種商品：A 級為高鹼性，C 級為抗化性，E 級為電子用途，S 級為高強度。電路板中所用的就是 E 級玻璃，主要是其介電性質優於其它三種。

　　玻纖布和一般布材類似，是將纖維紗以織布機編織而成的布材。電路板基材用的紗線，是將調整過的玻璃配方原料投入窯爐內融化，經過細微的濾嘴 (Nozzle) 驅動流出、延伸、冷卻而成為玻璃纖維。其製作的狀態如圖 6.3 所示。

▲ 圖 6.3　製作玻纖用濾嘴與纖維製作

　　完成後的玻纖經過防靜電處理、以澱粉為主的上漿處理、紡紗等程序，作成紗錠，準備進入編織玻纖布的程序。雖然玻纖有多種不同的成分組成，但從加工及成本考量仍以 E 級玻纖為主要選擇。

　　玻璃纖維的製程可分兩種，一種是連續式 (Continuous) 纖維，另一種則是不連續式 (discontinuous) 纖維。前者用於織成玻璃布 (Fabric)，後者則做成片狀玻璃蓆 (Mat)。FR4 等基材即是使用前者，CEM3 基材，則採用後者玻璃蓆。織布是將長方向紗固定於紡織機上，其後利用飛梭牽引橫向紗穿流於長方向紗間，編織狀況如圖 6.4 所示。過去用傳統梭子穿紗，現在則是用空氣梭或水梭穿線，如此可以提高編織速度。

　　玻纖布織好後必須燒掉纖維上的漿料才能做樹脂含浸，含浸確實烘乾恰當的膠片於此產生，再經過最終檢查後就可以製作基材或出貨給電路板廠。

　　由於電路板基材需要達成某些物理特性，因此會針對樹脂及玻纖的化學結構作適度改質或添加填充劑 (Filler) 以提高基材特性，也因此持續有新的產品推出。電路板用的玻纖布為了保持良好絕緣性，除了採用高絕緣性配方外，對纖維污染、燒漿不全等都有嚴格管制。

▲ 圖 6.4　飛梭編織玻纖布的狀態

　　為縮小水平方向膨脹係數及降低介電質常數，也有 D、Q、S 等布種生產。但因加工困難需求量小，供應不穩定價格也高，所以被限制在特殊用途使用。非玻璃系纖維也有部分應用，如：Aramid 纖維、LCP 纖維、PTFE 纖維等。其中尤其是 Aramid 纖維表現特異，由於熱膨脹係數極低有利於高密度接點信賴度，因此有特定應用。PTFE 由於介電質常數低，因此高速電路板領域有一定應用機會。LCP 因為單價高，成熟製造者少，用法又可分為片狀與纖維材料結構，目前這類材料比較常見到軟板方面的應用。

　　目前整體電路板強化材料，仍以玻纖布材料占最大比例，而材料形式則分編織與不織布兩類，圖 6.5 所示為纖維組成方式的範例。整體而言，玻纖編織式的布材仍是最大宗應用材料。

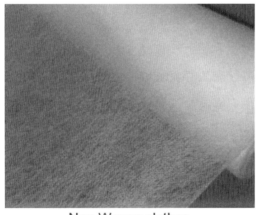

Non-Woven clothes

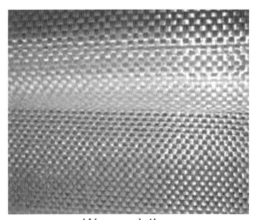

Woven clothes

▲ 圖 6.5　不同的纖維組成方式

(3) 銅皮

　　早期電路板線路的設計粗粗寬寬的，厚度要求也不挑剔，但演變到現在，一般手機用板已經設計到 30 μm 線路，構裝載板更達到 10 μm 上下的量產水準。它必須應對電阻要求嚴苛、抗撕強度、表面 Profile 等也都有詳加規定，因此銅皮製作發展，電路板業者必須有清楚了解。

　　傳統銅皮以輾軋法 (Rolled-or Wrought Method) 製作，是將銅塊經多次輾軋製作而成，所輾出的寬度受到技術限制，達到標準尺寸基板要求 (3 呎 *4 呎) 有難度，且容易在輾製過程中造成報廢。又因表面粗糙度不夠，所以與樹脂結合能力比較不好，且製造過程中所受應力需要做熱處理回火軔化 (Heat treatment or Annealing)，故其製造成本會較高。但其延展性 (Ductility) 高，對 FPC 使用於動態環境下信賴度較佳。低稜線表面 (Low-profile Surface)，對一些 Microwave 電子應用也是一種利基。

　　較普遍的現代式銅皮，主要以電化學析出法製作，最常用於基板上的銅箔就是 ED(Electro-Deposited Method) 銅。利用各種廢棄電線電纜熔解成硫酸銅鍍液，在特殊深入地下的大型鍍槽中，陰陽極距非常短，以非常高速沖動鍍液，以 600 ASF 的高電流密度，將柱狀 (Columnar) 結晶銅層，鍍在表面光滑又經鈍化的 (Passivated) 不銹鋼大桶狀電鍍鼓 (Drum) 上，因鈍化處理過的不銹鋼鼓輪對銅層附著力並不好，故鍍面可自轉輪上撕下。如此所鍍得的連續銅層，可經由轉輪速度、電流密度控制，得到不同厚度的銅箔。貼在鼓上的光滑銅箔面稱為光面 (Drum Side)，另一面對鍍液的粗糙結晶表面稱為毛面或粗面 (Matte side)。

　　電路板製作所用的銅皮主要用於線路形成，由於形成線路必須要有良好密著性，同時必須符合製造及最終產品信賴度需求，因此製作程序會有多種處理。

　　典型傳統銅皮構造如圖 6.6 所示，由一平滑面 (Shiny Side) 及一粗化面 (Mat Side) 構成。在後處理方面，有單面處理 ST(Single Treatment) 銅皮及雙面處理 DT(Double Treatment) 銅皮，雙面粗化處理的目的是為了細線製作或改善產出良率而作。典型電鍍銅皮的製程如圖 6.7。

　　電鍍時，圓筒狀電鍍鼓 (Drum) 浸泡在鍍液中作為電鍍陰極，銅電鍍膜會析出在電鍍鼓面上，剝下後捲成軸狀即成為生銅皮。生銅皮需要再經過後續的加粗、抗熱、抗氧化處理，才能作為實際的電路板用銅皮。

　　電鍍液以硫酸銅為主，依銅皮表面輪廓 (Profile) 及物性需求來調節鍍液及電鍍條件，厚度則決定於電鍍時間。所製作的銅皮與電鍍鼓相接面，因電鍍鼓表面呈平滑狀故銅皮也成為平滑面，另一面由於是以高電流密度沉積，故呈現柱狀結晶結構。這種銅皮一般業界稱為生箔，通常還會需要增加細部粗度以提高錨接 (Anchor) 能力。

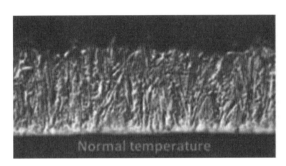

▲ 圖 6.6   典型的電路板用銅皮斷面構造

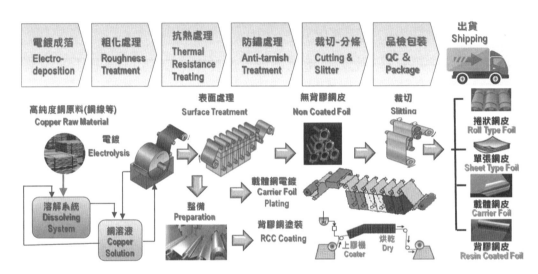

▲ 圖 6.7   典型電鍍銅皮製程

　　為了提高耐化學性、耐熱性及樹脂接著性，銅皮電鍍後會做適當表面處理，傳統處理方式是在 ED 銅皮從 Drum 撕下後，繼續下面的處理步驟：

a.　Bonding Stage- 在粗面 (Matte Side) 再以高電流極短時間內快速鍍上銅，因其長相如瘤而被稱為「瘤化處理 (Nodulization)」。目的在增加表面積，其厚度約 2000 ～ 4000Å。

b.　Thermal barrier treatment－瘤化完成，再鍍上一層黃銅 (Brass)，這是 Gould 公司的專利，稱為 JTC 處理。或者以鋅 (Zinc) 處理，這是 Yates 公司的專利，稱為 TW 處理。或是以鍍鎳處理，其作用是做為耐熱層。因為樹脂中的 Dicy，於高溫反應時會攻擊銅面生成胺類與水份，一旦生成水份就會導致附著力降底。此層的作用即是防止上述反應發生，其厚度約 500 ～ 1000 Å。

c. Stabilization —耐熱處理後再做「鉻化處理 (Chromation)」，光、粗面同時進行，具有防污、防鏽作用，也稱「鈍化處理 (Passivation)」或「抗氧化處理 (Anti-oxidization)」。

較新式的處理方法則有以下方式：

a. 兩面處理 (Double treatment)

指光面及粗面皆做粗化處理，嚴格來說此法應用已有幾十年歷史，但為了降低多層板成本而使用者漸多。在光面也做上述傳統處理，這種結構應用在內層基板，可以省掉壓膜前銅面理處理及黑 / 棕化步驟。美國的 Polyclad 銅箔基板公司，發展出一種處理方式，稱為 DST 銅箔，其處理方式有異曲同工之妙。該法是在光面做粗化處理，該面就壓在膠片上，做成基板的銅面為粗面，對後製程也有幫助。

b. 低稜線化處理 (Low profile)

傳統銅箔粗面處理，其 Tooth Profile(稜線) 粗糙度 (波峰波谷)，不利於細線路的製造 (影響 just etch 時間，造成 over-etch)，因此必須設法降低稜線高度。上述 Polyclad 的 DST 銅箔，以光面做處理，改善了這個問題，另外，一種叫「有機矽處理 (Organic Silane Treatment)」，加入傳統處理之後，也可有此效果。它同時產生一種化學鍵，對於附著力有幫助。

經過表面處理前後的銅皮粗化面表面狀態，如圖 6.8 所示。完成處理的銅皮經過修邊捲筒或切片；做完外觀檢查、信賴度檢查後包裝出貨。

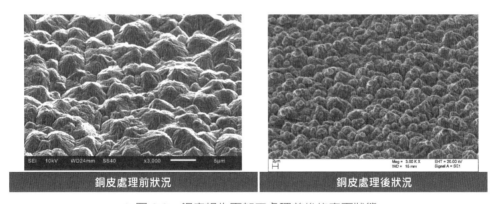

| 銅皮處理前狀況 | 銅皮處理後狀況 |

▲ 圖 6.8　銅皮粗化面加工處理前後的表面狀態

一般銅皮厚度是以每平方英尺重量為計量單位，重量以英制的盎司 (oz) 計量，以平均厚度而言，1 oz 相當於約 35 μm 厚度。常見的厚度有 5、9、12、18、35、50、70 μm 等等，製作商可依訂單製作。依據電鍍銅皮的特性可將銅皮分為數類，典型的物化特性如表 6.3 所示。

▼ 表 6.3　常見電鍍銅皮的種類

種類名稱	特性描述
STD	標準品
HD	延伸率及耐撓曲性良好
THE	高溫環境下的延伸率優異
MP	粗面的粗度處理微細、高溫環境下的延伸率優異
LP	粗面的粗度處理微細、適合細線路製作

　　為達成細線路製造的目的，不少的銅皮製造商提供低稜線 (Low Profile) 銅皮。這種銅皮結晶較細，不但有利於細線路製作，製作出來的線路邊緣也較細緻平整，有利於電路板的電氣特性。低輪廓 (Low Profile) 銅皮的斷面結構如圖 6.9 所示。

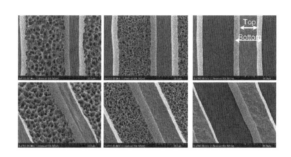

▲ 圖 6.9　低稜線 (Low Profile) 銅皮斷面結構與線路比較可以看出與傳統銅皮線路的差異

　　一般表面處理資料，多數是以環氧樹脂 FR-4 為基礎作討論，對於其他非泛用樹脂則討論較少。由於高功能樹脂逐漸受到重視，使用機會也增加，使用時要如何選用恰當表面處理的銅皮，必須事先作充分瞭解。

　　銅皮一般物性需求是以可承受電路板內外部各種應力，達成期待的溫溼度操作環境下，正常運作的目的。對於特殊需求銅皮，有時候會作熱退火處理增加延展性。銅皮是藉錨接 (Anchor) 效果與樹脂結合，提高銅皮剝離強度 (也有人強調用：抗撕強度)，所以必須作粗面化處理。

　　銅皮厚度為 35 μm 的銅皮，光是粗面凹凸大約就有 25% 粗度，因此在蝕刻線路時要將銅凸點完全去除，最少要延長蝕刻 15 ～ 20% 時間才能乾淨，也就是總蝕刻量大約 40 ～ 42 μm 左右。電路板蝕刻採用藥液蝕刻線路，經過長時間作用產生的側蝕，會使線路製作能力變差、精度偏離，因此不利於線路尺寸控制。若銅皮能有較均勻厚度，則不但可以降低平均蝕刻量，線路控制能力相對也較為理想。

　　因此對細線路製作，希望粗面的稜線能儘量減小，但在結合強度方面仍希望維持一定水準。對低輪廓、強化結合力的銅皮開發，多數廠家有較積極的努力及成果。即使在低稜線結構下，多數銅皮產品仍能保持 1 Kg/Cm 的拉力水準，這對多數應用，其物性及強度已可實用化。表 6.4 所示為一般低輪廓銅皮剝離強度表現需求。由於銅皮厚度與拉力強度相關，因此在測試及設定規格時，必須注意銅皮厚度狀況。

▼ 表 6.4 一般性低稜線銅皮剝離強度

厚度	低稜線銅皮拉力	標準銅皮拉力	壓延銅皮拉力
18	1.2	1.5	0.8
35	1.6	2.0	1.2
70	2.2	2.6	1.8

厚度：μm　　拉力：kg/cm

　　為了確保銅皮接著強度，銅皮粗面的表面處理就是重要工作。為了具有與樹脂間較佳親和力，多數銅皮會採用析出鋅、鋅銅合金、鎳、鉻、鉬等各樣金屬，或是採錫、矽烷化合物的特殊處理劑。同時為了防鏽，表面會做鉻酸鹽處理，這也是使用銅箔基材時要確實清洗的原因。

(4) 電路板壓板用樹脂系統

　　電路板用的樹脂系統，是左右整體特性的要素，目前已使用在線路板的樹脂類別很多，如：酚醛樹脂 (Phenolic)、環氧樹脂 (Epoxy)、聚亞醯胺樹脂 (Polyimide)、聚四氟乙烯 (Polytetrafluorethylene，簡稱.PTFE 或稱 TEFLON)，B 一三氮樹脂 (Bismaleimide Triazine 簡稱 BT) 等皆為熱固型樹脂 (Thermo-setting Plastic Resin)。

　　多層電路板方面，使用最廣的仍是環氧樹脂系統，有特別性能需求產品，則使用較高階樹脂系統，如：Polyimide、BT 等樹脂就比環氧樹脂有較高耐熱性，低介電質常數方面，則以 PPE(Poly-Phenylene-Ether) 樹脂、PTFE 樹脂較知名。

　　電路板使用的是複合材料，由字面意義就知道組成成分為多元素。為了達成電路板各種需求特性，原料製造商會在各種樹脂、強化材料、填料等方面搭配組合，推出符合市場需求的材料。

　　酚醛樹脂 (Phenolic Resin) 是人類最早開發成功而又商業化的聚合物。是由液態酚 (Phenol) 及液態甲醛 (Formaldehyde 俗稱 Formalin) 兩種便宜化學品，在酸性或鹼性催化條件下發生立體架橋 (Cross link) 的連續反應而硬化成的固態合成材料。1910 年有一家叫

Bakelite 的公司加入帆布纖維，做成一種堅硬強固絕緣性又好的材料，稱為 Bakelite，俗名為電木板或尿素板。

美國電子製造業協會 (NEMA-National Electrical Manufacturers Association) 將不同組合冠以不同編號代字，被業者廣泛使用，其各種產品代表字列示，如表 6.5 所示。雖然無鹵無鉛環保政策執行後，這類材料使用量降低，但是仍大量用在電路板周邊與耗材，因此仍保留此資料做為參考。

▼ 表 6.5　NEMA 對於酚醛樹脂板的分類及代碼

樹脂	補強材料及形狀	NEMA 分類的代字
	紙質，片狀物	X, XP, XPC, XX,XXP, FR-1 XXX, XXXP, XXXPC, FR-2
	棉花，織狀物	C, CE, L, LE
酚醛樹脂 Phenolic	石棉，片狀 織狀	A AA
	玻璃，織狀	G-3
	耐龍布	N-1

表中紙質基板代字第一個 "X" 表示機械性用途，第二個 "X" 表示可用電性用途。第三個 "X" 表示可用有無線電波及高濕度場所。"P" 表示需要加熱才能沖板 (Punchable) 否則材料會破裂，"C" 表示可以冷沖加工 (Cold Punchable)。"FR" 表示樹脂中加有不易著火物質，使基板有難燃 (Flame Retardant) 或抗燃 (Flame Resistance) 性。

環氧樹脂 (Epoxy Resin) 是目前電線路板業用途最廣的材料類型，調配的材料在液態時稱為清漆或稱凡立水 (Varnish)，處於所謂 A-stage。玻璃布在浸膠半乾後成為膠片，膠片經高溫軟化液化，可以用於黏著銅皮及內層板基材，這種狀態被定義為 B-stage 的 Prepreg。

若再經過熱壓合，樹脂硬化無法回復流動而達到最終狀態被稱為 C-stage。環氧樹脂與硬化劑的配方選用種類多不勝數。較典型的樹脂如：Bisphenol A-Epichlorohydrin 樹脂、溴化環氧樹脂、Novolac 形環氧樹脂等。由於環保需求，不少無鹵素耐燃材料也相繼開發出來。典型配方內容如下所示的範例。

單體 (Monomer)	Bisphenol A, Epichlorohydrin
架橋劑 (硬化劑)	雙氰 Dicyandiamide 簡稱 Dicy
速化劑 (Accelerator)	Benzyl-Dimethylamine(BDMA) 及 2-Methylimidazole(2-MI)
溶劑 (Thinner)	Ethylene glycol monomethyl ether(EGMME)Dimethyl formamide(DMF) 及稀釋劑 Acetone, MEK。
填充劑 (Filler)	碳酸鈣、矽化物、及氫氧化鋁或化學物等增加難燃效果。填充劑可調整其 Tg.

　　典型傳統樹脂一般稱爲雙功能的環氧樹脂 (Di-functional Epoxy Resin)。爲了達到使用安全的目的，特於樹脂分子結構中加入溴原子，使產生部份碳溴之結合而呈現難燃的效果。也就是當出現燃燒條件或環境時，它要不容易被點燃，萬一已點燃在燃燒環境消失後，能自己熄滅不再繼續延燒。此種難燃材料在 NEMA 規範中稱爲 FR-4，其結構式如圖 6.10 所示 (不含溴的樹脂在 NEMA 規範中稱爲 G-10)。此種含溴環氧樹脂的優點很多，如：介電質常數很低、與銅箔的附著力很強、與玻璃纖維結合後之撓性強度很不錯等。

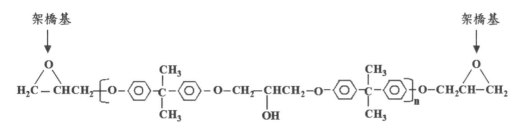

▲ 圖 6.10　雙功能的環氧樹脂 (Di-functional Epoxy Resin)

　　環氧樹脂架橋劑過去都以 Dicy 爲主，它是一種隱性 (Latent) 催化劑，在高溫 160℃下才發揮架橋作用，在常溫很安定，故多層板 B-stage 膠片才不致無法儲存。但 Dicy 的缺點也不少，第一是吸水性偏高；第二是難溶解，溶不掉自然就難以在液態樹脂中發揮作用。

　　早期基板商並不瞭解下游電路板裝配工業問題，那時 Dicy 磨的不是很細，溶不掉的部份會混在底材內，經長時間聚集吸水後會發生針狀再結晶，因而造成許多爆板問題。現在基板商都很清楚它對最終產品的嚴重影響，因此這方面的問題多已改善。

　　任何新配方開發都會對電路板電氣、加工特性等產生影響，因此採用與認證都必須小心。傳統用的雙功能型環氧樹脂近年來已逐漸被四功能基環氧樹脂取代，Novolac 環氧樹脂樹脂結構如圖 6.11 所示，典型的四功能環氧樹脂如圖 6.12 所示。

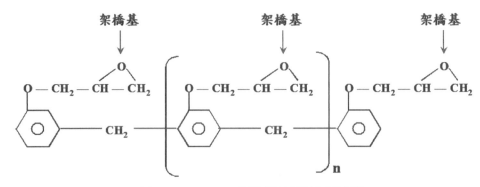

▲ 圖 6.11　Novolac 環氧樹脂樹脂化學結構

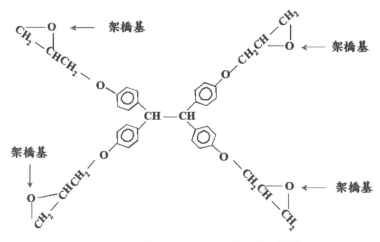

▲ 圖 6.12　典型四功能環氧樹脂化學結構

　　四功能環氧 (Tetra-functional Epoxy) 樹脂，與傳統「雙功能」環氧樹脂不同之處，是具有立體空間架橋結構，Tg 較高具有較佳耐熱耐候性，且抗溶劑性、抗化性、抗濕性及尺寸安定性也都好很多，最早為美國 Polyclad 公司所引用。為保持多層板除膠渣方便起見，某些廠商在鑽孔後烘烤 160℃約 2 ～ 4 小時，使孔壁露出樹脂產生氧化作用，這樣樹脂較容易被蝕除，且也增加樹脂進一步架橋聚合。因為樹脂脆性的關係，鑽孔要特別注意參數調配。

　　高分子聚合物因溫度逐漸上升，導致其物理性質漸起變化。由常溫時堅硬及脆性如玻璃般的物質，轉變成為黏滯度非常高，柔軟如橡皮般的另一種狀態。這個狀態的轉化溫度，被稱為玻璃態轉化點 Tg。傳統 FR-4 的 Tg 約在 115 ～ 120℃間，已被使用多年，但由於電子產品各種性能要求愈來愈高，所以對材料特性也要求日益嚴苛。如：抗濕性、抗化性、抗溶劑性、抗熱性、尺寸安定性等，都要求改進以適應更廣泛用途。

而這些性質都與樹脂 Tg 有關，Tg 提高後上述各種性質也都自然變好。例如：Tg 提高後，耐熱性增強使基板在 XY 方向膨脹減少，同時使板子在受熱後銅附著力不致減弱太多。在 Z 方向膨脹減小後，使得通孔孔壁受熱不易被底材拉斷。Tg 增高後，樹脂中架橋密度必定提高很多，使其有更好抗水性及防溶劑性，這樣板子受熱後就不容易發生白點或織紋顯露，而有更好強度及介電性。至於尺寸安定性，由於自動插裝或表面貼裝要求日益嚴格，對尺寸安定性要求的規格當然就更形苛刻。如何提高環氧樹脂 Tg，也是電路板基材追求的重要特性之一。

(5) 膠片

膠合片是在玻纖布中含浸 A-stage 環氧樹脂清漆，經乾燥去除大部分溶劑後的成品。其樹脂此時是 B-stage。Prepreg 又有人稱之爲 "Bonding sheet"。在銅箔基材製作時，將膠片與銅皮一起堆疊後以熱壓機壓合成爲一體的銅箔基材，再交由電路板商製作內層板。在構成多層電路板結構時，膠片用於層間接著，將內層板與銅皮一起疊合壓著，就構成多層板的基本架構。

在多層板壓合用的膠片特性方面，必須具有良好接著性、流變性、填充性及易於操作保存。接著性有賴於樹脂本身或不同樹脂間的相容性，流變性、填充性則影響線路間空間填充及厚度控制。一般對膠片觀察的品質指標包括：樹脂含量 (Resin Content)、流動性 (Resin Flow)、硬化時間 (Gel Time)、揮發份含量 (Volatile Content) 等項目。測定法可依 IPC-TM-650 等相關測試規範進行。膠片一般典型特性需求，如表 6.6 所示，對特殊需求此表並不適用。

▼ 表 6.6　膠片一般典型的特性描述

材料種類	壓後厚度	樹脂含量 %	流動性 %	膠化時間 (sec)	揮發份含量 %
Epoxy	4.2+/−0.2mil	54+/−5	50+/−5	270+/−50	< 0.5%
	7.2+/−0.4mil	72+/−6	70+/−6	270+/−50	< 0.65%
PI	4.2+/−0.35mil	55+/−4	60+/−5	320+/−120	< 3.5%

膠片樹脂含量充足可以填充所需空間，是最重要的規格之一。在膠片使用時，必須有良好流動性及充裕流動時間，這樣才能保證填充性良好，但是樹脂在壓合作業中所處的狀態是黏度變動狀態。黏度先降後升會影響樹脂流動，因此流動性及膠化時間就成爲重要控制特性。

由於膠片製作時，會使用溶劑稀釋樹脂原料以利塗裝，因此在進入 B 階段時去除溶劑就十分重要。膠片殘留溶劑量愈大，愈容易產生壓板氣泡問題，但如果除溶劑過度又可能會使膠片聚合，加上環境濕氣可能在膠片儲存環境中造成吸濕，因此控制總體揮發份就十分重要。至於樹脂含量除了會影響填充能力，對電路板最終特性阻抗也有影響。因此多數膠片製造或使用者，都會對這些特性作要求。

膠片儲存必須控制溫溼度才能保有其特性，即使環境控制恰當膠片仍然會隨時間而變化，因此在恰當低溫、乾燥環境下，一般膠片有效保存期間約為 3 個月。超過此期間，一般工廠都會將膠片先行壓成銅箔基板待用，以免浪費材料。

(6) 高性能樹脂材料

為特定的材料性質改良或特殊用途而調整配方，廠商會以各種不同的樹脂與添加物做混合以提升基板特性。

A. Novolac

最早被引進基材添加劑的是酚醛樹脂中一種叫 Novolac 的物料，它是由 Novolac 與環氧氯丙烷所形成的酯類，稱為 Epoxy Novolacs。將此種聚合物混入 FR-4 樹脂，可以大幅改善其抗水性、抗化性及尺寸安定性，Tg 也會隨之提高。缺點是酚醛樹脂本身硬度及脆性都很高，因此在鑽孔加工時容易損害鑽針，加上抗化性能力增強，使得鑽孔造成的膠渣 (Smear) 不易除去，這容易造成多層板 PTH 製程困擾。

B. 聚亞醯胺樹脂 Polyimide(PI)

成份主要由 Bismaleimide 及 Methylene Dianiline 反應成的聚合物構成。電路板用的樹脂，對溫度適應會愈來愈重要，某些特殊高溫用途板，已非環氧樹脂所能勝任，傳統式 FR-4 的 Tg 約 120℃左右，即使高功能 FR-4 也只能達到 180～190℃，比起聚亞醯胺樹脂的 260℃還有一大段距離。

PI 在高溫下所表現的良好性質，如：良好撓曲性、銅箔抗撕強度、抗化性、介電性、尺寸安定性皆遠優於 FR-4。鑽孔時不容易產生膠渣，對內層與孔壁接通性自然比 FR-4 好。且由於耐熱性良好，其尺寸變化甚少，以 X 及 Y 方向變化，對細線路更為有利，不致因膨脹太大而降低與銅皮間的附著力。Z 方向可大幅減少孔壁銅層斷裂機會。

此種樹脂的缺點則是：

a. 不易產生難燃反應，不易達到 UL94 V-0 難燃要求。

b. 此樹脂本身層間或與銅箔間的黏著力較差，不如環氧樹脂那麼強。

c. 吸濕性 (Hygroscopic) 高。

d. 其凡立水中使用的溶劑沸點較高，不易趕完，容易高溫下分層。

e. 價格相對昂貴，故只有軍用板或 Rigid-Flex 板才用得起。

在美軍規範 MIL-P-13949H 中，聚亞醯胺樹脂基板代號為 GI。由於軟性電路板的需求成長，這類樹脂撓曲特性及強韌性使得應用幾乎橫跨所有可攜式電子產品領域，成為非常重要的軟性電路板基礎材料。

C. 聚四氟乙烯 (PTFE)

全名為 Polytetrafluoroethylene，以此樹脂抽絲製作 PTFE 纖維的商品名為 Teflon 鐵氟龍，其最大特點是電氣阻抗值很低 (Impedance)，在高頻微波 (Microwave) 通信用途上有無可取代的地位，美軍規範賦與 "GT"、"GX" 及 "GY" 三種材料代字，皆為玻纖補強類型，其商用基板是由 3M 公司所製。

目前這種材料尚無法大量投入生產，其原因有：

a. PTFE 樹脂與玻璃纖維間有附著力問題，此樹脂很難滲入玻璃束中。因其抗化性特強，許多濕式製程都無法使其反應活化，在做鍍通孔時孔壁銅無法固著在底材上，很難通過 MILP-55110E 中 4.8.4.4 的固著強度試驗。由於玻璃束未能被樹脂填滿，很容易在做鍍通孔時造成玻纖中滲銅 (Wicking) 出現，影響板子整體信賴度。

b. 四氟乙烯材料分子結構，非常強勁無法用一般機械或化學法攻擊，做蝕回時只有用電漿處理。

c. Tg 很低只有 19℃，故在常溫時呈可撓性，也使線路附著力及尺寸安定性不好。

表 6.7 所示為四種不同樹脂製造的基板性質比較。

D. BT/EPOXY 樹脂

BT 樹脂也是熱固型樹脂，是由日本三菱瓦斯化成公司 (Mitsubishi Gas Chemical Co.)1980 年研製成功。是由 Bismaleimide 及 Trigzine Resin monomer 二者反應聚合而成。BT 樹脂通常和環氧樹脂混合而製成基板。

▼ 表 6.7　四種不同樹脂製造的基板性質比較

	GI	FR4	FR5	PTFE(Teflon)
銅皮抗撕強度 KB/m	8	10	8	10
吸水性 %	0.5	0.3	0.4	0.01
UL94 燃性等級	V0 或 V1	V0	V0	V0
介電常數，在 IMH_z	4.5	4.7	4.8	2.5
分散係數，在 IMH_z	0.011	0.022	0.020	0.001
撓性強度，KPSI	85	80	70	15
Tg, ℃	270	125	140	19
膨脹係數 z 方向，ppm/℃	50	60	55	200
X, Y 方向	14	16	16	10

BT 樹脂系統的特性：

a. Tg 點高達 180℃，耐熱性非常好同時吸水性低。

b. BT 板材，銅箔抗撕強度 (peel Strength) 及基板強度都不錯，鑽孔後膠渣 (Smear) 也較少，但樹脂脆高容易傷鑽針同時容易有碎裂現象。

c. 可產生難燃處理，達到 UL94V-0 要求。

d. 介質常數及散逸因數小，對高頻及高速傳輸電路板非常有利。

e. 耐化性，抗溶劑性良好。

f. 絕緣性佳。

BT 樹脂系統的應用：

a. COB 用電路板，若 Wire bonding 過程高溫使板面變軟，會導致打線失敗。BT/EPOXY 高性能板材可以克服此點。

b. BGA, PGA, MCM-Ls 等半導體構裝載板，構裝測試中有兩個很重要常見問題，一是玻璃紗漏電現象，或稱為 CAF(Conductive Anodic Filament)，一是爆米花現象 (受濕氣及高溫衝擊而產生的爆板現象)，這兩種現象 BT/EPOXY 板材特性也比較可以避免。

6.4 ▒ 高密度增層電路板用的材料

多層電路板一向都採用通孔電鍍製造，約 1990 以後陸續有各種增層技術提出，也有許多增層製程用材料開發出來。若不包括特殊製作法，純樹脂增層材料約有三類，他們各為感光樹脂、熱硬化樹脂及附樹脂銅箔，依據操作模式也可將其他材料融入分成三類基材。

表 6.8 是純樹脂高密度增層材料的特性比較。由於高密度增層板普及，廠商眾多且材料特性不斷變化，對特定產品作介紹未必恰當。且特殊廠商及使用者，評價也會和表中判斷不同，因此表列內容僅供參考。

▼ 表 6.8　一般泛用於業界的薄介電質純樹脂材料特性比較

操作	真空壓合膜 (真空壓合 - 後烘烤硬化)		真空熱壓加銅皮 (疊板 - 熱壓)		液態樹脂 (樹脂塗布 - 後烘烤硬化)	
樹脂類型	感光樹脂	熱硬化樹脂	熱硬化 RCC	不織布型	感光樹脂	熱硬化樹脂
塗裝平整度	可	可	好	好	差	差
成孔方法	曝光	雷射	雷射	雷射	曝光	雷射
物理性質	一般	好	好	好	一般	好
厚度控制	容易	容易	難	容易	難	難
細線能力	好	好	差	差	好	好
銅金屬拉力	由 SAP 決定	由 SAP 決定	由銅皮決定	由銅皮決定	由 SAP 決定	由 SAP 決定
尺寸彈性	中等	中等	差	中等	好	好
操作自動化	好	好	差	差	中等	中等
材料成本	高	中等	高	高	高	低
操作成本	高	中等	高	高	中等	中等
塗布後製程	曝光 顯影 除膠渣 化學銅 電鍍銅	雷射打孔 除膠渣 化學銅 電鍍銅	開銅窗 雷射加工 除膠渣 化學銅 電鍍銅	開銅窗 雷射加工 除膠渣 化學銅 電鍍銅	曝光 顯影 刷磨 除膠渣 化學銅 電鍍銅	刷磨 雷射加工 除膠渣 化學銅 電鍍銅

各樹脂系統會依製程需求調整，特性由基本樹脂單體 (Monomer)、硬化劑 (Hardener)、安定劑 (Stabilizer)、添加劑 (Additive)、填料 (Filler) 搭配而成。液態樹脂的訴求與止焊漆

類似，主要以有利塗布符合最終產品特性為重。真空壓合薄膜則訴求類似乾膜，但樹脂必須具有介電質材料特性。熱壓合材料，應多少具有傳統膠片特性反應。當然在操作中的一些耗用材料，也會被列入評估項目中。

感光型介電質材料

這類材料是透過類似感光止焊漆產品的模式發展出來，微孔形成是以曝光完成，由於不分密度可以一次作出所有微孔 (Micro Via)。因此在高密度增層板開發初期十分被看好，後來又因為雷射成孔技術普及而逐漸式微。但是孔密度逐年提升與孔徑縮小等因素，這類技術又重新回到大家的視野，部分產品還強調可以製作細線路，讓討論話題又添一樁。

微孔加工後，它必須靠化學銅及電鍍銅形成線路連接。為提高與化學銅密著性，必須在化學銅前作表面粗度提昇銅與樹脂結合力。由於不使用銅箔，所以會採用全板電鍍、全蝕刻或半加成法 (SAP-Semi Additive Process) 製作線路。

感光性介電質材料必須顧及材料物理性質和感光性，因此材料配方控制有較大難度。這類樹脂有液態油墨及薄膜型兩種，液態產品可使用網印法、簾幕塗布、滾輪塗裝法等作塗裝，由於平整度不易控制，因此採用的材料特性、壓合或塗裝機具、操作條件都必須恰當控制選擇。

雖然樹脂薄膜比液態材料成本高，但在作業、厚度控制、清潔度有較大優勢，因此有部分產品作成薄膜型式。由於要壓膜在凹凸表面，因此以真空壓合機做薄膜壓合較為恰當。

光成孔技術以曝光做孔位影像轉移，利用 UV 感光、顯影、熱烘聚合硬化等程序製作小孔。顯影液隨使用樹脂系統不同，而有鹼性水溶液、有機溶劑兩種系統。水溶液系統環保問題小，溶劑型則較麻煩，但某些產品為了整體樹脂特性，仍會使用溶劑型設計。這類材料到目前為止，討論多使用少，仍屬於特定用途技術。

熱硬化樹脂材料

這類樹脂會採用二氧化碳雷射或 UV 雷射作微孔加工，因此樹脂配方並不需要考慮感光性。相對樹脂使用彈性比較寬，而產品物性相對也比較容易達成。一般這類樹脂系統特性需求，主要著重在雷射光吸收率、螢光反射特性、抗化學性、粗化適用性等特性。

這類樹脂產品有液態油墨及薄膜兩類，經過塗布或壓膜後做雷射鑽孔，之後藉電鍍做層間導通及線路製作。由於無面銅，必須做化學銅處理產生電鍍種子層。為了確保銅與樹脂間結合力，必須先將樹脂表面粗化獲得錨接 (Anchor) 力，一般可以達到的拉力值約為

0.8 ～ 1.2 kg/Cm。圖 6.13 所示爲樹脂面粗化的狀態。構裝載板類產品，因爲需要更細密的線路，逐步降低表面的粗度設計，因此在兩難的情況下，這類材料要產生細線路又要保持結合力，確實考驗著業者的智慧。

　　液態樹脂基本塗布法與感光樹脂相同，薄膜型材料也與感光型相似。一般常見於高密度增層電路板的膜厚度，分布在 30 ～ 80 μm 間。由於板面沒有銅皮，不論感光或熱硬化樹脂，因蝕刻量較少而有利於提昇細線路製作能力。常見的化學銅厚度，因爲應用而不同，從 0.4 ～ 2 μm 都有，比傳統板的底銅低了非常多。

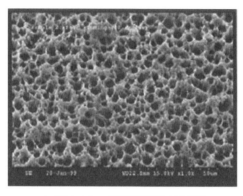

▲ 圖 6.13　樹脂面粗化的狀態

附樹脂銅皮材料

　　這類材料主要是爲了符合傳統電路板製作模式而開發，做法是在銅皮粗化面上塗布 B-stage 硬化樹脂。使用的銅皮厚度，一般爲 12 μm 或 18 μm 較多，但特殊用途會使用超薄銅皮。樹脂厚度必須依據填充量需求決定，一般都以壓後的厚度爲指標。

　　由於有銅皮壓合程序，結合力來自於樹脂熔融與銅皮接著力，其銅皮拉力較穩定類似於傳統電路板。而使用熱壓合技術及傳統堆疊法，在使用工具及操作方面有較佳相容性，製程容易導入是廣泛使用的原因。

　　這類材料在高密度板開發初期，因雷射與基材技術都沒有到達方便加工水準，而曾廣泛使用。早期以影像轉移開窗 (Conformal Mask)，因此被稱爲 Conformal mask 法。數年後由於雷射與膠片技術進步，逐漸淡出舞台。後期又因爲 ABF 類材料的細線路能力，幾家廠商重新採用另一種附樹脂銅皮型式，搭配傳統膠片製作高密度板，希望能提升傳統材料的細線路製作能力。這種材料稱做 PCF(Plymer Coated Foil)。其基本結構與過去 RCC 類似，不過塗裝樹脂是硬化過的材料，且厚度比較低僅供作表面粗化結構用。搭配膠片可以在表面銅材料去除後，形成接近純樹脂特性表面，有利於細線路製作，但又具有原來纖維材料的強度。風水輪流轉，技術觀念總是如潮水般湧進退回等待下次再來。

其他類型材料

　　當然高密度增層電路板使用的材料不僅止於前面所述，尚有不同形態產品被使用或開發。例如：某些產品對於無強化纖維結構不滿意，但若加入纖維又不利於加工。因此爲了改善電路板物理特性，會使用特殊的開纖(扁平玻纖)材料製作雷射加工層。這時不但壓合製程及漲縮設計必須重新考慮，雷射加工條件也必須重新調整。

　　至於相當知名的 ALIVH 製程，其膠片是使用 Aramid 纖維不織布含浸樹脂，此類材料較容易做雷射加工。後期也嘗試採用非 Aramid 材料降低成本改變特性，但仍然必須選擇適合加工的布種，所示另類的基材。B2it 是以銀膏形成凸塊 (bump) 用以貫穿膠片，之後再以壓合方式作銅皮結合，因此使用的銀膠較特殊，而對膠片的選擇則限制相對比較少。

　　美國 Goretex 公司使用 PTFE 纖維製作出有纖膠片，因爲使用 PTFE 可以降低介電質常數，有利於高速傳輸產品的製作。

高頻化材料趨勢

　　從個人電腦演進，可看出 CPU 世代交替的速度愈來愈快，消費者應接不應暇，當然對大眾是好事，但對 PCB 的製作卻又是進一步的挑戰，因爲高頻化須要基材有更低的 Dk 與 Df 值。

　　目前行動通信是電子業重要話題，下一代通信需要的 5G 技術，宣稱是未來系統成功關鍵，這也在眾多發展者不同設計訴求下快速發展，對材料需求的挑戰也在醞釀中。圖 6.14 所示，爲 5G 天線特殊設計。基於電路板龐大製造力，專家期許能利用這個技術提供未來的高頻天線。這種看起來並不細緻的結構，卻被預言可以支援 60GHz 的傳輸能力，對材料與結構的需求非常值得深入理解。

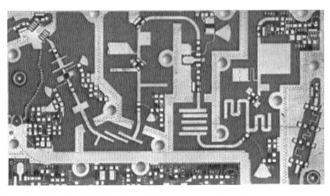

▲ 圖 6.14　新世代高頻 RF 結構設計 (來源：IPC-PCB-Military-Technology-Roadmap)

CHAPTER 7

多層電路板設計及製前工程

7.1 多層電路板的製前工程設計重點

電子設備產品及線路設計完成後，就會製作元件、組裝連結等步驟，經過測試確認功能，整體電子器材製造就算大功告成。在設計電路板時，會將設計的電子元件以 CAD 配置在期待區域內，其後做元件電信傳輸規劃，之後產出電路板製造所需資料及測試規格文件，供各段製造者遵循。

PCB 製造產業屬性，多數以 OEM，就是受客戶委託製作空板 (Bare Board) 為主。當然也有部分公司會有自己的電路板線路設計、空板製作及裝配 (Assembly) 等 Turn-Key 業務，甚至根本就在同一個產品製造公司內部，不過總體比例中這種公司仍屬少數。

早期電路板製作，只要客戶提供原始資料如：工程圖 (Drawing)、底片資料 (Artwork)、規格書 (Specification) 等，再以手動翻片、排版、打帶等作業，即可製作。但由於電子產品日趨輕薄短小，PCB 製造面臨了以下幾個挑戰：(1) 薄板 (2) 高密度 (3) 高性能 (4) 高速 (5) 產品週期縮短 (6) 成本壓力等。以往以燈桌、筆刀、貼圖及照相機做為製前工具的時代早已過去，現在都已被電腦、工作軟體及鐳射繪圖機所取代。

過去，以手工排版，或者還需要 Micro-Modifier 來修正尺寸等費時耗工的作業，今天只要 CAM(Computer Aided Manufacturing) 人員取得客戶資料後，可能幾小時內就可以依設計規則自動排版並變化出不同生產條件。而 DFM(Design For Manufacturing) 系統，可以同時輸出如：鑽孔、成型、測試治具等資料，在具有一定規模的板廠也已經是普遍的標準配備。

　　製前工程設計的考慮範圍應涵蓋元件資訊、組裝方式、材料選擇、配線規則、製造程序等不同需求，而由於產品輕、薄、短、小、高功能化、行動化趨勢，在提昇設計自由度期待下，多層電路板成為多數電子產品的必要設計。而隨著半導體元件構裝結構改變，除了舊有通孔元件及 DIP、QFP 外，還有 BGA、PGA、CSP、MCM 等多樣矩陣構裝加入。將這些都列入考慮後，所有資料經過整理，填入電路板設計圖內，再製出各種的 CAM 資料，用以製造電路板。

7.2 多層電路板設計的必要內容

　　電路板客戶委託製造，必須提供如表 7.1 所示相關資料供空板製作。除表列必備項目，有時客戶會提供一片樣品、一份元件圖、一份保證書 (保證製程使用原物料、耗材等不含某些有毒物質) 等。這些額外資料，製造商必須自行判斷其重要性加以釐清運用。

▼ 表 7.1　一般電路板製造必須提供的相關資料

項目	內容	格式
1. 料號資料 (Part Number)	包含此料號的版別、更改歷史、日期以及發行資訊。	和 Drawing 一起或另有一 Text 檔。
2. 工程圖 (Drawing)	A. 料號工程圖 　包括一些特殊需求，如原物料需求，特性阻抗控制、防焊、文字種類、顏色、尺寸容差、層次等。	HPGL 及 Post Script
	B. 鑽孔圖 　此圖通常標示孔位及孔號	HPGL 及 Post Script
	C. 連片工程圖 　包含每一小片的位置、尺寸、折斷邊、工具孔相關規格、特殊符號以及特定製作流程和容差。	HPGL 及 Post Script
	D. 疊合結構圖 　包含各導體層，絕緣層厚度，阻抗要求，總厚度等。	HPGL 及 Post Script

▼ 表 7.1　一般電路板製造必須提供的相關資料 (續)

項目	內容	格式
3. 底片資料 (Artwork Data)	A. 線路層 B. 防焊層 C. 文字層	Gerber (RS-274)
4. Aperture list	定義： 各種 pad 形狀，一些特別的如 thermal pads 必須特別定義建構方法	Text file 文字檔
5. 鑽孔資料	定義： A. 孔位置 B. 孔號 C.PTH & NPTH D. 埋孔及盲孔層	Excellon Format
6. 鑽孔工具檔	定義： A. 孔徑 B. 電鍍狀態 C. 盲埋孔 D. 檔名	Text file 文字檔
7. Netlist 資料	定義線路的連通	IPC-356 or 其它從 CAD 輸出之各種格式
8. 製作規範	1. 指明依據之國際規格，如：IPC、MIL 2. 客戶本身的 PCB 進料規範 3. 特殊產品必須符合的規範 .	Text file 文字檔

　　當然對於產品製作者，他對產品所用電路板會有不同認知，因此會對組裝大小、功能、供電模式、散熱法等有更細部考慮。若是電路板製造者能進一步參與整體功能規劃，會對產品製作有更大幫助。隨著半導體變得更小、更密後，電子產品能量密度勢必提高，因此散熱設計是產品順利運作的關鍵，目前許多電子產品散熱方式，在電路板結構設計時就已被列入考慮。

7.3　設計內容資料審查

　　面對客戶提供眾多資料，製前設計工程師必須做資料審查確認，以利後續設計製造，一般書面資料的審查重點如表 7.2 所示。

▼ 表 7.2　一般書面資料的審查重點

項目	重點
最高層數	高層數須要更嚴格的製程與容差控制。
板厚	部份製程設備對 Min 和 Max 板厚有限制，如輸送帶、電鍍框架等。
最小線寬、距	高密度細線須要較好的製程條件 (如曝光、蝕刻) 以及底片製作與保存條件的控制。
最小成品孔徑	愈小的孔，須要嚴苛的鑽孔條件鑽針尺寸容差及對位 (如 PAD 對孔) 容差亦須縮小。
最大的縱橫比 (Aspect Ratio)	小孔及厚板將增加 PTH 及電鍍作業的困難，因此相關的化學品及製程設備之設計能力必須加強。
整體尺寸容差	包括衝壓、成型或 V-cut 各相關尺寸位置的容差要求。
孔徑容差	總體考量 1. 線路佈圖的情況 (和電鍍密度有極大關連) 2. 孔的位置 3. 容差 確認後，從排版、工作片，鑽針尺寸以及電鍍製程條件來做最適當的設計 (如加 Dummy pad，排版方向，電流密度調整等)
特殊要求	如板彎翹容差，阻抗控制，鍍層平均厚度變動範圍需求等。

7.4　元件組裝與電路板結構的關係

　　電路板設計會依用途不同而有不同考量，其實電路板不論用在半導體構裝或元件組裝，它的目的都不外四大功能，如圖 7.1 所示。

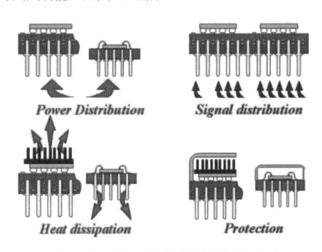

▲ 圖 7.1　電子元件製作與構裝的主要功能

　　電路板最大功能就是連接 (Interconnection) 元件，隨著半導體構裝接腳數增多及接腳間距壓縮，使單位面積上接點密度及繞線密度大量增加。而電路板若能縮短配線距離，對提昇電性也有幫助。因此電路板發展就走向高密度結構，成為具有細線、微孔、多層的產品，而元件組裝也由傳統插入接腳成為表面貼裝矩陣式接腳組裝。隨著高腳數產品增加，千點以上構裝元件已逐漸普遍。

　　以目前整體電子產品提高密度的需求看，電路板設計趨勢可從兩方面切入，其一為增加銅墊 (Pad) 密度，其二為增加繞線 (Routing) 密度。電路板結構功能，銅墊主要是用於線路轉折，如：鑽孔銅墊、焊接銅墊都是例子。繞線功能主要在連結不同元件，提供電力及訊號傳輸管道，同時建立與外部連結通路。以電鍍通孔結構製作的高密度電路板，在大型系統產品應用範例，如圖 7.2 所示。傳統製作結構如果要提昇密度，就必須面對製作方式改變，其中尤其是線與孔的改變。圖 7.3 所示，為孔、線結構改變對電路板結構的影響。

▲ 圖 7.2　大型系統產品方面的應用範例

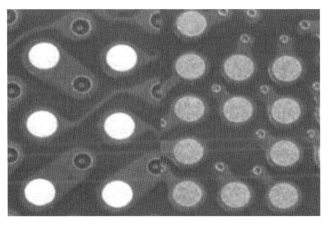

▲ 圖 7.3　電路板高密度化對結構及技術的影響

　　為增加電路板連結密度，配合小元件多接腳產品趨勢，可攜式產品幾乎全面使用高密度增層結構。尤其是 BGA 構裝形式出現後，不但電路板使用高密度結構，構裝載板也必然採用這種結構。圖 7.4 所示，為高密度增層板範例。圖 7.5 所示，為智慧型手機中央處理器與 HDI 板斷面結構。兩者間差距明顯，後者設計密度因為填孔電鍍技術的進步而提升。

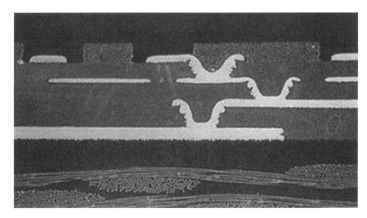

▲ 圖 7.4　高密度增層板範例

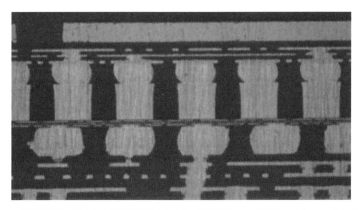

▲ 圖 7.5　智慧型手機中央處理器與 HDI 板斷面結構 (來源：Prismark 市場報告)

　　電路板裝載的元件會依產品功能不同而不同，如：QFP、SOP、TSOP 等都是周邊 (Peripheral) 接腳構裝型式，典型接腳間距為 12 ～ 20 mil。在陣列型構裝方面則有 BGA、PGA、CGA 等，接腳間距約為 50 ～ 30 mil。晶片尺寸構裝 (CSP-Chip Size Package) 方面，多採間距 30 ～ 20 mil 左右設計，少數甚至用 15 mil 間距設計。至於連接器、電阻、容器等被動元件及其他單功能元件，部分使用無接腳 (Lead-less) 或通孔元件，採用尺寸雖各有不同，但大體不超越前列密度。隨接點間距變小又與傳統元件混用，兩者需求在電路板設計時必須同時考慮，因為混用造成後續組裝工作變得複雜，線路配置也要因應調整。

在半導體構裝用載板方面，半導體元件縮小並嘗試直接用載板構裝，成為裸晶粒直接裝載在電路板上，這種方式稱為 COB(Chip On Board)，而若載板為軟板則被稱為 COF(Chip On Flex 或 Chip On Film)，在玻璃板上則為 COG(Chip On Glass)。這種電路板由於必須符合半導體組裝連結，因此密度比一般電路板更高，圖 7.6 為覆晶技術的構裝方式。

▲ 圖 7.6　覆晶技術的電子構裝

多樣化接點設計，電路板上的銅墊 (Pad) 及延伸出來的線路配置勢必受到影響。電路板設計，在產品決定使用的電子元件後，就會做元件位置配置，此時以儘量縮短配線距離為目標，這對較高頻率的線路電性表現會較有利。

7.5　電氣特性的考慮

在產品小型化、高速化後，電路板整體電氣特性考慮必須更周延。尤其是採用高密度設計，線寬間距細微化成為必然趨勢。而由於線路電阻增大，直流電必須在設計時考慮電源供應壓降程度。而又由於線路間距變窄，材料絕緣特性及製程中異物污染問題也必須考慮。

在高頻訊號方面，特性阻抗成為雜訊最重要而必須克服的項目。線路間距變小所導致的雜訊升高，線路變細精度百分比相對不易達成等問題，並不是單一設計問題，規劃時應考慮可用的成熟技術水準再作設計。為了加快傳輸速度，使用低電容率、低介電質常數、低電氣損耗材料是趨勢，而電磁遮蔽 (Electro-Magnetic Interference) 也是重要考慮項目。

配合電子設備需求等級採取對策，仔細考慮線路配置、電源及接地層配置等對電信的影響，尤其是所謂關鍵線路 (Key Line) 更要小心。一般電路設計的規則是先設計關鍵線路，其後才把剩餘空間讓給其他線路，這樣有利於線路配置安全性。隨電路板電氣特性需求愈加嚴格，電路板線路配置、材料選用、線形控制等都將更具挑戰性。

電路板尺寸規劃與控制

多層電路板是由介電質層及線路構成的結構性元件,而線路配置在介電質材料表面及內部。做設計工作時必須有共通尺寸規劃準則,否則無法使市面上多數電子元件達成共通性,這種配線設計規則就是電路板設計準則 (Design Rule)。

(1) 格點 (Grid)

因為電路板上所有元件位置都是相對座標關係,原始電路板線路配置想法,是以設想格線在電路板平面上分配區塊。由於電路板早期是先由歐美國家主導,因此早期規格是以 1/10 英吋為一格,而公制單位則以 2.5 mm 為一格,英制約相當於 100 mil。以此為基礎,對不同間距再作細分,做出孔與銅墊位置配置,這是傳統通孔元件設計原則。

但表面組裝方式 (SMT-Surface Mount Technology) 風行後,還將孔配置在格點上已不切實際。設計雖然有格點存在,但實際設計幾乎已不受格點限制,孔愈來愈以導通為目的,至於盲、埋孔更與格點無關。

這種變化影響最大的是電氣測試,由於傳統電子元件接點以格點為設計基礎,因此不論鑽孔或焊接點規劃都依據格點配置。因此遵循格點設計的電路板,都可以使用所謂泛用治具 (Universal Tool) 做電氣測試。但格點原則不被遵循後,測試必須走向更密接點形式,小量產品開始使用所謂飛針設備 (Flying Probe) 測試,大量則使用專用治具 (Dedicate Tool) 測試。

(2) 線寬間距

細線設計成為高密度電路板發展的必然趨勢,但細線設計必須考慮細線路電阻變化、特性阻抗變化等影響因素。線路間距大小受制於介電質材料絕緣性,有機材料約可選取 4 mil 為目標值。

由於產品需求及製程技術進展,間距約 2 mil 甚至更小的產品也進入實際應用。面對半導體構裝板進一步壓縮線路間距,如何保持應有絕緣性就成為重要課題,幸好多數高密度構裝板操作電壓也相對降低,這值得慶幸。

(3) 微孔直徑與銅墊直徑尺寸

表 7.3 所示,為現行電路板常見規格水準。銅墊直徑一般都設計為孔徑加需要的對位偏差量,在電路板以表面貼裝為主的設計,電鍍孔除用於層間連接外仍有部分用於插件功能。

表格整理可能與讀者的經驗有差異,主要應該是產品領域與工作經驗差異所致,僅能當作參考。

▼ 表 7.3　現行一般電路板規格水準

	大量生產	小量生產	進階生產
線寬間距	50 ～ 100 µm	30 ～ 40 µm	< 10 µm
微孔徑	60 ～ 80 µm	45 ～ 55 µm	< 50 µm
銅墊直徑	160 ～ 180 µm	95 ～ 105 mil	< 90 µm
層數	4 ～ 8 L	6 ～ 10 L	> 10 L
介電質層厚度	40 ～ 50 µm	20 ～ 40 mil	< 20 µm
板厚	500 ～ 800 µm	100 ～ 200 µm	< 100 µm

表內結構有通、盲、埋孔，板內孔某些人稱為交錯孔 IVH(Interstitial Via Hole)。它是將有鍍通孔的內層板繼續壓合後，構成微孔層間連接的電路板，這些微孔製作以小直徑設計，才能發揮節省空間功能。一般機械鑽孔，以製作大於 8 mil 孔徑較經濟，雖然現在有號稱可以製作 < 4 mil 的產品，但成本過高非不得已不會採用。

受到機械孔徑及生產速率限制，使用增層法的電路板不但表面孔會使用微孔技術，對內埋通孔也會設計較小孔徑提昇密度。孔徑縮小使線路配置自由度大增，高密度增層電路板因而得以普及。

(4) 層間構造

多層電路板層數設計，決定於可容許配線密度。以往電路板以四層板居多，主要是源自於信號線需要電磁遮蔽，並非來自於繞線密度需求。由於電子元件複雜度提高，原本繞線密度及層次設計已無法滿足需要，因此層次逐步提昇。但由於增加層數會增加成本，在初期設計又想盡力降低層數。因此使用較多微孔、細線，仍可在有限層數達成元件連結。即便如此，隨半導體元件進步神速，電路板整體層數仍在逐步攀升。

在線路構造方面，由於電子產品整體功率提高、傳輸速率也不斷增加，因此在空間有限又要保持導體截面積下，不少設計會要求較高線路厚度但又要做較細線路。對於層間介電質層厚度控制及其容許誤差等也有較嚴苛限制，因此內層基材及膠片配置就十分重要。一般電路板壓合結構都會採用對稱設計，這是為了降低應力不均所作考慮。

對電氣特性要求嚴格的產品，正確整合特性阻抗、電源與接地層的層間厚度容許公差，都變得更為重要。因此不少製程是將關鍵厚度層，以基材先行製作，而較不重要層次則交給膠片來完成。因為基材事先已硬化，可以篩選挑出合規格的基材製作，這樣可以提昇良率及電氣表現。

在設計高密度增層板時，要依據繞線密度決定線路層數，而以電氣特性決定佈線方式、層間厚度、線路寬度厚度。為防止板彎翹，設計者會儘量採用對稱式壓合設計。一般高密度增層板電源及接地層，多數會設計在核心板上，信號層則以增層線路製作以整合阻抗特性，但對更高層次產品則未必遵循此規則。

7.6 製程規劃

電路板先期整體設計，對後續生產產生決定性影響，尤其是選擇採用鍍通孔法或增層法製造，對製程規劃是截然不同的。若選擇繞線密度較低的一般多層板設計，因為技術較為成熟，可以得到較好效率及良率。但若朝向高繞線密度的增層板設計，則因為困難度增大，雖然可以提高產品連結密度，但對製造設備、檢查設備、製造環境、製造技術、技術相容性等課題都產生挑戰。高密度板單位面積可能成本增加，良率也可能降低，但以產品設計看，重點在於達到功能性，並維持製作的單位成本。如果縮小面積增加密度，最終可以平衡價差，又是產品所必要，就不能僅考慮電路板單位面積成本了。如何選用，有待設計者確切評估。

高密度增層法，其技術、製程區分多樣化，所使用的材料種類、成孔法等可分為多類技術。製造商應先選擇最適合自己工廠體質的製程與材料，其後再進入整體製程規劃。樹脂材料選用，可大分為有銅皮與無銅皮兩類製程，無銅皮製程選用者必須有強而有力的化學銅製程能力，有銅皮者多數必須注重雷射成孔製程能力。選擇成孔及金屬化製程，再整合前後相關製程，就可以進入高密度增層板生產。

介電質材料及周邊材料選擇

根據客戶原始資料審查分析，由原物料需求 (BOM-Bill of Material) 展開，來決定原物料廠牌、種類及規格。主原物料包括：基板 (Laminate)、膠片 (Prepreg)、銅箔 (Copper foil)、止焊油墨 (Solder Resist)、文字油墨 (Legend) 等。

多層電路板製造材料，多數是以玻纖布及樹脂為基礎的複合材料為主，樹脂種類則多為環氧樹脂系統。當然材料會依使用目的，對材料的耐熱性、介電質常數、訊號衰減等特性作出規格需求。多層電板基材，並不使用紙纖或布纖製作，而是以玻纖布為主要素材。在特殊應用方面，也有塑膠纖維如：Aramid 纖維、LCP 等素材出現。一般客戶所考慮的材料選擇因素，如表 7.4 所示。通常電鍍通孔類多層板或增層板多採用環氧樹脂，至於特殊用途的半導體構裝載板，除使用耐熱性較佳的環氧樹脂外，BT、PPE/PPO、GETEK 等樹脂也在多項領域被利用。介電質材料對電路板的電氣、機械、化學等特性都有影響，所以樹脂系統選擇對產品表現非常重要。在無鉛焊錫環保訴求下，如何提昇基材耐熱性成爲電路板材料一大挑戰。

▼ 表 7.4　影響客戶原物料選擇的主要因素

項目	敘述
物性	如原料 Tg 點
電性	如特定層之阻抗需求等。
基材	1. 種類要求如 FR4、PI 2. 厚度容差規格 3. 銅箔厚度 4. 絕緣層厚度
防焊	1. 塞孔與否 2. 有否後製局部鍍金等 or 機械、化學的後處理。

　　經過資料審查比對，若發現物料與期待不合，可以與客戶磋商在設計時換料，並做工程更審 (ECO-Engineering Change Order) 作業，以期使製造更順利。

電路板最終金屬化 (Metal Finish) 處理

　　客戶對最終金屬處理的規定，一般也見於物料清單 (BOM-Bill of Material)，它將影響製作流程選擇，當然也會有不同物料需求與規格，如：軟金、硬金、噴錫、OSP、浸銀等。電路板最終功能組裝元件是必然需求，而組裝元件的方法，又會直接影響電路板最終金屬處理選擇。

　　線路電鍍以鍍銅爲主，而通孔電鍍起始作業，也是以化學銅電鍍爲主，不論使用何種製程製作線路，在未完成電路板前線路表面是銅金屬。問題在於組裝採用的做法是以焊接、打線接、端子插接三者爲主。若電路板表面保留銅金屬面，理論上是可以焊接也可以打線插接，但問題是焊接必須有新鮮銅面才有焊接力，打線又必須有高操作溫度，這些都不利於組裝。因此電路板表面適度作出金屬處理，使銅面保有焊接、打線、插接能力，就成爲必要程序。

　　目前較常用於處理焊接用途的金屬處理，噴錫 (HASL)、有機保護膜處理 (OSP)、浸金 (Immersion Gold)、浸銀 (Immersion Silver)、浸錫 (Immersion Tin) 等都有廠商使用。至於打線及插接的部分，主要的金屬處理仍以鎳金電鍍爲主。

不過因為環保無鉛政策，噴錫需要用無鉛焊錫，操作溫度提升了不少，這對板子熱傷害不能不考慮。在元件密度高，又有無鉛障礙的產業環境下，筆者已經很少聽到這方面的應用。目前最常使用的焊錫，因環保訴求幾乎全面轉用無鉛產品。電路板如何整合出可多功能應用的金屬處理，是業界不斷努力的課題。

7.7 ⠿ 排版利用率及批量大小規劃

電路板生產的階段面積大小，分為生產工作尺寸 (Working Size)、組裝小片 (Sub Panel)、成品尺寸 (Sub Pieces) 三種，成品尺寸是隨產品設計而定，但組裝及生產尺寸則可彈性調整。一般電路板內層基材原料及膠片都有固定幾種裁切尺寸，這種材料尺寸被稱為單張尺寸 (Sheet Size)。成品依組裝及測試需要，將單片圖塊配置到工作尺寸範圍內，再以工作尺寸配置到單張尺寸上，以達成最高材料利用率，這個過程就是排版 (Lay Out)。

排版尺寸選擇會影響該料號獲利率，因為基板是主要原料成本 (排版最佳化，可減少板材浪費)，而適當排版可提高生產力並降低不良率。有些工廠認為固定工作尺寸可以符合最大生產力，但這種規劃的原物料成本，在特定產品上可能會增加很多。

因此對一般製造商，可以參考以下考慮方向：

一般製作成本，直 / 間接原物料約佔總成本 30 ～ 60%，包含基板、膠片、銅箔、防焊、乾膜、鑽針、重金屬 (銅、錫、鎳、金、銀)，化學耗用品等。而這些原物料耗用，直接和排版尺寸恰當與否有關係。大部份電子廠做排版時會做連片設計，使裝配時能有最高生產力。因此 PCB 廠的製前設計人員，應和客戶密切溝通，以使連片尺寸能在排版成生產板時有最佳利用率。要計算最恰當排版，須考慮以下幾個因素：

(a) 基材裁切最少刀數與最大使用率 (裁切方式與磨邊處理須考慮進去)。

(b) 銅箔、膠片與乾膜使用尺寸、工作板面尺寸須搭配良好，以免浪費。

(c) 連片時，piece 間最小尺寸，及板邊留做工具或對位系統的最小尺寸。

(d) 各製程可能的最大尺寸限制或有效工作區尺寸。

(e) 不同產品結構有不同製作流程，不同排版限制，如：金手指板，其排版間距須較大且有方向考量，其測試治具或測試次序規定也不一樣。

工作尺寸必須配合機械能力規劃，至於組裝尺寸則須與成品尺寸搭配，以獲得最大材料利用率及工作效率為考量。較常見的內層基材原料尺寸如：48" X 40" 若裁切成 20" X 24" 的工作尺寸就可以作出四片工作板。如果工具機允許這個尺寸操作，則設計者可以做細部成品尺寸配置排版，並在可能狀況下放入最多單位產品。

　　若可以試著排出不同工作尺寸，並計算出最佳利用率為何，將有利於生產費用降低。為生產效率一般都是以最大工作尺寸較有利，但這也必須考慮到另外一個重要事項，就是對位精準度問題。較大工作尺寸可以獲致較大生產力，但設備製程能力也要提升，如何取得一個平衡點，設計準則與工程師經驗相當重要。這些年來設備商逐步推出可做分割加工的 NC 設備，如：雷射鑽孔、DI 曝光，讓分割處理可能性增加，因此大面積量產會變得比較容易。

　　在規劃製程時，產品要適度分批量產，如此才能做完善品質保證及進度管理。批量過大整體累積生產時間會變長，相對誤差可能因時間延長而擴大，適當規劃批量有助於品質穩定。多層電路板信賴度要求較高，但除了特殊需求外，一般性產品品質水準應該訂出可遵循規則。若所有品質標準都依據手中最高標準管理，容易造成過嚴規格而形成品質成本浪費。

工作尺寸排版注意事項

　　PCB 佈局 (Layout) 工程師在設計時，為協助提醒或注意某些事項，會做一些輔助記號當參考，所以必須在進入排版前，將它去除。表 7.5，列舉數個項目及其影響供作參考。

▼ 表 7.5　幾個排版容易發生的狀況及其影響

項目	影響
外層 NPTH 孔未留 PAD	D/F 無法 Tenting 而成 PTH 孔
成型線	會殘留銅絲於板邊
鑽孔位置做圓 PAD 記號	1. 於內層，造成 Open 2. 於外層，PTH → NPTH
文字層未和防焊層套用	文字沾 PAD 或孔內沾漆

　　工作尺寸排版過程，尚須考慮如表 7.6 所示事項，使製程順暢。

▼ 表 7.6　排版值得注意的一些小節

項目	目的
對位工具系統	設計於板邊，做鑽孔、曝光、成型等的對位。
下游裝配標靶 (Fiducial Mark)	裝配時視覺感應定位記號，可以和客戶溝通以決定形狀與位置或客戶指定。

▼ 表 7.6　排版值得注意的一些小節 (續)

項目	目的
測試樣片 (coupon)	包含孔、線路，可在製程中供切片檢查。亦須考慮客戶收貨後的檢查如「阻抗」檢查的特殊 coupon 等。
內層導膠線路 Vent	壓合過程，讓膠流動均勻順暢
外層吸電流線路 Thief	在高電流區加入無功能不規則鍍面，以使鍍層均勻。
料號辨識	成型外以文字標示相關客戶料號或製程。

在 CAM 系統編輯排版完成後，配合 D-Code 檔案，由雷射繪圖機 (Laser Plotter) 繪出底片。所須繪製底片有內外層線路、外層防焊及文字底片等。

7.8　線路設計程序

線路與組裝規劃

一般電子產品設計規劃會先做系統分析，先決定產品需要的功能及特性，然後再做元件選取及分工設計。當元件選用及可能接腳定位後，就可以開始做電路板設計。因此電路板設計具有承先啟後的功能，先承接系統規劃與期待，其後在可能範圍內將所有功能元件串接起來，發揮整體產品應有功能。圖 7.7 所示，為電路板設計流程，目前相當比例工作都可由電腦輔助完成，市面上也有不錯軟體可資運用。工作程序及內容，會隨各家製作產品不同而異。

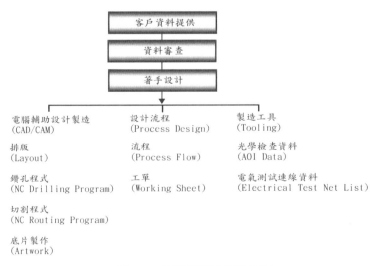

▲ 圖 7.7　電路板設計製作流程

線路設計的精神，在執行元件配置與連接，同時讓整體產品順利運作發揮功能。因此線路設計前，要先設定電氣特性目標，如：線路電阻、絕緣電阻、特性阻抗、信號容許延遲、電磁幅射等，接著處理電源供應、接地、配線層、平行長度限制等。這些都決定後，才決定採用何種電路板結構及材料製作電路板。元件組裝有插式、表面貼裝及裸晶組裝，依據不同組裝需要來選擇對應的電路板、最終金屬處理及孔結構。

線路配置規則，是設計電路板的主要關注項目，內容包括：線寬間距、線路厚度、孔直徑、銅墊直徑、焊接墊大小、板厚、層數、介電層厚度、外觀尺寸、止焊漆開口等。加上金屬表面處理及相關信賴度、組裝性、儲存要求、其他特定要求等，這樣原則上電路板設計的訂定就算完成。

電性模擬及 CAM 作業

線路設計中，要對線路電氣特性作適度規劃，依據既有理論及經驗作出推估。目前市面上已經有可用模擬工具，可以測試設計電性表現，包括：特性阻抗、遲延時間、EMI 等都有輔助工具。雖然實際電氣狀況未必完全如模擬結果，但以目前電路板複雜度，透過模擬仍能有效縮短產品開發時間。模擬過後的數據，再與實際狀況比對，經過這種程序，完成元件及線路配置後，根據資料作為製造及檢查等相關工作的標準。

有關用於製造的資料，在電路板製造時需要：各層線路配置圖、鑽孔資料、止焊漆配置圖、電路板斷面圖、外形加工圖、V-cut 等資料。在製造時，除了必要製造資料外，會加上一些輔助工具，如：基準記號資料、測試片、特定識別資料等。所有相關製造輔助資料及工具產出，都由 CAM 系統負責製作。

一般設計系統會將 Gerber Data 輸入，此時須將開口 (Apertures) 和外型 (Shapes) 定義好。目前，已有很多 PCB CAM 系統可接受 IPC-350 格式。部份 CAM 系統還可以產生外型切割的 NC Routing 檔，但一般電路板佈局軟體並不會產生此檔。有部份專業軟體或獨立或配合數位控制切型機，可設定參數直接輸出程式。外型種類有圓、正方、長方，也有較複雜形狀，如內層的 thermal pad 等。著手設計時，Aperture code 和 shapes 的關連要先定義清楚，否則無法做後面一系列設計。

CAM 作業中必須注意一些容易發生的問題，例如：鑽孔狀況、線路間距、板邊距離等參數。資料處理完成後，除了相關底片資料等工作片外，設計系統還會產出鑽孔程式、外形切割程式等製造資料。依據點檢表審查後，其實已經可以知道該電路板製作可能的良率及製作成本粗略預估。至於輔助工具 (Tooling)，所指的是 AOI 與電測 Net-List 資料檔案。AOI 由 CAD reference 檔產生 AOI 系統可接受的資料，而電測 Net-List 檔則用於製作電測治具 (Fixture)。

　　一般生產廠已開始逐漸注意到爲製作而設計 (DFM-Design For Manufacturing) 的重要性，主要原因在於設計線路及製作流程時，若能將製程問題一併考慮，可大量降低製作產生的問題，如：圓形接線 PAD 修正成淚滴狀。它的目的是爲了在製程中 PAD 與孔對位不準時，尚能維持最小墊環寬度。但製前工程師的修正，有時卻會影響客戶產品特性甚或電氣性能，所以修正時必須謹慎。電路板廠最好能建立一套針對廠內製程特性而編輯的規範，除了可以改善產品良率及提昇生產力外，也可做爲和 PCB 線路佈局人員溝通的語言。

7.9　底片 (加工原始資料 -Artwork)

　　爲了製作電路板的內外層線路、增層法成孔、止焊漆圖形，要引用加工原始資料製作出個別曝光底片，最常用的材料是聚酯 (Polyester) 銀鹽感光膜。雖然生產用的底片主分爲棕片及黑片兩類，但爲了尺寸穩定度及自動化等因素，使用黑片會有較大利基。圖 7.8 所示，爲曝光用底片檢查中的狀況。

▲ 圖 7.8　曝光用黑片

　　製作時依 CAD/CAM 資料在底片上做線路曝光，由於底片對尺寸變化要求嚴格，除使用尺寸穩定的薄膜外，並應該在恆溫恆濕、防塵環境下作業。溫、濕條件雖因廠商而異，但大致都在 25℃、55% RH 左右。底片製作環境最好與加工環境相當，同時擁有多個操作環境的廠商也應規範統一條件。對尺寸更嚴苛的產品，可以使用玻璃底片，但這種選擇必須是曝光機具有安裝玻璃底片的機構與設計。這些年，無底片 DI 曝光機逐漸普及，如果需要而採用這類設備，則管理彈性與製作穩定度更好。

底片製作與管理

製作底片方法有多種，而目前最常用的是雷射繪圖法。典型底片繪圖機如圖 7.9 所示。以往做法是以第一次的繪成圖為基準圖，每次需要時就複印成加工底片供現場使用。但雷射繪圖機與自動曝光機普及後，由於製作耗時短且可提供較精準的底片，曝光又不再受到人工作業不需半透光的限制，因此廠商幾乎都直接採用黑片作業。未來當 DI 成本再繼續降低，也有可能這類工作會成為歷史。

▲ 圖 7.9　底片繪圖機

底片資料是將 CAD 供應的數位資料經 CAM 轉換加工，並組合生產作業所須各種輔助資料，例如：對位記號、測試片、導流溝、假點 (Dummy Pad) 等。底片製作前原材料要先在製作室內放置一定時間平衡溫溼度，經暗房的描繪、顯影、定影、乾燥完成底片製作。完成後經過檢查，送至曝光區供生產使用。

底片製作最怕塵埃及污染，因此暗房或檢查區都必須在無塵室內。無塵室等級隨產品等級而不同，大致級數在 5000 ～ 100 之間。愈精細的線路，須採用級數愈嚴格。暗房內操作自動化是值得努力的方向，降低人員搬運及運動，降低機械產生的落塵量，都有助於底片品質提昇。

底片單邊會有藥膜面，經過曝光顯影、定影、乾燥後，為了保護藥膜面會貼上薄的聚酯保護膜。但在細線路產品生產時，由於與光阻間有間隙存在，不利於影像轉移而不使用。圖 7.10 所示為保護膠膜貼覆機。

底片完成後要做檢查、修整，檢查分為外觀檢查及尺寸檢查兩部分。外觀檢查針對短斷路、缺口、針孔、雜點等項目為主，尺寸則以線寬間距、銅墊大小、位置精度等為主。隨著細線技術需求成長，目視檢查十分困難，即使用放大鏡都容易失誤。在作業性差又有遺漏風險下，自動外觀檢查機 (AOI-Automatic Optical Inspector) 成為合適的偵測工具，當然機種必須是適合底片使用的。至於是否提供完整輔助工具資料在底片上，各家廠商必須自行訂出檢查標準，否則仍不算檢查完整。

▲ 圖 7.10　所示為保護膠膜貼覆機

　　底片管理除了製作外，對於運送及汰換也十分重要。理想的工廠配置是將底片製作與生產單位拉近，這不但便於運送管理，也不致產生環境變化過大問題。但由於現行工廠大型化，這種理想不容易實現，因此設置恰當容器用於底片運送，儘可能縮短運送時間、降低污染機會是作業者必須注意的。由於線路密度愈來愈高，容差要求越來越嚴謹，因此底片尺寸控制，是目前很多 PCB 廠的大課題。而由於玻璃底片的尺寸安定性較佳，因此在高階產品的使用比例已有提高趨勢。當然，這些問題也可能因為採用 DI 曝光而解除。

　　一般保存及使用傳統底片應注意事項如下：

1.　環境的溫度與相對溫度的控制
2.　全新底片取出使用的前置適應時間
3.　取用、傳遞以及保存方式
4.　置放或操作區域的清潔度

底片的膠片材料

　　底片使用的材料，以玻璃底片及聚酯 (PET) 感光膠片最常見，從操作便利性及費用看，PET 感光片較常被使用。PET 感光片為一面塗布感光乳膠的聚酯膠片，尺寸安定性是重要訴求。而 PET 基材尺寸安定性的提昇，有助於達成整體尺寸安定性目標。尺寸安定性的影響因素，主要為溫 / 濕度引起的漲縮、顯影漲縮及儲存變化等。表 7.7 所示，為兩類主要的底片特性比較。

▼ 表 7.7　傳統底片與玻璃底片的特性比較

	傳統工作底片	玻璃底片
尺寸安定性	最易受溫度和相對濕度影響	幾乎不受相對濕度影響，且溫度效應為傳統底片的一半。
耐用性	基材易起縐紋且對位孔易受磨損	易破碎，但不易起縐紋
操作 / 儲存 / 運送	較輕且具柔軟性容易運送及儲存	較重，需小心防碎，要注意儲存運送空間，並注意其重量。
使用於一般的曝光	適用於所有曝光設備	需調整設備或特殊設備。
繪圖機	適於一般自動化處理機	碟式或特殊平板處理機。
價格	便宜	貴

　　基材越薄尺寸穩定度愈差，而底片曝光後的顯影、定影使薄膜吸濕無可避免。膠片底片製作是以捲式作業，部分處理不佳的底片在捲曲方向會留下較大應力，這也是尺寸變化的重要因素。因此如何掌控使用底片材料，才是底片尺寸控制的關鍵。

直接描繪系統 (Direct Image System)

　　無底片影像轉移一直是業界的期待，就是在電路板表面覆蓋光阻後直接以繪圖方式做出影像。這與底片繪圖系統採取大致類同的方式，其他週邊系統則保持原狀。由於生產彈性及降低多數底片曝光系的缺點，因此備受期待。

　　直接描繪系統由於沒有底片製作問題，可以短時間內轉換料號，適合於小批量、短交期產品，目前單、雙面一次曝光的產品都有。由於要做掃描，縮短曝光時間一直是機械設備商努力的方向。這些年因為設備供應商增加、價格逐年下滑，搭配的光阻又逐漸的接近傳統光阻，業者的使用率大幅增加，已經進入普遍量產的水準。

7.10 流程設計 (Process Flow Design) 與製程整合

　　產品整體需求確認後，設計工程師就要決定最適切的製造流程步驟。傳統多層板製程，可分作內層和外層製作兩部分。一個良好的製作流程規劃，常會對產品品質及良率產生重大影響。在製作成本方面，流程恰當性更可節約成本加快製作循環時間，因此對於期待提昇競爭力的廠商至為重要。如何善用廠內自有技術優勢，規劃出適合自己的生產流程，是技術競爭的一大利器。提昇整體技術整合度，是多數電路板廠在提昇層次進入高階市場的必要能力。

　　頗多公司對製前設計工作重視程度不若製程，這個觀念值得重新思考。隨著電子產品快速演變，電路板製作的技術難度不斷提高，製造商更需和上游客戶做最密切溝通。現在已不是單方面把工作做好就表示最終產品沒有問題，產品使用環境、材料物／化性、線路佈局、電性、PCB 信賴性等，都會影響產品功能發揮。所以不管軟體、硬體、功能設計都應有適度著力，而觀念推動就是這些事項成功的關鍵。

CHAPTER 8

多層電路板製作實務

8.1 概述

　　電鍍通孔法及高密度增層法，是將不同製程技術排列組合，達成完整製造電路板的目的。各種製程技術原本就沒有一定歸屬，只要適合產品使用就可以考慮引進，雖然某些製程技術被定義為電路板技術，但筆者以為並不需要刻意分類。製造多層電路板，最好了解整體技術串聯觀念，若僅針對個別技術應用鑽研，單一步驟當然可以有較好發揮，但要有良好整體產品表現有困難。

　　多層電路板製程說明，是一個龐大而不易有條理的工作。只能針對一般性電路板製作範例嘗試描述，只希望能達到傳達正確觀念的目的，至於說能有多完整則只能盡力而為。

　　高密度增層電路板，是以多層或雙面電路板為核心，緊接著在其上形成增層 (Build-Up) 電路層，主要仍使用傳統多層板類似技術，差異的是面對結構和材料都有不同，因此研究時應該可以共同說明。

8.2 內層基材裁切

　　電路板基材有專業廠製作，會在交給電路板製造廠時作適度裁切。部分製造地區會直接切割至工作尺寸 (Work Panel size) 交貨，而多數代工製作廠則會採購全張尺寸 (Sheet Size)，之後依據接單狀況裁切至所要工作尺寸。裁切多數以鑽石鋸床執行切割，切割的模式如圖 8.1 所示。

▲ 圖 8.1　基材由整張切割成工作尺寸

8.3　內層線路製作

多層電路板內層通常使用薄銅箔基板，在其表面形成內層線路後完成內層板製作。其後壓合製程會將各單一內層板固定，各層線路就成為多層電路板的一部分。至於多次壓合的多層電路板，是先製作雙面或多層通孔板當作內層，再與其他內層板組合做成多層板產品，雙面銅箔基板還是多層電路板的基礎。

內層銅箔基板一般為雙面或單面板，使用物料都會有指定的介電質層厚度、銅箔厚度等規格，經由圖 8.2 的內層製程製作完成。

▲ 圖 8.2　內層線路製作流程

隨著多層電路板向薄型化發展，內層板厚度漸漸變薄，常見規格約為 0.06 mm ～ 1.2 mm 左右，銅皮厚度則為 18 ～ 70 μm。銅箔基板專業廠商，供應適當大尺寸基材給電路板製造商。電路板廠則依據工作尺寸推估最佳材料利用率，將大尺寸基材切割成工作尺寸，用於製造多層電路板內層線路。內層線路製作，一般會使用油墨印刷或光阻轉印兩種方式製作。較粗大線路製作，為了降低成本，廠商仍然使用印刷直接形成線路圖形後蝕刻。較細的線路，則利用影像轉移形成線路圖形，再用蝕刻做出線路。這些描述，一旦進入構裝載板類產品，可能提供的材料、厚度都必須修正，在此不做贅述。

前處理

　　爲了提高光阻與基材結合力，塗裝光阻前必須清潔粗化銅面，來獲得恰當表面狀態。前處理一般有機械刷磨、化學微蝕兩種，通常使用的是水平傳動設備。銅皮表面防鏽層、污物、鏽斑、凸塊、氧化膜、油性膜、指紋等，都希望藉此程序排除。

　　機械刷磨表面處理會留下刷輪刮出粗度，深度及密度隨使用刷輪而不同。機械刷磨法有濕式滾輪刷磨 (Buff-Roll)、砂帶研磨 (Belt-Sander)、浮石 (pumice) 研磨等，可依據污染程度及製程需求作選擇或組合。

　　選用刷磨或砂帶研磨會形成方向性紋路，刷磨面並不均勻，對細線製作不利。浮石研磨粗度小而密，可以得到較好粗化面。較薄內層板刷磨並不容易，因此許多作薄層板廠商會使用浮石研磨。

　　機械研磨不能保證微觀板面潔淨度，而線路的細緻化卻又對微小污垢、油脂、氧化膜十分敏感。內層製程的前處理基本程序爲「脫脂 – 粗化 – 乾燥抽查」，典型程序如圖 8.3 所示。

▲ 圖 8.3　脫脂 – 粗化 – 乾燥示意圖

　　一般基材交給電路板廠時，表面多數會有一層防氧化物，以防止基材氧化。因此電路板在製作前，應先將這些防氧化層去除再做後續作業。

　　爲了去除氧化層獲致清潔金屬面，常用的程序是酸洗及微蝕。常見的微蝕液以硫酸雙氧水、過硫酸鈉溶液爲主，微蝕 (Microetch) 後再以硫酸清洗。爲了獲得恰當表面粗度，操作狀態條件管理十分重要。如果是較厚內層板，粗度可以依賴刷磨建立，但如果是薄板，刷磨似乎就不恰當，這時可能僅做微蝕處理。若是粗度仍不足，就有人考慮使用浮石 (Pumice) 噴砂處理來加強粗糙度。

　　如果採用刷輪作前處理，刷輪 (Buff) 的磨耗管理必須小心。爲使刷輪磨耗均勻，放板設備多採取亂列方式 (左中右交替放板)。刷輪管制採用刷痕試驗，測試程序是在刷磨機刷輪位置投入電路板並靜止不傳動，其後將刷輪驅動數秒，刷輪會在板面留下光亮刷磨帶。刷磨成果如圖 8.4 所示，若刷輪調整正常則亮帶應呈平整均勻的刷痕。若偏斜壓力不均或磨耗不整則會產生不良刷痕，此時就必須保養刷磨機或更換刷輪。

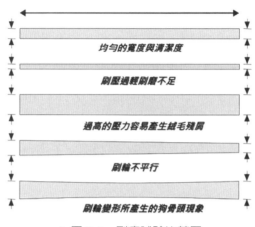

▲ 圖 8.4　刷痕試驗比較圖

經脫脂、微蝕、刷磨等前處理的基材，會做除水乾燥後準備進入光阻塗裝製程。

光阻塗裝與壓膜

(1) 光阻的選擇

光阻主要用於線路形狀選別，內層線路製程使用時，先將要保留的線路區域覆蓋，再以蝕刻將不要的金屬除去。製作線路的光阻主要有三種形式，它們各為感光性乾膜、液態光阻、電著光阻。對它們的特性分述如後：

(a) 感光性乾膜 (Photo-sensitive Dry-Film)

感光性乾膜構造，是由聚酯膜 (PET Film)、聚乙烯膜 (PE film) 及乾的感光樹脂膜組成三明治結構。在進入壓合機 (Laminator) 前，將聚乙烯膜剝下，同時以熱滾輪加壓貼合。壓合參數主要以面板溫度、熱滾輪溫度、壓合速度、滾輪壓力等為要因，其後必須靜置使電路板回到室溫才曝光。其基本結構如圖 8.5 所示。

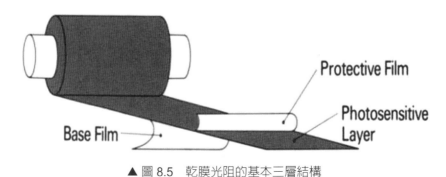

▲ 圖 8.5　乾膜光阻的基本三層結構

(b) 液態光阻 (Liquid Photoresist)

　　液態光阻可以形成很薄的厚度，因此解像度表現較好。光阻有光硬化負形膜、光分解正形膜，目前電路板製造以負型膜使用較廣泛。

(c) 電著光阻 ED(Electro Deposition)

　　ED 光阻的做法，是引用早期汽車業用的電著塗裝觀念，將感光性物質做成膠體，再以電泳法析鍍在電路板上。至於光阻的正、負性，主要以膠體特性為考量。因為電著塗裝是以電鍍觀念執行，在局部區域析出適量膠體厚度後，析出速度就會減緩甚至停止，因此可以保持均勻覆蓋性，而針孔產生的機率也相對變低。因為解析度良好，且對不平整或彎曲表面有良好覆蓋性，因此用於細線及通孔覆膜製程，這主要是因為通孔不必再用所謂覆孔 (Tenting Hole) 製程，孔內會被膠體包覆所致。

　　不論光阻型式為何，顯影都有所謂有機溶劑顯影型 (Solvent Type)、水性顯影型 (Aqueous Type) 兩類。為了環境保護，現在多數都已採用水性顯影型為主的光阻。所謂水性顯影，就是使用鹼性顯影液來產生選擇性光阻層，在這種環境下受光或非受光區的光阻會有不同溶解度，因此可將要溶解的區域去除，不論操作或環境成本都較低。

(2) 光阻膜的形成

　　電路板表面經過前處理後就會製作光阻膜，選擇光阻的基礎原則是依據產品需求及製程搭配而定。其間通則是以覆蓋良好、清潔均勻、易於操作、成本恰當為原則。填充凹陷性以液態光阻及電著光阻較佳，乾膜屬於半硬化型光阻，使用貼附時必須加熱軟化才能提高其貼附性，但流動性仍不如液態光阻或膠體，因此略遜一籌。但乾膜操作性及清潔度維持，卻有較佳表現，因此雖然成本稍貴卻使用廣泛。況且乾膜藉性質改善及壓合條件調整，仍可有更佳表現。圖 8.6 所示為乾膜覆蓋不佳的典型問題，目前有不同乾膜壓合法可以克服，如：水壓膜法就是利用改變乾膜特性並在壓膜時加水壓膜改善貼合方法的範例。

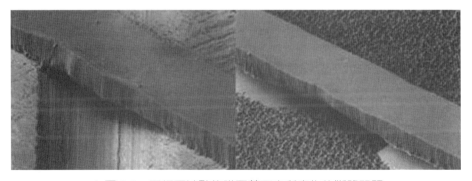

▲ 圖 8.6　因銅面缺點乾膜覆蓋不良所產生的斷路問題

　　乾膜可雙面壓合，壓合前必須先將聚乙烯膜剝下，以熱滾輪做壓著，壓合中必須將空氣排除並均勻貼膜。為應對不同電路板結構及厚度，壓合前的基材面溫度控制與預溫、壓合溫度、送板速度、熱滾輪壓力等都是重要製程條件，日常管理必須注意。乾膜因為必須加上塗裝成膜成本，因此材料成本高於液態光阻，不過因操作方便容易維持潔淨度，雖總操作成本略高但仍有競爭力。

　　液態光阻塗裝較常見的方法有滾輪塗裝、噴塗、浸泡及簾幕式塗裝等，較具代表性的方式如圖 8.7 所示。除滾輪塗裝及浸泡法可作雙面塗裝，其他方法只能單面交替塗布，而塗裝乾燥過程如何保持清潔是高難度問題。

　　ED 光阻塗裝與電路板電鍍使用的裝置雷同，一般全流程都採用自動化設計，故操作成本低但設置成本高。對電流密度、溶液濃度、溫度、水質清潔度等管理，都極度影響 ED 光阻的品質。

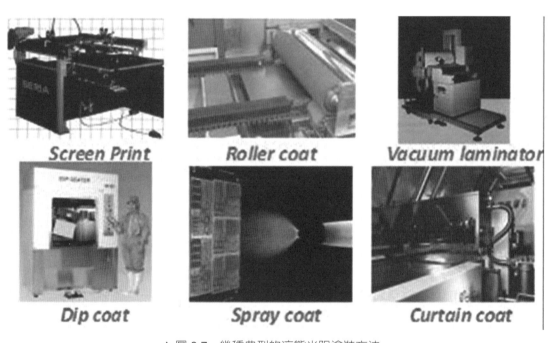

▲ 圖 8.7　幾種典型的液態光阻塗裝方法

　　完成光阻塗裝後曝光前，若有塵埃附於板面就會造成線路線形的缺點，所反應出來的是短、斷路問題。因此除了操作環境必須保有潔淨度，對人員進出、操作程序、材料出入、機械設計、迴風設計等問題也都必須管制及注意，原則上以保持塵埃量在設計的下限為宜。至於少量板面沾黏的塵埃，可以用沾黏滾輪在曝光前適度處理，這樣才能保持電路板進入曝光前的清潔度。

曝光製程

良好的光阻膜形成後，電路板會與依據原始資料作出底片組合，做定能量紫外線曝光。藉由底片區域選別，紫外線曝露區會產生化學反應，因而形成反應區與非反應區。對負型膜反應區是不溶性的，對正型膜則反應區是可溶性的。

曝光光源可分平行與非平行光源，配合不同光阻而有不同選擇性。例如：乾膜有保護膜、底片有保護膜都會使曝光厚度加多，其間所產生的間隙會使影像失真。因此非平行光對細線路製作較不利，細密線路應以平行曝光表現較佳。對液態光阻，底片可與光阻直接接觸解析度相對較好，就可以考慮使用非平行光。因為非平行光設備設計較簡單，影像轉寫度略差，這雖不利於細密線路，但對塵埃造成的問題卻較不敏銳，因此有利於良率提昇。業者有不少非接觸式曝光做法提出，當然曝光觀念在這些方法上又有不同解讀。

(a) 平行光曝光製程

在製作細線路時，為了使底片影像能真實呈現，多數會使用平行光源。紫外光經由拋物鏡投射到電路板面獲致平行光，這種設計的曝光機已極為普遍。曝光燈管由於會隨使用時間老化，因此曝光量測定與校正，必須定時執行以保持曝光品質。使用平行光對微細塵埃敏感度高，塵埃影像幾乎都會忠實呈現在曝光影像上，因此環境清潔度非常重要，至少需求比使用非平行光環境要求嚴格。

過度曝光，化學反應會在光阻內擴散使解像度變差，曝光不足光阻又會強度不足在顯影時剝落。因此一般都會定時在曝光程序中作能量均勻度及曝光格數測試，使用工具是長條薄膜光階測試片 (Step Tablet)。測試時最好以欲使用的光阻，以適當曝光能量做曝光測試。圖 8.8 所示為曝光測試法示意。

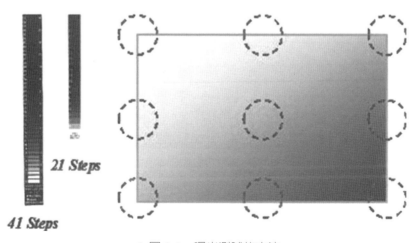

21 Steps

41 Steps

▲ 圖 8.8　曝光測試的方法

　　一般常用的曝光格數灰階底片有兩種，各為 41 格、21 格。平日生產前應該作定時曝光檢查，將格數底片置放在最大曝光範圍中的八個端點加上中心位置上下共十八個曝光點，曝光顯影後觀察其殘留格數的均勻度。另外在校正曝光機方面，同樣對十八點作照度測試，其能量差最小除以最大值以不低於 85% 為宜。這種曝光機水準，是一般常用的驗證標準，至於高階產品當然要有更嚴謹的規格。如果採用的曝光機，已經轉換成直接成像 DI 曝光機，最好能要求供應商提供軟體做類似的曝光測試。這種測試屬於聚合度驗證，在任何使用光阻製程，都應該要重視。

顯影製程

　　顯影製程的目的，是將曝光形成的選別影像，經過顯影液處理顯現出影像。顯影液對負型光阻非曝光區有較好溶解度，對正型則相反，這些可溶光阻被顯影液去除的作用，就是顯影的目的。由於健康與環保因素，目前除特殊應用，多數光阻都採用鹼性水溶液做顯影。由於水溶性光阻多數具有酸鹽基，可溶於鹼性顯影液中，因此顯影液常採用碳酸鈉或碳酸鉀水溶液，濃度則為 0.6 ～ 2.0%，操作溫度約 30℃左右。

　　顯影製程多數使用水平裝置，顯影液以噴嘴噴灑至板面與光阻反應，利用化學溶解力與機械衝擊力將光阻移除。作業中顯影液濃度、溫度、噴壓、板面溶液置換率等，都會對顯影品質造成影響。圖 8.9 所示為典型的顯影蝕刻裝置。

▲ 圖 8.9　典型的蝕刻 / 顯影 / 去膜水平設備機構

　　顯影完成影像呈現的點，稱為顯影反應完成點 (Break Point)，或者叫做「顯像點」，被用來設定顯影機操作速度及條件調整的依據，一般以整體板面光阻平整、上下同時完成為原則。圖 8.10 為顯影完成點的測試方法。

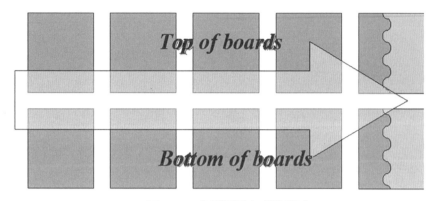

▲ 圖 8.10　典型顯影完成點測試

　　一般方法，會將未曝光的壓乾膜板，連續傳動送入顯影槽直到顯影槽完全佈滿電路板，此時顯影液噴流如常。當槽內佈滿電路板時作業者可將噴流停止並觀察兩件事，其一為電路板上下方是否銅面呈現的區域平整，且上下的位置線大致一致，如圖 8.10 右方銅面呈現的狀態。其二為銅面顯現位置在整體顯影槽的位置為何？就是圖 8.10 籃黃介面出現的位置落在槽體何處。

　　由於電路板上方有水滯效應，因此一般上方噴壓要比下方略大以排除水滯影響，以平衡上下板面反應速度達成一致。又由於整板顯影均勻度未必完全一致，同時顯影時會有殘膜回沾問題，因此顯影完成點一般都會設定在顯影槽的 60 ～ 80% 間，設在何處和光阻特性及機械設計有關。

　　顯影噴嘴要左右擺動，使板面均勻接觸顯影液並加高置換率。一般內層顯影都會和蝕刻及去膜連線，因此如何平衡反應速度達成連線需求，成為製程順利運作的重點。

蝕刻製程

　　內層線路顯影後緊接著就是蝕刻，蝕刻的目的是將光阻未覆蓋的金屬區域蝕除。電路板製作，將銅蝕除形成線路是製作重要程序。內層蝕刻都和顯影去膜連在一起，稱為 DES(Developing-Etching-Stripping) 線，噴流方式也和顯影相同是以上下噴灑運作，因此在所謂蝕刻完成點，所考慮使用的方法大致與顯影類似，但因為蝕銅液會不斷侵蝕線路側面，因此蝕刻完成點要設定在比顯影更後面的百分比位置，一般都會超過 80% 蝕刻槽有效長度。

　　蝕刻是影響線路寬度穩定度最大的步驟，一般定義線路蝕刻的能力都以蝕刻因子 (Etching Factor) 為指標，它是一個蝕刻槽的成果控制重要指標。蝕刻比的定義如圖 8.11 所示。

▲ 圖 8.11　蝕刻比的定義

　　蝕刻在同一平面上會有不同蝕刻速率，因此如果沒有清楚定義，所得蝕刻比就沒有統一說法。對直接蝕刻，當蝕刻恰好達到光阻與線路底部同寬時就叫做恰當蝕刻 (Just Etch)。此時所得到的蝕刻比才是定義的蝕刻比，如果蝕刻使線路底部小於光阻寬度，則超過愈多蝕刻比愈高，這種比較就沒有意義了。因此要比較蝕刻比，必須要在恰當蝕刻時作比較，同時要力求全板面儘量一致，尤其是板面上方。

　　蝕刻控制參數很多，溫度、藥液濃度、銅濃度、黏度、酸度、噴壓、噴嘴分布、輸送速度、板面流動狀況、光阻厚度等都是。除了一些物料的變化，可以機械控制的參數應該儘量自動控制。

　　一般用於蝕刻的噴嘴，有錐狀 (Cone Type) 與扇狀 (Fan Type) 兩類。使用與設計，各家設備商都有不同考慮與理論依據。兩種噴嘴噴灑狀態如圖 8.12 所示。在擺動設計方面則有擺動型、平行移動兩類設計，目的仍然以達成板面液體均勻分佈為依歸，廠商也各有說法。

 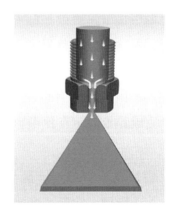

▲ 圖 8.12　兩種主要的噴嘴形式

　　蝕刻液也稱腐蝕劑 (Etcher)，是以強氧化物及氧化酸組合而成的金屬腐蝕液，功能是將銅皮氧化並快速溶解。較典型蝕刻液有：氯化鐵、氯化銅、鹼性蝕銅劑等。選擇基本考慮點，是以適合蝕阻 (Etch Resist) 層特性優先，氯化鐵及氯化銅主要用在有機光阻劑的應用，鹼性液 (Alkaline) 則使用在以錫、鉛錫、鎳為蝕阻的應用。

　　選擇蝕刻液系統時，考慮的因子有蝕刻速度、蝕刻因子、製程控制、溶液壽命、水洗性、廢液處理難易、成本等多重因子。蝕刻反應受到藥液置換率影響很大，而酸含量高低也直接影響蝕刻因子。在同一蝕刻設備操作下，一般狀況酸度高側蝕較嚴重，因此要達到高蝕刻因子就必須用低酸、低蝕刻速率系統。

　　以下針對典型幾種蝕刻液作業原理，作以下簡單探討描述。

(1)　氯化鐵系統

　　是歷史最久的蝕刻系統，標準電極電位 +0.474V，有很大蝕刻速度，蝕刻化學反應機構如後：

$$2FeCl_3 + 2Cu \rightarrow 2FeCl_2 + Cu_2Cl_2 \cdots\cdots(1)$$

$$2FeCl_3 + Cu_2Cl_2 \rightarrow 2FeCl_2 + 2CuCl_2 \cdots\cdots(2)$$

$$2FeCl_2 + 2HCl +(O) \rightarrow 2FeCl_3 + H_2O \cdots\cdots(3)$$

$$FeCl_3 + 3H_2O \rightarrow Fe(OH)_3 + 3HCl \cdots\cdots(4)$$

$$CuCl_2 + Cu \rightarrow Cu_2Cl_2 \cdots\cdots(5)$$

反應中銅含量及 pH 會變高，蝕刻速率因而會有改變。

　　$FeCl_3$ 減少容易產生 $Fe(OH)_3$ 沈澱及 Cu_2Cl_2 覆膜，但添加 HCl 可以提昇 $FeCl_3$ 含量 (如反應式 (3) 所示) 防止沈澱。由反應 (1)(2) 可知反應中 $FeCl_2$ 會增加，但添加 HCl 及應用強氧化物或空氣中的氧可使它再回復為 $FeCl_3$，(如反應式 (3) 所示)，這種做法可同時保持藥液一定氧化力，而獲得不錯蝕刻因子線路。

　　氯化鐵溶液系統因為有較強氧化電位，蝕刻速率高促使蝕刻因子能保持較佳水準。但由於必須保持高酸度，因此設備設計必須耐蝕，否則使用困難。尤其氯化鐵為褐色物質，對周遭污染嚴重處理困難，目前又沒有好的回收循環系統，因此並非理想選擇。尤其從反應機構可看出，氧化物有氯化銅及氯化鐵兩種蝕刻液在作用，控制方面並不易穩定。相較於現在的氯化銅系統，氯化鐵有較高蝕刻速率、較高蝕刻因子、可蝕刻不鏽鋼類基材，因此雖然環保有顧慮，但使用者仍不少。

(2) 氯化銅系統

氯化銅系統的標準電極電位為 +0.275V 比氯化鐵小，相對蝕刻速度較小。蝕刻化學反應機構如後：

$$Cu + CuCl_2 \rightarrow Cu_2Cl_2 \quad\text{··}(1)$$

$$Cu_2Cl_2 + 2HCl + H_2O_2 \rightarrow 2CuCl_2 + 2H_2O \quad\text{·····························}(2)$$

為防止銅面產生不溶性 Cu_2Cl_2 以維持蝕刻力，會構建添加 HCl 及 H_2O_2 再生系統。由於 $CuCl_2$ 會累積，因而要有 $CuCl_2$ 廢棄處理。因蝕刻力略弱又屬高酸系統，因此蝕刻因子略差。但環保問題少，反應單純理論上較易控制，在適當控制下應仍可獲得不錯成果。有業者推廣低酸氯化銅蝕刻系統，其蝕刻力仍可維持類似速度，但因屬低酸系統，可以加高噴壓，又因低酸而可以降低側蝕，是一個既具有氯化鐵優勢又較無環保顧慮的系統，採用方法是以光學系統控制藥液含銅及含酸量等。其可蝕刻銅含量據說可高達 250 克／升，若能搭配使用，應有機會達到氯化鐵特質卻無其缺點，或許是可以嘗試的系統。

(3) 鹼性蝕刻系統

電路板用所謂的鹼性蝕刻系統，就是含氨的鹼性蝕刻液，它的蝕刻速率及銅溶解度都高，一般用在鍍錫、錫鉛、鎳金屬為蝕阻膜的線路製作。應用錫、錫鉛、鎳為蝕阻的做法，都用在線路電鍍製作外層線路，因此被認定為外層線路標準製程。

鹼性蝕刻溶液的主要組成成分如後：

NH_4OH、NH_4Cl、$Cu(NH_3)_4Cl_2$、$NaClO_2$，另外會添加一些如：$(NH_4)HCO_3$、$(NH_4)_3PO_4$ 做緩衝劑。

主要反應式如下：

$$Cu + Cu(NH_3)_4Cl_2 \rightarrow 2Cu(NH_3)_2Cl$$

$$4Cu(NH_3)_2Cl + 4NH_4OH + O_2 + 4NH_4Cl \rightarrow 4Cu(NH_3)_4Cl_2 + 6H_2O$$

充分的新鮮空氣，可以讓噴灑藥液中銅氧化，因此蝕銅機空氣循環必須留意。藥液管理是採取比重控制，以補充溶液排出高濃度廢液的方法做，再生系統與氯化鐵系統類似。

去膜製程

蝕刻完成後線路已呈現，光阻必須功成身退從電路板上消失，因此而有去膜製程。去膜和顯影、蝕刻同樣是藉去膜液噴灑執行，而其設備也是延續的。

去膜液會因光阻不同而異，對溶劑型光阻必須用溶劑剝膜，但因環保問題，幾乎所有工廠都已改採水溶液型。使用較高濃度氫氧化鈉水溶液去膜，雖會因正負型光阻不同而略有差異，但只要充分浸潤膨鬆都可以順利去除。圖 8.13 所示，為剝膜後蒐集膜渣的狀態。

▲ 圖 8.13　膜渣蒐集設備狀態

如果是在最終剝膜，比較沒有膜渣回沾的顧忌，但如果剝膜後還要蝕刻，回沾就會成為品質的殺手。當出現槽內起泡問題時，可以考慮採用消泡機構，或者加入消泡劑。

去膜後應做完整水洗、熱水洗、速乾等程序，接著將成品儲存於適當環境即完成整個內層製程。

內層檢查

原則上每個製程完成都會有適當檢查，在內層線路完成後的檢查項目，主要以線路完整性為重點。因為內層良品率會直接影響後續多層板整體良率，若多層板的內層片數多，則各層若有不良品就直接壓合，整體不良率將是各單一內層良率的總乘積。例如：一片八層板必須使用三張內層板，如果各單張的良品率都是 95%，則直接壓合後尚未做外層線路，電路板良率就已經降到 85.73%。如果後續製程良率仍為 95%，總良率就變成 81.45%。

由這些簡單計算，可知如果內層板不檢查的嚴重後果。因此一般內層都採取 100% 檢查，而內層板品質數據也單獨計算。內層製程，最在乎的是第一次良品率 (First Pass Yield)，它的定義是蝕刻完成後就是良品的百分比。因為內層板可以適度修補，如果修補後能通過測試及檢查則仍能算是良品。但問題是修補仍是成本，因此第一次良品率能提高，就成為內層製程的基本目標。

　　隨著內層線路細密複雜化，目視檢查已不符需求，採用自動光學檢查機 (AOI) 已是普遍作法。在檢查環境方面，由於細線誤判率會隨檢查環境塵埃而偏高，因此要有潔淨環境作檢查。

　　典型內層檢查項目如下：

(1) 內層線路：短斷路、缺口、剝離、曝偏、間距不足、線細、銅渣、異物污染等。

(2) 樹脂基材：基材破損、異物污染、氣泡等。

(3) 內層孔：鍍層不良、破孔 (Void)、孔內粗糙等。

　　表面項目，可以目視、放大鏡或光學檢查機檢查。對有深度問題的狀況，使用 3D 顯微鏡檢查也是不錯方法。為了應用螢光反射檢查，部分基材有添加少量螢光劑，對自動光學外觀檢查機的檢查多所助益。

　　內層電性測試，主要仍以短斷路為主。除非有特殊規格如：線路電阻等相關規定，必須另行測試，否則並不會多作其他項目。

8.4 壓合及介電質層製作

　　多層電路板必須做層間接著壓合，最普遍的做法是將事前製作出來的內層核心板、膠片及銅皮依順序堆疊，之後熱壓聚合，壓合完成後成為一體的電路板。某些特定設計，會將雙面板或多層板當做內層使用，做多次序列式壓合製程做法。至於高密度增層電路板結構逐漸普及，又出現許多新做法，疊板壓合方式也產生更多變化。

熱壓合製程

　　多層板壓合作業程序如 8.14 流程圖所示。

▲ 圖 8.14　多層板壓合作業程序

(a) 在壓板疊合前為了提高樹脂與銅皮結合力，必須做適當的壓合前處理。內層板經過製作對位孔、粗化等程序，將依設計結構堆疊固定成冊狀 (Booking)。

(b) 夾入成冊電路板、膠片、上下兩側銅皮或附樹脂銅皮，同時與鋼板及載盤配置堆疊成整盤待壓電路板。

(c) 若要製作埋孔或多層孔，則使用鍍通孔板做內層板做多次壓合。

(d) 載盤上下加入牛皮紙及蓋板等均壓、均溫材料做熱壓製程。經過加熱、加壓、聚合後取出電路板，接著製作出後製程所需基準孔。

(e) 由於熱壓後電路板表面已沒有可以參考座標，此時必須將內部座標轉移到表面，因此要製作基準孔。

(f) 其後作修邊、倒角等整修程序就可交由後製程繼續製作。

壓合基準孔製作

內層壓合主要固定模式有兩種：以預先作好的插梢孔插入插梢來固定壓合，這種方法稱為插梢壓合 (Pin Lamination) 法。事先加工的對位孔以鉚釘方式將所有內層板固定壓合，作業上比插梢壓合操作簡單也利於量產，因此被稱為量產式壓合 (Mass Laminatior) 法。

不論多層電路板以何種壓合法生產，多於一張內層板的電路板結構都會作出對位孔。而壓板後則必須讀出內層基準記號，加工出鑽孔所用的對位基準孔。鑽孔對位基準孔在內層作業時就已製作在內層板上，藉由機械讀取及公差平均過程，鑽出適當工具孔。由於壓板後電路板會收縮，因此內層設計都會先預放以防止位置偏移，故工作底片在製作電路板前會預先將內層線路以等比例調節。至於基準孔大小，各公司應以自己工具系統來處理，一般都以鑽孔用插梢加大約 1mil 為原則。

壓板前處理

由於環氧樹脂與光面銅結合力弱，一般會使用強氧化性溶液在銅表面形成絨毛狀黑色氧化銅層，這種製程稱為氧化或黑化處理。樹脂就是靠與絨毛間錨接 (Anchor) 效果而結合。

溶液以使用過硫酸鹽或過氯酸鹽較普遍，市售各廠商處理液組成，都有自己的特別訴求。配方組成，原則上以控制氧化層厚度及絨毛長度為重點，其中尤其是還原劑使用，可使絨毛變短同時抗酸，這是與早期黑化不同的地方。

因高密度增層板及高層板需求，部分取代性粗化製程也陸續出爐，逐漸被業界推廣。由於黑色氧化銅會溶於酸，電鍍製程酸洗會發生溶解而容易產生中空現象，這是高密度增層板不容許發生的，因此多數增層板都使用黑化替代製程。典型壓板前處理表面狀況，如圖 8.15 所示。

　　對於介電質層的考慮，隨樹脂不同也會採用不同壓板前處理。雖然樹脂商多數都會推薦方法，但未必能充分應用既有資源。原則上還是應該要試用現的製程，除非事先就確定不適用。傳統處理裝置是以框架承載，以吊車逐槽移動做化學處理，新的黑化替代製程則開始使用水平傳動設備。框架設計應以不遮蔽反應及留下痕跡為設計原則，水平傳動設備設計重點則以電路板傳送平順，不產生刮痕及水紋為原則。

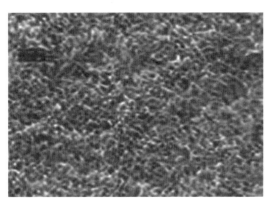

黑化成果　　　　　　　　　　　　　　　**棕化成果**

▲ 圖 8.15　典型壓板前粗化處理

內層堆疊成冊

　　線路配置狀態、內層板間厚度、堆疊結構等，在電路板設計時就已經決定。作業時可遵循設計結構，將內層板、膠片、銅皮等堆疊在壓合載盤上。內層板間位置的對位固定方式，其一是插梢 (Pin Lamination) 法，所有內層板、不銹鋼分隔板、銅皮、膠片、銅皮都會作出梢孔，堆疊時以梢孔對位固定。在壓板機的兩個熱盤間，留出的置放電路板空間，稱為一個開口 (Open)，載盤承載的多片堆疊電路板稱為一疊 (Stack) 電路板。目前多數量產板，是以 10～12 層每層兩片為一疊放入一個開口，一台壓板機有 5～10 個開口。當然堆疊方法隨電路板尺寸而有差異，特殊產品也會有特殊壓合法及緩衝材引用。典型壓板疊構如圖 8.16 所示。

　　壓板各層間使用的膠片數量，主要決定於膠片玻纖布厚度、樹脂含量、內層板需填充空間大小等因素。導線上的樹脂量少，會有結合不良爆板的危險且耐熱性差。對較厚內層線路，空曠區較深且沒有玻纖布強固而僅有樹脂填充，這些區域若成為通孔孔壁，容易產生樹脂內縮 (Resin Recession) 導致凹穴問題。

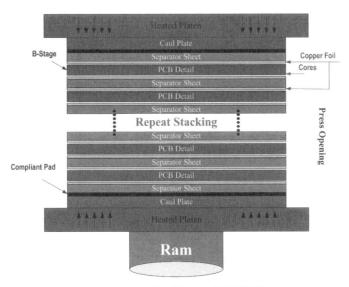

▲ 圖 8.16　典型的壓板堆疊結構

　　另一種較典型固定方法稱為 Mass Lamination 法，四層板是採用在內層線路上製作基準點但不需固定孔，其後就壓板。內層板在兩張以上的電路板，在堆疊前先讀取內層基準點並作出固定孔，以固定孔固定內層板及膠片成冊後，再與其他膠片及銅皮堆疊壓合。

　　這類生產方式，一般會在特別規劃的區域先行以鉚釘固定多張內層板。之後才在載盤上與膠片、銅皮、鋼板等壓合工具及材料疊合，重複堆疊多組至適當片數時，加上蓋板及緩衝材送入壓板機開口壓合。典型的疊合操作如圖 8.17 所示。

▲ 圖 8.17　典型的壓板疊合操作

　　由於鉚釘突出部分及鉚合完整性會造成壓合問題，一般須要在鉚合方式及完整性上下工夫，典型鉚合問題及較佳鉚合模式如圖 8.18 所示。高密度增層板，由於附樹脂銅皮必須一層層向上加，因此作業類似四層板方式，壓板後則利用開銅窗或 X 光機讀取基準點的方式做下一步加工。由於增層法允許公差很小，一般作業片數都會適度降低。

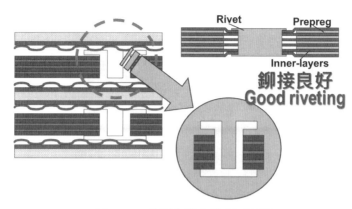

▲ 圖 8.18　典型的鉚合模式及問題

　　堆疊材料時不論片數多寡，同次壓合內層板尺寸必須相同，否則會有失壓、樹脂流動不均、滑板等問題。有效規劃堆疊作業定出標準堆疊規範，有助於整體效率提昇。

膠片及附樹脂銅皮材料

　　電路板做內層板及銅皮結合時，會依照設計的內層結構做壓合，而結合材料就是膠片。膠片是將玻纖布含浸樹脂，之後去溶劑、熱乾燥做成 B-stage 膠片，與用於製做內層基材的材料組成相同。B-stage 樹脂硬化程度，停留在溶劑含量較低未硬化階段，如果再加熱樹脂，內含單體就會釋出和硬化劑開始作用。完全硬化的狀態稱為 C-stage，做熱壓合時利用 B-stage 熱熔融填充空區，就可以達成層間結合。

　　膠片處理、切割、堆疊都容易有樹脂粉脫落，作業環境並不理想，因此切割處理及堆疊都應該分離作業，以免粉末飛散至銅面。至於堆疊後，作業者都會以沾黏布將表面清理乾淨，以免產生凹陷或污染缺點，造成後續製程品質問題。

熱壓合製程

　　在壓合載盤上堆疊好多層板，加上牛皮紙或耐熱橡膠片緩衝墊等輔助壓合材料，將載盤推入壓合機各開口，以熱壓機做加溫加壓作業，使所有電路板材料融合成為一體。加溫加壓的條件會隨膠片特性而異，即使相同材料也可能因設計不同而有差異。壓合條件設定，必須充分掌握膠片材料特性，同時考慮熱傳、升溫延遲、升溫曲線、升壓曲線等。

　　由於熱壓板早已普遍採用真空壓合，因此空隙 (Void) 多數都只發生在銅厚高而膠片薄的結構，一般性結構很少見到這類問題。傳統油壓式熱壓機，在熱盤間置放堆疊好的電路板，再升溫、加壓、聚合過程。多數量產廠都已採用自動上下料裝置，除針對壓出產品平坦性訴求外，各家廠商也對後處理的自動化多所著墨。

　　為了達成真空壓合功能，目前常見的熱壓合機有三種，它們各是油壓式熱壓機 (如圖 8.19 所示)、真空艙式 (Autoclave) 熱壓機 (如圖 8.20 所示)、銅皮電熱式 (Adara Multipress) 熱壓機 (如圖 8.21 所示)。

▲ 圖 8.19　油壓式熱壓機

▲ 圖 8.20　真空艙式熱壓機

▲ 圖 8.21　銅皮電熱式熱壓機 (來源：ADARA 型錄)

　　其中油壓式熱壓機由於操作耗材少、產能大，單位產出設置單價及操作成本相對較低，因此是目前量產機主流。真空艙式熱壓機產能低，但是操作溫度與尺寸彈性大，可以應對多樣化、特殊材料需求，在量產方面使用者少。銅皮加熱式熱壓機，採用銅皮做加熱源，因此加熱沒有時間差，可以做到高升溫速，而能降低操作壓力、縮短壓合時間。

油壓式壓合機由於壓力只有上下兩個方向，因此樹脂流動較大且容易產生同一疊電路板內外片厚度不一樣的問題。真空艙式壓合機由於是靠熱氣體加壓加熱電路板，因此壓力來自於四面八方，又由於所有電路板並非靠堆疊施壓，因此多樣尺寸仍然可同時壓合是它的特色。但堆疊操作中必須使用消耗性真空袋作業，操作較麻煩且作業費用高。

壓合溫度、壓力曲線，電路板堆疊量、片數、膠片樹脂特性等而異，在使用前必須先做最佳化測試。圖 8.22 所示，為典型電路板壓合溫度、壓力曲線趨勢範例。

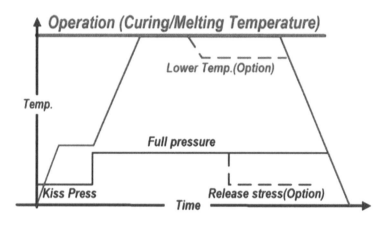

▲ 圖 8.22　典型電路板壓合溫度、壓力曲線趨勢範例

範例最初只使用小壓力貼近電路板，這種壓合狀態為輕壓，稱為 Kiss Press。當板溫達到膠片局部產生熔融狀態，就開始加溫加熱做第二段全壓力壓合。部分壓合會以第二段壓直接完成硬化，而某些廠商認為在硬化後段略為降壓、降溫可以降低成品應力殘存。

Kiss Press 主要目的是為了去除材料內可能殘存的揮發物，當達到第二段升溫時，升溫斜率代表升溫速度。升溫愈快膠片單體釋放愈多，相對膠體黏度會愈低。但單體愈多，硬化速度就會愈快，黏度很快就會回升而影響填充，因此如何選取恰當升溫斜率是問題。圖 8.23 所示為典型樹脂升溫與黏度關係圖。

以熱力傳輸觀念看，愈靠近堆疊中心的電路板升溫速率會愈慢，因此斜率相對也會愈低。時間與黏度關係圖，黏度低代表單體多也代表升溫速率快，但相對黏度回升時間也短，但可達到的最低黏度會比較低。圖 8.23 所表達的升溫曲線，是以一疊電路板有十二片的高度，其中 1 ～ 6 片概略升溫狀態，第 7 ～ 12 片則會呈對稱分布。

由此觀之可以想見，各單片板升溫速率並不相同，所以流膠狀態在油壓式壓板機操作是無法一致的，但在真空艙式壓機就會比較好一點。因此如果使用新材料或製作新設計電路板，如何規劃成品規格或選用生產設備及條件，成為製作者必須面對的問題。如果將堆疊電路板數降低，理論上樹脂流動均勻性應該會改善，相對板厚度控制會比較好。當然某些特殊壓板製程，因為膠片揮發物含量低，也可能直接採用一段壓力、高升溫速率的壓合法生產。

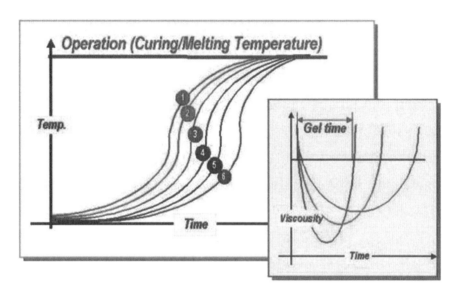

▲ 圖 8.23　一般樹脂升溫與黏度關係示意圖

　　樹脂硬化後降溫至玻璃態轉化點以下，之後會將電路板轉入冷壓機將電路板冷卻至常溫，如此可以方便作業同時提高壓板機運轉率。

載盤卸載及後續基準孔、外形處理

　　壓合完畢的電路板必須經載盤拉出，之後做周邊樹脂溢流不規則區的修整。為了正確控制外形與內層相對位置，不論採用何種疊合方式的電路板，都會藉由 X 光讀取內層記號鑽基準孔。

　　完成基準孔製作後再以銑刀切出外形，並修整研磨板邊及倒角。目前市面上已有全自動化基準孔辨識、打孔、自動修邊倒角設備，節省人工且效率良好。

檢查

　　壓板完成的板子送往下製程前，應做外觀及尺寸檢查。檢查項目一般包含外觀凹陷、刮痕、織紋、異物等，及有關的板面尺寸、板厚、板彎板翹等。如果是傳統多層板，電路板不會回頭再次製作壓合，但如果是序列式壓合或高密度增層板則在經過鑽孔、電鍍、線路形成過程後，會重新回到壓板建立下一層介電質層及銅皮。

非熱壓機式壓合法

(a) 壓合製程

因樹脂材料型式不同，電路板介電質層壓合方式會有不同選擇。對高密度增層板，介電質層的建立就有如此特性，除了有多數材料商將增層樹脂製成熱壓形式，也有部分廠商為了更易於控制介電質層厚度而將樹脂設計成真空壓膜或濕式壓膜材料。

由於電路板線路已然形成，若要將線路完整覆蓋並獲得恰當厚度樹脂層，若使用真空壓膜法，只要施加小壓力就能讓空區填滿。而濕式壓膜則是利用特定溶劑先在電路板面形成液膜，之後再做連續壓膜。由於液體會填入空區，壓膜後會局部溶解樹脂，使電路板和樹脂黏合在一起，之後經過後烘烤聚合，就成為新建介電質層。

不同於熱壓法樹脂大量流動，非熱壓式壓合樹脂流動量極其有限，填充內層板線路空區已經很吃力。如果製作高密度增層板而內層結構又有電鍍通孔，通孔是無法依靠壓膜壓合法填充的。因此通孔必須以填孔材料填滿，而又由於填孔無法恰好填平，因此填充硬化後應以刷磨將突出部分磨平，再做後續線路形成及壓合的工作。樹脂填充的狀態如圖 8.24 所示，無氣泡填充是較佳的狀態，當然使用金屬導電膏也是不錯的選擇。

 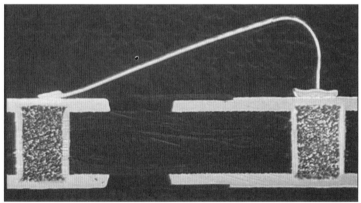

▲ 圖 8.24　無氣泡的樹脂填充

對某些要求均勻度特別高的產品，廠商已經開始研發線路間填充式 (Under Fill) 印刷材料及製程，希望先將線路間空區填平再做介電質層，如此可以降低填充負擔同時獲得較均勻介電質層，但材料及製程開發都有一定難度，目前仍不多見。

(b) 壓合前處理

壓合前必須將金屬線路表面作粗化，使線路與樹脂間結合力強化。除使用黑化處理外，市面已有不少替代方案可利用，業者可以針對自己需要做物料及製程選擇。

(c) 介電質層製作

　　除熱壓合機壓合外，真空壓膜、濕式壓膜也是介電質層製作的方法，至於介電質層是以附樹脂銅皮或樹脂膜形式製作，主要還是看業者自己規劃的技術而定。由於高密度增層法已經普及，因此連續式生產設備在市場上相當成熟。除非少量製作，否則都應該要採購自動化連續生產的設備。目前較常採用的真空壓膜法，與早期止焊漆壓膜機做法類似，不同處是材料變得較厚且壓後平整度要求較高。過去還有部分廠商在推廣樹脂塗布增層技術，不過目前很少見到成功者。由於控制絕緣層厚度相當重要，業界主要的作法仍然以純樹脂膜比較常見。

(d) 後處理及檢查

　　非熱壓合式介電質層建立，在增層後都要做樹脂熱烘烤來硬化樹脂。之後跟一般電路板一樣，做基準孔、外形、端面、倒角等加工，加工完畢要做品檢，項目包括：外觀及尺寸檢查，之後再繼續後續製程，而這些檢查程序基本和一般電路板大同小異。若表面仍要繼續成長下一層介電層，則循環本壓合製程就可以達成。

8.5 孔加工

導通孔

　　如果線路只做層內連接，多層板結構就失去了意義。因此除了同層內連結，電路板還會透過垂直方向導通孔，做垂直連結導通。雖然也有少數技術是以製作凸塊作連接，或者也有一部分採用導電膏充填連接，但多數業者仍以鑽孔、孔電鍍法做層間連接。本段討論的，仍以電鍍導通連接方法為主。

　　電路板內構建孔的目的，是為電信導通和作為固定組裝而作。目前一般多層電路板，是以機械鑽孔機以鑽針鑽孔，近來風行的高密度增層板則因直徑微小，採用二氧化碳或紫外線雷射成孔。電路板線路連結隨設計而變化，孔位置當然也不一致。孔加工位置，必須根據設計資料作業，由於數位化加工機制建立，目前鑽孔加工機都依據數值資料 (NC Data-Numerical Control Data) 作鑽孔。又由於電腦輔助生產技術普及化，因此電腦連線式生產，也被導入稱為數位控制 (CNC-Computer aid Numerical Control) 生產系統。

　　孔的功能既然以導通及插件組裝為最大目的，製作尺寸當然以達成使用目的為依規。插件或組裝的孔，必須依插件腳大小設計，其他孔純以連結為目的，尺寸就不必開得太大可以節省空間。高密度增層板，這些純導通孔幾乎都變成了微孔 (Micro Via)。

　　製作較高密度電路板，除了點間連線變多外，當然經由孔所作的層間連結也大幅增加。這種立體連結增高，產品面積就可大幅壓縮。但如果孔數量增加又會和線路爭地，產生空間利用率問題，因此縮小孔徑、孔圈寬度、孔密集度、孔與孔圈合併等訴求就應運而生。圖 8.25 所示，為孔、孔圈及組裝結合點的幾何關係趨勢，最希望發生的結構是孔與結合點成為一體。

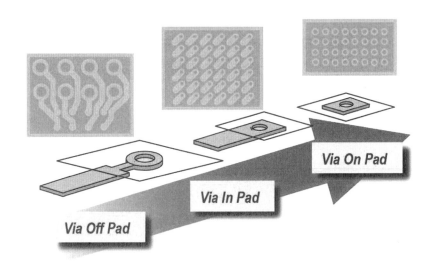

▲ 圖 8.25　銅焊墊與孔的設計趨勢

　　小微孔需求變得殷切，但以機械鑽孔卻達成不易，因此有非傳統機鑽孔的方法被開發使用。較主要的方法有：感光成孔、雷射成孔、電漿成孔等不藉傳統機械開孔的技術，而這些方法中又以雷射成孔是目前利用率最高的。由於孔壁品質會影響後續電鍍製程，因此成孔技術的品質控制十分重要。

　　機械加工通孔結構，若鑽孔條件不當就容易破壞樹脂、銅皮、玻纖結構。結構破壞容易在內壁產生缺口，化學處理液容易滲入、侵蝕或殘留，因而造成電鍍不良信賴性降低。最典型的缺點是氣泡滯留導致電鍍空洞 (Void)、銅皮拉扯導致釘頭 (Nail Head) 等缺點。雖然電鍍製程有各種不同防止措施來降低此類缺點，但孔壁在進入製程時如果已有重大瑕疵，則問題仍會發生無法避免。

　　至於機械鑽孔產生的高熱，會導致樹脂膠渣產生。雖然一般後續化學處理會做除膠渣，但若膠渣過厚則仍有處理不全危機，因此仍應在鑽孔製程中降低其產出量。圖 8.26 所示為鑽針磨耗鑽孔不良的狀況。其衍生的問題十分多樣化，對高鑽孔密度產品甚至有孔間絕緣不良的問題。

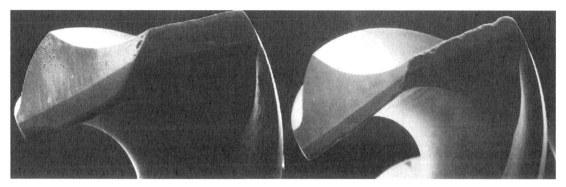

▲ 圖 8.26　鑽針磨耗過度會造成鑽孔問題

用感光或雷射成孔時，由於孔徑變得很小，若殘留樹脂去除不全產生的品質問題相對更大。典型問題如：導通不良、結合力不足、潛在信賴度風險等都是問題。濕潤 (Wetting) 是化學處理製程最基本要求，為了使藥液容易進入小孔內，將孔壁做出傾斜度是不錯的選擇。

但是若傾斜度過大就代表孔上下孔徑差異大，若製作孔徑很小而傾斜度又大，則孔底接觸面積可能過小，會影響電路板信賴度。因此，一般加工狀況是以控制接近垂直的方式加工。這對感光及純樹脂加工大多不成問題，但若為雷射加工則可能因能量控制不當造成孔形不佳，因而產生後續電鍍及成品信賴度問題。圖 8.27 所示為典型的高密度增層板微孔品質狀況。

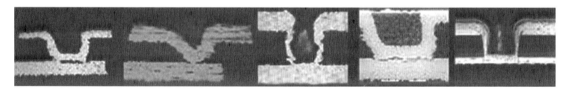

▲ 圖 8.27　高密度增層板的微孔品質狀況

鑽孔打帶資料

由於早期鑽孔使用的位置資料，是以打孔資料帶製作，因此直到現在製作鑽孔程式仍有打帶資料的說法。但在資訊工業進步的今日，多數紙帶打孔資料模式，早已被電子檔案所取代，因此所謂打帶資料已不多見。圖 8.28 所示，為早期打帶機的作業形式。每片電路板在設計時都會附帶產出鑽孔位置及連結線路資料，只要把 CAD 資料彙編成鑽孔資料轉成 NC 控制的資料模式就可架上鑽孔機作業。

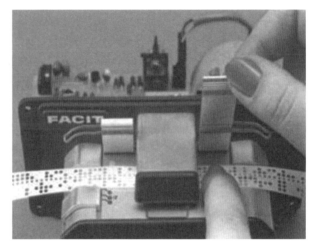

▲ 圖 8.28　早期的打帶機，紙帶數位資料是它的產出物

為了使鑽孔加工效率提昇，同時讓 CAD 資料適用於鑽孔機械，各家鑽孔機製造商都會提供 CAM 系統，作為資料轉換及路徑最佳化工具。CAM 系統除了處理孔位資料，同時會在其間加入面板周邊測試鑽孔、孔針檢查、鑽針更換周期等指示資料，這些系統功能也隨供應商不同而有不同規劃。鑽孔資料會隨電路板料號個別製作，並對不同次的鑽孔作不同編碼，以防止鑽孔作業失誤。標準資料模式目前已有公認做法，但為適應不同使用廠商，仍有轉換軟體可用，因此在設計者下單生產前，都會確認製造商可接受的資料模式，並提供恰當檔案結構。

鑽孔資料內容會涵蓋鑽孔條件、孔徑、孔位等等，若要做機械鑽孔則需要轉速、進刀速、鑽針更換周期等，若要做雷射鑽孔則需雷射強度、脈衝寬度、脈衝次數、行進軌跡等資料，都是必要的參數資料。

資料傳送可以記憶體操作，但較具規模的公司多已用網路化資料傳輸。操作者只要在鑽孔機前呼叫所要電腦資料，或用條碼機器做程式呼叫，架上所要生產的電路板就可以生產。

機械鑽孔鑽針的使用及操作模式

多層電路板的電鍍通孔，一直都是以機械鑽孔製作，直到目前仍是電路板成孔最主要工法之一。

(1) 鑽孔流程

典型機械鑽孔作業，是將修整檢查完成的壓合電路板，依允許堆疊的片數堆疊 1 ～ 7 片，在上方覆蓋保護蓋板 (Entry Board)，下面則放置下墊板 (Back-Up Board)，其後以插梢將整疊電路板壓入鑽孔機的檯面固定孔即可開始鑽孔。圖 8.29 所示為鑽孔整備完成鑽孔前的狀態。

▲ 圖 8.29　鑽孔整備完成鑽孔前的狀態

　　鑽孔機台由 NC 資料控制動作，包含檯面運動、鑽軸上下、轉速高低、鑽針交換等等。採數位控制鑽孔機加工時需要機械原點，將加工物放置在相對位置上，以指定孔徑的鑽針鑽孔，鑽孔完成卸載後做定量抽檢即可送往下一製程加工。

(2) 鑽孔疊板 (Stacking) 結構

　　為了正確將電路板安裝於鑽孔機相對位置，作業者會在基準孔插入固定梢來固定電路板。而基準孔其實就是內層板座標的轉換，經過壓板後處理的辨識系統，辨識出基準位置並鑽出參考座標。

　　一般而言，電路板堆疊片數是愈多產出愈多，但主要仍需看鑽孔孔徑及精準度規格而定。孔徑愈小所能堆疊的片數愈少，精度愈高所能堆疊的片數也愈少。堆疊的最上與最下方，放置的上蓋板 (Entry Board) 及下墊板 (Back-Up Board) 目的並不相同，上蓋板是使鑽針順利切入並抑制毛邊發生，多數使用鋁皮或樹脂板。下墊板主要目的是當犧牲板，避免鑽針傷及鑽孔平台，同時降低底部產生的毛邊，選用材質有紙質酚醛、木漿板等。選擇原則是依各製造商製造的電路板而定，並沒有一定準則。由於鑽孔發熱，會使樹脂膠渣現象加劇，為了抑制發熱及提昇鑽孔品質，有各種不同材料方案提出。但由於電子產品不斷壓低價格，似乎價格競爭成為唯一考量因素，這值得大家注意。

(3) 鑽孔機

　　機械鑽孔機的作業檯面如圖 8.30 所示，具有 X、Y 方向運動機構，並有多鑽軸 (Spindle) 在同一機組上。運動方式是以檯面走 Y 方向，固定鑽軸機構則走 X 方向，鑽孔位置就是由此二運動形成的交叉座標。至於 Z 方向運動，則靠控制鑽軸上下或軸心內特殊裝置運動達成。鑽孔就藉著 XY 運動加上 Z 方向鑽軸運動，在鑽軸前端裝上鑽針做各種孔徑鑽孔。

▲ 圖 8.30　典型的 NC 鑽孔機

驅動機械的馬達是伺服馬達，會遵循 NC 數位資料控制位置及動作。機台軸數，主要依據所生產的電路板尺寸及產品種類多少而定，量少種類多則少軸數少機台可能較有利。若產品種類少數量大，則多軸數可能較有利。當然多數廠商在選擇機台時，仍以中庸為多，單台軸數多為 5 ～ 6 軸，這是目前尺寸適中產量較理想的配置。

常見鑽孔問題有：斷針、孔移、孔內粗糙、毛邊等。斷針則鑽孔動作就會停滯，同時會造成板子重大缺點。雖然新型設備都已裝設偵測裝置，但如何避免斷針仍是各廠家努力方向，尤其是孔徑愈來愈小的今日。斷針原因常來自材料硬脆、鑽針強度不足、排屑不良、轉速過高、進刀過快、鑽軸振動、鑽針彎曲等，必須針對實際現象才能提出適當對策。

至於鑽孔位置精度，對高密度板更是一大考驗。由於板面空間有限，大家所能鑽出的孔徑又都不相上下，因此誰能作出更小孔環 (Annular Ring) 成為技術關鍵，也因此鑽孔精度要求會愈加嚴格。鑽孔位置精度關鍵，主要來自於鑽軸迴轉真圓度 (Round Out) 及鑽針接觸板面時的位置準確性。真圓度除了靠機械本身的製作精度，鑽針夾頭清潔保養也是關鍵，如果夾頭本身不潔造成旋轉偏移，再好的機械也沒幫助。

至於位置準確性當然機械也有影響，但更重要的是鑽針本身強度及操作參數。愈小的鑽針直徑強度也愈差，高速旋轉加上進刀壓入電路板，難免會有鑽針彎曲偏斜現象。因此一般對鑽小孔，都會使用單孔多段鑽的方法，同時會將電路板堆疊數降低來提高精度。

(4) 鑽針

鑽針安裝在鑽孔機鑽軸上，是電路板鑽孔的耗材。電路板用的鑽針形狀，如圖 8.31 左所示，用來固定刀柄 (Shank) 形狀較粗且有固定直徑，圖右為各式的鑽針夾頭用於更換及挾持鑽針之用。業界有常見孔徑鑽針供應需求,電路板用的鑽針以加工樹脂、玻纖、銅皮構成的複合材料爲主。鑽針前端爲顧及孔壁平滑度及降低膠渣產生量,部分採用漸縮直徑做法稱爲 Under-Cut 式鑽針。鑽針尖端角、螺旋角、鑽刃中心度、排屑溝等各部形狀,都會影響鑽孔品質。由於切削硬的玻纖,鑽針多使用碳化鎢 (WC) 超硬合金,並在其中添加少量鈷金屬以增加耐磨耗性及韌性。

▲ 圖 8.31　鑽針及鑽針夾頭

(5) 鑽孔的品質

　　完成鑽孔機的電路板堆疊,即可開始鑽孔操作。選擇好鑽針種類及直徑、長度後,開始設定鑽孔條件。鑽孔品質項目有:孔徑精度、位置精度、孔壁平滑度、樹脂膠渣量等。

　　鑽針使用前應已做完外觀及尺寸抽樣,鑽孔轉數、進刀速度會影響品質,設定時應以適合孔徑、板厚、材質的參數爲原則。有經驗的廠商都會依據長期經驗及測試,設定出標準規範並遵循。表面貼裝的組裝方式十分普及,小孔徑孔已極爲普通,因此通孔縱橫比 (Aspect Ratio) 也相對變大。

　　鑽針損傷會使鑽孔發熱量變大,這成爲樹脂膠渣及釘頭現象 (Nail Head) 的肇因,因此適度更換新鑽針可以維持鑽孔品質。在鑽孔機上都設有鑽針盤,鑽孔機可以設定頻率自動更換。更換周期決定於孔品質需求,可以在鑽孔資料中加入更換周期資料。圖 8.32 所示爲鑽孔機用的鑽針盤,由於電路板孔密度大幅提昇,針盤鑽針數也比以往增多。

▲ 圖 8.32　所示為鑽孔機用的鑽針盤

斷針除了會傷害孔品質，還會停滯生產。鑽軸或配件振動、板子不規則、壓力腳運作不正常等，都可能是肇因。當鑽針直徑小又鑽板厚，由於鑽針切入或彎曲，孔位會產生較大偏差，多段加工或使用恰好長度鑽針都可以提高精度。

另一項孔品質指標是孔內膠渣，鑽孔時切削和摩擦產生的熱十分驚人，短時間內會在內層產生高溫。當孔內溫度超過玻璃轉化點時，膠渣會大量產生，越高溫量也隨之增加。不同鑽孔程序產生的膠渣量有明顯差異，鑽針形式也有貢獻，使用 Under Cut 鑽針及多段鑽孔法一般有較少量膠渣。

(6) 後處理及檢查

鑽孔完成的產品，從鑽孔機卸下再把堆疊板拆解，送出製程前必須做孔品質檢查，檢查項目有孔位、孔徑、孔數等，至於是否漏鑽則可以抽檢方式和工作底片比對確認。目前已有自動孔位及孔徑檢查機，它可以和原始資料比對，CAD 系統供應數據作影像比對，就很容易發現問題所在。圖 8.33 所示為自動孔位孔徑讀取機。

▲ 圖 8.33　自動孔位孔徑讀取機

至於板面目視檢查，是要目視檢查出作業造成的刮痕及其他損傷。孔內狀態雖不易由肉眼觀察，但已有 3D 顯微鏡可以做孔內 360 度觀察。

雷射鑽孔法

隨高密度增層法普及，雷射鑽孔機迅速滲入電路板市場，成為製造主力設備。雷射是藉物質能階差固定，藉由激發源能量誘導出單色同步共振雷射光。因為雷射光特性可以聚集高能量密度，將雷射光聚焦成為小光點，因此適合高精度加工。雷射裝置設計可以用脈衝式雷射輸出，獲得高輸出功率雷射光。用透鏡及鏡片組加上光學機構，雷射加工機可以把雷射光集中照射在工件上，使局部材料急速加熱、熔融、蒸發燃燒或分解。藉由塑膠材料燃燒分解能量不高，就可以做微孔加工。

雷射光源十分多元，目前用於工業或醫學的雷射主分為 UV 雷射和 IR 雷射，UV 雷射代表類型有準分子雷射 (Excimer)、Nd：YAG 雷射，而 IR 雷射則以二氧化碳 (CO2) 雷射為代表。至於雷射加工方法，有直接光束擊發加工銅皮及樹脂材料、加工樹脂材料、透過銅窗 (Conformal Mask) 加工樹脂材料三類，可製作孔徑隨作法及機械光學系統而不同。目前常見的雷射加工孔徑，在電路板以 80 ～ 120μm 較常見，半導體構裝板則以 45 ～ 75μm 較常見。

雷射加工孔幾乎都是盲孔 (Blind Via)，加工出來的孔形最好具有適當斜度。斜度大電鍍液進入容易，電鍍製程相對較容易，若介電質層厚度本身就不高，則孔徑相對不成問題。雷射鑽孔都是使用非連續脈衝作業模式，至於電路板表面狀態有純樹脂層、含玻纖布樹脂、表面有薄銅三種狀態。雖然有薄銅在加工上較難控制，但由於不需在銅皮上製作銅窗 (Conformal Mask)，因此被業界廣泛使用，目前已成為業界雷射加工的主要作法。

由於二氧化碳雷射鑽孔機上市較早，且功率高加工快改良也快，目前仍是雷射鑽孔加工主流。至於 UV 雷射鑽孔機，則以 Nd：YAG 雷射較受注目，屬於固態雷射沒有氣體供應問題，但由於光束小功率低，在較大盲孔加工無法和二氧化碳雷射競爭。雖然近來證明 Nd：YAG 雷射在小孔有較佳表現，但由於多數廠商已經投資二氧化碳雷射，且新設計又提升了小孔加工能力，因此其它雷射直到目前都不普及。雷射鑽盲孔僅能一片一片處理，不能如鑽通孔般堆疊加工。因此雷射加工設備都設有投收板裝置，同時電路板面也會做對位靶標，當固態攝影機讀取位置後經過補償計算，就開始雷射加工。鑽孔後，由於仍會有殘膠留在孔底，同時會有少量熔融物沾在板邊，因此必須和傳統板一樣做除膠渣清孔。

針對兩種常見的雷射加工機作較細部探討：

(1)　二氧化碳雷射

這種加工機的雷射激發媒介，是以二氧化碳為主的混合氣體，所產生的波長約落在 10.6 ～ 9.4μm 附近。所製作出來的加工機械，是以區域掃描法一孔一孔加工，單區加工完成再移動到下個區域加工。雷射加工模式如圖 8.34 所示。

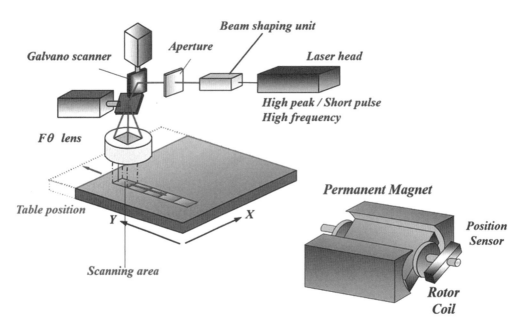

▲ 圖 8.34　雷射鑽孔機加工模式

　　雷射光由雷射泵浦產生，經由光路投射到兩片反射鏡，反射鏡微動可以讓雷射光準確經過聚焦鏡到達板面加工。至於雷射光路開關，一般會設在雷射泵浦內部，經由脈衝式輸出達成盲孔加工。典型雷射泵浦能量分布，如圖 8.35 所示。單一雷射光能量分布為高斯曲線狀態，連續脈衝則是機械控制下的加工模式。

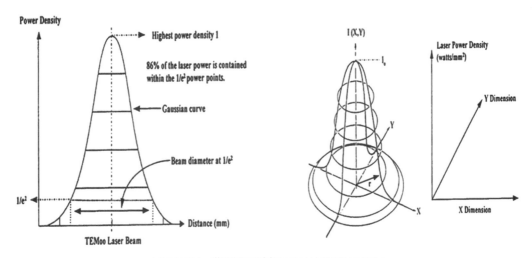

▲ 圖 8.35　典型的雷射加工及高斯能量分布

　　雷射掃描範圍影響加工效率，一般最大設定約為 50mm 方塊範圍，過大會有邊緣盲孔變形問題，當然這與設備的設計、能力及品質要求都有關。雷射加工方式目前主要有四種，如圖 8.36 所示。

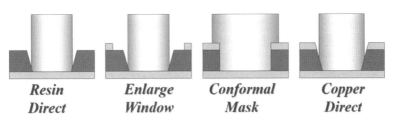

Resin Direct　　Enlarge Window　　Conformal Mask　　Copper Direct

▲ 圖 8.36　目前雷射加工的四種主要方式

　　加工時可以利用脈衝數、能量大小、脈衝時間寬度、光束大小等參數控制鑽孔大小及形狀。當能量配置恰當且脈衝數剛好，不但孔形會好，孔底殘膠也會少，有利於除膠渣製程。前述孔壁角度不同時，電鍍析出難易也不相同，若孔形控制不佳造成畸形孔，就算電鍍沒有問題也可能發生其他問題。所以孔形控制成為雷射加工重要訴求，也是多數生產者頭痛的問題。圖 8.37 所示，為典型雷射孔加工成果。從圖中可以發現，當加工有銅皮盲孔時，容易發生葫蘆孔問題，加工純樹脂及 Enlarge Window 則沒有此類問題，但若加工有纖維基材容易有玻纖突出問題。

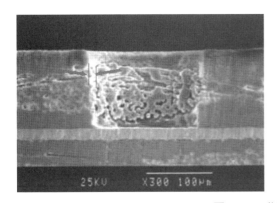
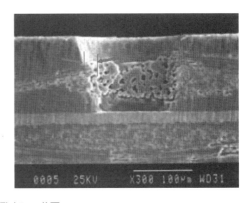

▲ 圖 8.37　典型的雷射孔加工成果

　　一般雷射加工是用 2 ～ 6 個脈衝鑽孔，連續加工容易在同一點上產生能量累積，因而產生爆孔問題，因此也有不同加工方法提出。原加工方式是連續加工，這種模式加工快稱為 Burst 模式。但改良式加工則以循環 (Cycle) 模式加工，對同一點採不連續加工，打一下先跳到別點加工，再循環回來打一下。這可以降低熱累積，雖然加工速度略慢，但可以改善鑽孔品質。雷射鑽孔機可以藉著光學機構改變，加強能量密度及能量利用率，一些改良機種可以產生有玻纖布基材的良好斷面，雷射光學改良觀念如圖 8.38 所示。經過改良雷射，不但波形可以調整，光學能量利用率也有增加，因此加工彈性變大，也使得新應用領域不斷擴大。

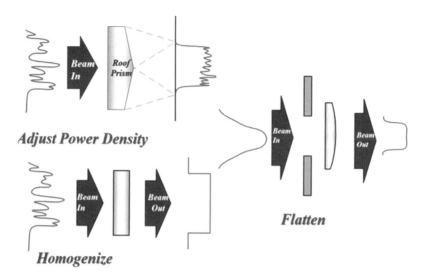

▲ 圖 8.38　雷射光學改良的觀念

(3) Nd：YAG 雷射系統

　　此雷射特色是產生源不同，它由 YAG(Yittrium Aluminum Garnet $Y_3Al_5O_{12}$) 摻雜 Nd^{3+} 做為雷射固體媒介，代表性波長為 1064nm，在產生光源後經過非線性晶體，將此光轉換成四倍頻率的 266nm 光束。當然也可以應用相同原理，產生其他頻率光束。因為用於加工的光束頻率範圍落在 UV 區，因此被稱為 UV-YAG 雷射。

　　由於此雷射能量密度高，超出材料破壞強度很多，因此加工模式屬於分解多熔解少的作業，所帶的熱量也較少。有銅箔和有玻璃纖維的產品，只要用對能量密度是可以加工的。不過因為業者在玻璃纖維、銅面處理的努力，二氧化碳雷射已經可以在 7 ～ 8μm 面銅厚度做直接加工，因此這些雷射的應用，總是在競爭中因為效率不彰而沒有被選用。

　　設備商為了競爭力與整體效率，不斷在加工速度與產出方面努力，目前有廠商推出四頭雷射加工機，分攤單孔成本確實比過去更低了。

使用感光成孔法作孔

　　用感光介電材料製作高密度增層板，在塗裝感光性樹脂後以曝光顯影產生微孔，此即為感光成孔法。除製作孔的方式與雷射不同外，其他製程與無銅皮製程相當。

其他微孔做法

　　其實微孔做法主要是以移除微孔區域樹脂材料為目標，不論使用雷射、感光顯影都相同，當然如果有方法可以選擇性去除材料也可以嘗試。

例如：化學腐蝕法就是一種想法，以能侵蝕樹脂的溶液或選擇特定可腐蝕介電質材料來製作微孔，都是業界曾嘗試的方法，但真正實用化的卻絕無僅有。至於用電漿蝕刻的方法，是將銅皮如雷射 Conformal Mask 的方式開出銅窗，再放入電漿中做樹脂蝕刻，它可以一次作出所有孔，但因為實用化過程不順利，目前使用者很少。圖 8.39 所示，為典型電漿加工的盲孔範例。

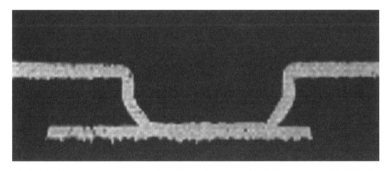

▲ 圖 8.39　電漿加工產生的孔形，像一個淺碟比較難製作很小的孔

噴砂成孔技術也曾浮上台面，圖 8.40 所示，為加工的範例，不過這類技術到目前為止也沒有真的量產化。筆者做過簡單的評估，如果板面孔數可以超出 200 萬孔，且設備成熟度夠，有機會可以與雷射孔的成本競爭，不過能否面對有強化纖維的材料，還沒有完整的驗證。

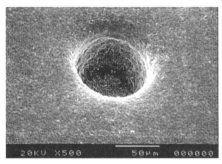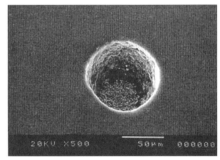

▲ 圖 8.40　噴砂後孔形 (左) 與剝膜後孔形 (右)

8.6 電路板的電鍍製程

雙面板以上結構的電路板，在完成鑽孔後會做鍍通孔 (PTH-Plated Through Hole) 步驟，目的是使孔壁非導體部份，樹脂及玻纖做金屬化，再進入電鍍銅製程，完成足夠導電及焊接金屬孔壁。

在做導通前，要除去孔邊毛邊並將孔內洗淨，尤其是鑽孔時產生的膠渣。一般孔內清潔是採用高壓水洗或超音波浸泡水洗模式，先將孔內殘屑清除。之後做毛邊磨除，一般處理方式是以刷磨震盪法將孔緣的毛邊去除，這個作業稱為 De-burr。某些廠商會在去除毛邊後，再做除膠渣，某些則先作除膠渣再去毛邊，當然它們各有自己的理由。不論如何，去毛邊與孔壁清理製程是連貫的。

多層板層間是絕緣的，線路要連通就必須靠通盲孔連接達成，而完成後電路板也才能裝載及連接電子元件。電路板連通的做法，是用電鍍 (Plating) 技術建立銅金屬連通管道。在處理孔導通時，同時可以對電路板表面線路、銅墊等線型增加厚度及建立保護層。由於線路密度提高、層數增加，電鍍技術負擔的角色愈發重要，已成為電路板製造必要技術。

常見於電路板的電鍍技術應用，如表 8.1 所示。

▼ 表 8.1　常見的電路板電鍍技術應用

通孔電鍍	最終金屬表面處理
通孔電鍍、層間連接：	線路保護、焊接性維持
化學銅	鍍錫
電鍍銅	鍍錫鉛
線路電鍍	化學鎳 / 金
蝕阻金屬電鍍	電鍍鎳 / 金
純錫電鍍	浸金
錫鉛電鍍	浸銀浸錫

用於多層板的銅電鍍，主要目的是做線路及通孔電鍍 (Through Hole Plating)，形成垂直方向連結比表面線路更重要。除了無銅皮的外層線路製作法，電鍍仍以孔內析出狀況較為重要。電路板介電質層的材料是以樹脂為基礎，必須藉化學銅 (Electro-less Copper Plating) 或其他導通技術做導通處理，再用較有效率的電鍍 (Electro Copper Plating) 完成增厚。

通孔電鍍會以化學銅做孔壁導通化，之後在此基礎上做電鍍銅增厚。孔銅信賴度與鍍層物性有絕對關係，即使是樹脂粗度都十分重要。近來也有不少公司提供取代化學銅導通的方法，被稱為直接電鍍 (Direct Plating)。

至於表面線路製作，有所謂全板電鍍法和線路電鍍法兩種，主要用來形成導體線路圖形。在線路電鍍法後段，會做蝕阻金屬電鍍，傳統使用錫鉛電鍍，由於環保因素已改用純錫電鍍。雖然也有日本廠商使用全成長製程，孔銅及線路完全依賴化學銅製作，但此做法由於價格昂貴且有專利配方問題，因此並不是一般性製程。

　　至於鍍銅、錫以外的電鍍製程，多數用於最終電路板金屬表面處理，主要用途是改變電路板表面組裝性，以利後續組裝工作。

電鍍的原理

　　所謂電鍍，是指以電化學法將金屬析出，在材料表面形成金屬膜的技術。至於是否使用電能輔助化學反應，又將電鍍分為電鍍、化學鍍兩領域，在日本稱為電解、無電解，而英文則稱 Electro 及 Electro-less。基本差異是如果通電來達成金屬離子氧化還原，就可稱為電鍍，如果是靠藥液自我氧化還原，則稱為化學鍍，這是最簡單的區分法。

　　圖 8.41 所示，為電鍍槽基本架構。在電鍍液中插入電極，電流流動時會往陰極 (Cathode) 析出金屬，而陽極金屬則會融入鍍液。目前電路板用的鍍銅液，以硫酸銅為主成分。

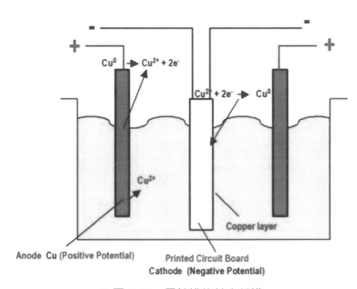

▲ 圖 8.41　電鍍槽的基本架構

硫酸銅槽的電鍍液會有以下的電化學反應：

硫酸銅解離　　　$CuSO_4 \rightarrow Cu^{+2} + SO_4^{-2}$

陰極銅析出　　　$Cu^{+2} + 2e^- \rightarrow Cu^0$

陽極銅解離　　　$Cu^{0^-} \rightarrow Cu^{+2} + 2e^-$

　　依據法拉第定律每 96500 庫侖可以析出一克當量金屬，因此理論上一莫爾銅需要 96500×2 庫侖電量才能析出 63.5 克銅。而 96500 庫侖相當於大約 26.8 安培小時，也就是說供電 26.8 安培小時可以鍍出 63.5 克的銅。若將析出銅重量除以比重就可以得到析出體積，將析出體積除以表面積就可以獲得平均析出厚度值。

至於電流效率的定義，是依據電能利用率換算。當電能用於電鍍而析出金屬量恰為應析出的量，則電流效率就是 100%。金屬離子由於在水溶液中，電鍍時會和水產生副反應而電解水，因此電流效率幾乎都做不到 100%。因此如何提高電流效率，就是值得探討的課題。選擇恰當電鍍液系統及藥液配方，對提高效率會有一定的幫助。

銅金屬析出的機構，如圖 8.42 所示。銅的水合離子由大的電鍍液環境被電力驅動推向擴散層，擴散層水合離子通過電雙層開始脫水，接著金屬離子由陰極取得電子、放電並以金屬原子狀態吸附在被鍍物上，進而移位並結晶。

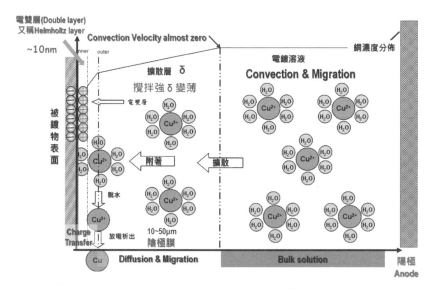

▲ 圖 8.42　銅金屬析出的機構

過程中各程序都需要電能量提供動力，而這些都要由電極間的電位差驅動，距離愈長所需電壓愈高。置換型化學電鍍，是利用不同金屬氧化電位差異做氧化還原電鍍。電鍍操作是利用活性金屬比貴金屬更容易氧化的化學性質，做金屬間交換。較易氧化的金屬會融入藥液，而將藥液中較不易氧化的金屬離子置換析出至表面。

置換反應金屬面的析出和溶解並不發生在同位置上，而會出現局部陰陽極現象，整體電性仍然是平衡的。開始時產生溶解及析出金屬的面很廣、速度也快，隨鍍層覆蓋增加溶出會變小變慢。但是由於置換會有局部性，使得析出面容易有針孔且不易平坦。

化學銅還原作用是利用觸媒被吸附在孔壁上，以此為啟始反應再藉甲醛等還原劑氧化放出的電子，將金屬離子還原析出成為金屬。化學銅析出後觸媒被覆蓋，析出的銅本身再次成為觸媒使反應繼續進行，這種現象被稱為「自我觸媒性」。若沒有「自我觸媒性」，化學銅反應會即刻停止，因此維持析出銅適當活性是必要的。

電路板孔壁及表面處理

通孔電鍍的孔壁狀態，對電鍍長遠信賴度會產生深遠影響，而板面狀態也直接影響未來金屬間鍵結力，因此做好電鍍前處理至為重要。鑽孔膠渣去除、銅皮表面處理、板邊修整、異物清除等，都是製作良好電鍍反應的基本工作。

(1) 除膠渣及樹脂粗化處理

電路板鑽孔加工時，由於鑽針摩擦產生的熱，使孔內壁形成樹脂膠渣 (Smear)。雖然膠渣可藉修正操作條件獲得適度改善，但仍難免會有一定殘留量。因此在鑽孔後電鍍前，必須規劃除膠渣製程作業。而後續鍍銅必須要有恰當接著力，如果樹脂表面只是平坦一片，就算是銅電鍍作得萬無一失，但最終信賴度仍會發生問題。因此除膠渣過程，本身兼具有粗化樹脂表面功能，這種功能所產生出的粗度希望是緻密均勻的，因此被稱為微粗度 (Micro Rough)。圖 8.43 所示，為膠渣處理前及除膠後的孔內面狀態。二氧化碳雷射加工孔，孔的底部一定會有少量殘膠，因此除膠渣製程也是必須加以清除的。

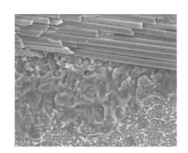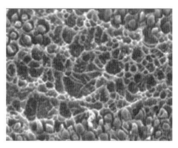

▲ 圖 8.43　膠渣處理前及除膠後的孔內狀態

至於用無銅皮製程製作的高密度電路板，在電鍍前也應把樹脂表面做出適當的粗度，以建立未來電鍍銅的拉力。所用的藥液及操作條件，必須依據使用的樹脂特性而定，不同系統的樹脂粗化的難易差距很大。

曾經被業界使用過的除膠渣製程類型比較，如表 8.2 所示。

▼ 表 8.2　曾被使用於除膠渣的製程類型比較

電漿法	濃硫酸法	重鉻酸法	高錳酸鹽法
電漿法效率慢且為批次生產，處理後大多必須配合其他濕製程處理，因此除非生產特殊板多不予採用	硫酸法必須保持高濃度，但硫酸本身為脫水劑很難保持高濃度，且咬蝕的孔面光滑無微孔，並不適用	鉻酸法咬蝕可實用化，但微孔的產生並不理想，且廢水不易處理又有致癌的潛在風險，故漸被淘汰	高錳酸鉀法因配合溶劑製程可產生微孔。同時由於還原電極推出，槽液安定性獲得較佳控制，因此目前被普遍使用

　　主要有：電漿法、濃硫酸法、重鉻酸法、鹼性高錳酸鹽法等四種。其中以鹼性的高錳酸鉀溶液製程，因製程簡單環境相容性高，又能產生適度樹脂表面粗鍍，因此業界目前使用最廣。主要製程如圖 8.44 所示。

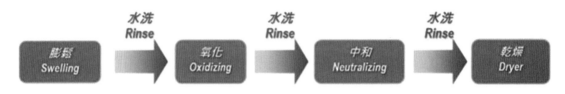

▲ 圖 8.44　除膠渣主要流程

　　除膠渣處理流程配置，部分廠商與化學銅連線，部分則獨立自成一線，將化學銅與全板電鍍連線，設備都已自動化。目前市面上的除膠渣系統雖然有多種配方販售，但基本是以半溶劑型膨鬆劑先將膠渣及表面樹脂膨潤，膨鬆劑浸透進入樹脂層後，會將鍵結較弱的部分破壞，可以幫助除膠渣時選擇性挖出細微粗度。

　　膨潤的原理，如圖 8.45 所示。初期溶出可降低較弱鍵結，使鍵結間有明顯差異。若浸泡時間過長，強鏈結也漸次降低，終致整塊成為低鏈結能表面。如果達到此狀態，將無法形成不同強度介面。若浸泡過短，則無法形成低鍵結及鍵結差異，如此使 $KMnO_4$ 咬蝕難以形成蜂窩面，終致影響 PTH 效果。經過膨潤的孔，再經過高錳酸鹽咬蝕，然後靠中和劑將多餘高錳酸鹽中和，經過充分水洗乾燥，就完成除膠渣程序。

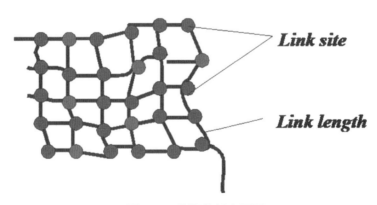

▲ 圖 8.45　膨潤的基本原理

　　除膠渣是依賴化學氧化反應，將樹脂結合破壞生成鹼性可溶小分子。經過樹脂分解與溶解，內層銅才會暴露出來。但對於溶出量控制必須留意，過低溶出可能造成殘膠，過度溶出則可能造成玻纖突出和電鍍困擾。高錳酸鉀因為容易自行分解而產生 MnO_2 沈澱，因此必須有抑制 MnO_2 生成的機制維持樹脂蝕刻的速度。高錳酸鹽的主要咬蝕反應如下：

$$4MnO_4^- + C + 4OH^- \rightarrow 4MnO_4^= + CO_2 + 2H_2O \quad \text{(此為主反應式)}$$

$$2MnO_4^- + 2OH^- \rightarrow 2MnO_4^= + 1/2\ O_2 + H_2O \quad \text{(此為高 pH 值自發分解)}$$

$$MnO_4^- + H_2O \rightarrow MnO_2 + 2OH^- + 1/2\ O_2 \quad \text{(自然反應造成 Mn}^{+4}\text{沉澱)}$$

早期採氧化添加劑來維持氧化力，現在都用電極還原法操作，在高錳酸鉀的循環迴路中提供高氧化力環境，讓錳離子一直保持在最高氧化狀態 +7，就能使藥水氧化力持續維持。過程中化學成份狀況皆以分析得知，但 Mn^{+7} 為紫色，Mn^{+6} 為綠色，Mn^{+4} 為黑色，可由直觀色度來判斷大略狀態。若有不正常發生，則可能是電極效率出了問題。

咬蝕能力也會隨基材不同而有改變，電極必須留心保養，電極效率較難定出絕對標準，且很難確認是否足夠應付實際需要。故依據平時經驗及廠商所提供資料，可加安全係數做計算，當作電極需求量參考。

除膠渣的效果，主要影響因子如後：介電質材料種類、硬化程度、聚合度、膨鬆劑種類、膨鬆劑及高錳酸鉀液濃度、溫度、處理時間等。由於自動化及特殊板作業需求，水平化除膠渣設備比例逐年攀升。至於無銅皮增層法，由於處理面積大量增加，加上介電質材料設計加入了不少填充料以增加表面粗度，因此溶解度及溶出量都產生很大變化，處理條件當然不同。

中和劑 (Neutralizer) 主要功能在清除殘餘高錳酸鹽，典型中和劑如 $NaHSO_3$ 就是可用藥劑之一，其原理皆類似。Mn^{+7}、Mn^{+6}、Mn^{+4} 加入中和劑後會產生可溶的 Mn^{+2}，為免於 Pink-Ring 風險，在選擇中和劑時必須考慮酸度，一般 HCl 及 H_2SO_4 系列都有，但 Cl 容易攻擊氧化層，因此使用 H_2SO_4 系統較佳。

(2) 銅面處理

電路板電鍍製程設備並非在無塵環境下，外在環境落塵、操作指紋等外在污染在所難免。但這些外在因子，卻是電鍍品質的致命傷，必須確實去除。部分製程規劃將刷磨設在除膠渣後化學銅前，是為了讓銅面有機會在進電鍍前有一個完整的清潔。

電鍍前銅面處理，會做脫脂、酸洗兩個步驟。一般脫脂處理會使用有機溶劑、水溶性脫脂劑、電解脫脂等不同方法，為了環保因素，目前多數使用水溶性或半水溶性藥液。

酸洗功能是去除金屬表面氧化物，使新鮮銅面露出達成良好電鍍作業。在使用酸劑方面，主要以硫酸、鹽酸等無機酸為主。部分製程規劃，由於怕送入電路板氧化程度不一，因此規劃了微蝕，希望用較大蝕刻量將銅面清除多些，以保障電鍍面新鮮度。常用微蝕系統有過硫酸鈉、硫酸雙氧水等。微蝕後接著做酸洗、水洗，準備進入金屬化製程。

金屬 (通孔) 化及電鍍製程

多層電路板層間連結，主要依賴電鍍製程。製程由：化學銅或其他導通處理及電鍍銅所構成。由於電鍍同時會做孔連結與線路析出，因此兩者間關係密不可分。

多數電路板產品對線路銅厚要求，一向以 1 mil 為標準厚度。但實際應用，線路愈來愈細層數也增多。為製作細線蝕刻容易，銅皮及基材都有變薄趨勢。但由於電鍍厚度與通孔銅厚度相關，孔銅厚度直接影響電路板信賴度，因此整體厚度搭配會以線路製作、電鍍能力及信賴度需求三者來決定。

(1) 通孔金屬化處理

　(a) 化學銅製程

　　　為了做多層板垂直連結，必須使絕緣介電質層孔面形成電氣導通。為了達成目的，多年來都採行化學銅來處理通孔導通。化學銅導通孔壁及無銅皮樹脂面的金屬化程序如圖 8.46 所示。

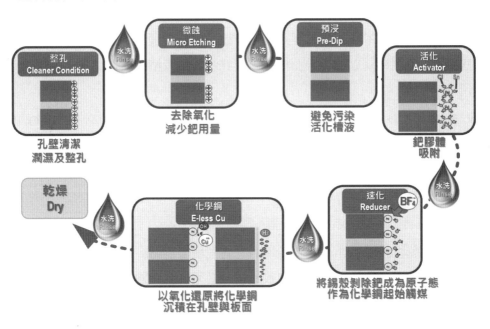

▲ 圖 8.46　化學銅的製程流程

① 整孔 (Conditioning) 與微蝕 (Micro-etch)

　　　De-smear 後孔內呈現雙極性 (Bipolar) 現象，其中 Cu 呈現高電位正電，玻纖及樹脂呈負電。化學銅處理先從潤濕活化樹脂面開始，由於電路板製作孔徑愈來愈小，且縱橫比 (Aspect Ratio) 變得更高，孔內氣泡不易排出，藥液很難潤濕 (Wetting) 表面。又由於高密度增層板盲孔是單邊孔，要排出孔內氣泡更難。爲了除泡，處理設備會對電路板施加機械振盪或藥液噴灑做脫泡。孔內濕潤，後續化學處理才有機會進行。

　　爲了達到樹脂玻纖表面清潔活化，並能使觸媒吸附良好，必須作改變表面電性的處理，這被稱爲整孔 (Conditioning)。整孔是指脫脂、去除異物、促進鈀吸附等，這些都會以界面活性劑控制孔壁及樹脂表面帶電性達成。整孔劑一般都具有雙向性，也就是親水性和疏水性，在活化 (Activating or Catalyze) 作用中幫助鈀金屬吸附。

　　一般粒子間作用力大小，如表 8.3 所示。整孔劑若帶至活化槽，會使 Pd^+ 離子團降低。而若吸附過多膠體，則有能否充分洗去的顧慮。因此如何選用及控制整孔劑，對化學銅品質有重大影響。

▼ 表 8.3　粒子間作用力大小

	凡德瓦爾力	氫鍵	離子鍵	共價鍵
Force	1	10	100 ～ 300	300
Ads. Thickness	<10A	30 ～ 50A	50 ～ 200A	Undefined

　　觸媒鈀與錫形成膠體，而鈀膠體本身又帶負電，因此會與整孔過帶正電的孔壁相互吸引形成活化面。市售品有多種，主要分爲離子型及高分子型兩大類，各有不同化學特性，一般使用於孔內處理與處理表面樹脂的不同，典型整孔劑架構如圖 8.47 所示。多數操作條件以 65 ～ 80℃ 做機械攪拌，經 3 ～ 5 分鐘處理後做水洗即完成。

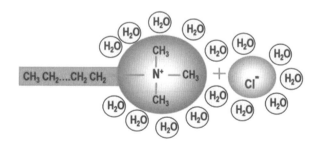

▲ 圖 8.47　典型的整孔劑架構

　　整孔處理是全面的，但若銅皮上有整孔劑吸附，會造成觸媒吸附使後面的化學銅結合鬆散。所以接著的微蝕、酸洗，要將銅皮及電路板面銅略微溶解，以除去整孔劑吸附使銅皮淨化。多數微蝕採用過硫酸鹽或硫酸雙氧水，一般蝕刻量約爲 1 μm。溶液管理及操作條件，依所要蝕刻的量及處理板量控制。

② 活化 (Activating) 及速化 (Accelerating)

催化是要做觸媒吸附，為了觸媒液鈀槽安定，在電路板送進鈀槽前要預浸，之後不經水洗直接送進鈀槽。預浸槽內的配置，除了鈀膠體以外其他組成都與鈀槽相同。

觸媒液的鈀金屬被製成錫 - 鈀膠體 (Colloid)，一般 Pd 膠體皆以圖 8.48 的結構存在，$Pd^{2+} : Sn^{2+} : Cl^- = 1 : 6 : 12$ 較安定。

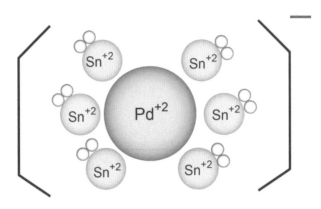

▲ 圖 8.48　一般錫鈀膠體結構

電路板浸漬在觸媒液中，膠體會吸附在孔內及板面，操作溫度約為 35 ～ 45℃間，電路板必須搖動以加高藥液置換率，處理時間約 3 ～ 5 分鐘。鈀濃度及吸附量，對銅析出速率及析出狀態有極大關係。鈀吸附量不宜過高，否則容易改變樹脂表面絕緣性，這對無銅皮製程較不利，多數經驗是將鈀析出量控制在 3 μg/Cm² 以下。

水洗後電路板再度浸漬在速化劑溶液中，速化劑是使錫 - 鈀膠體上的錫剝除。鈀膠體吸附後必須去除錫，當鈀金屬暴露出來著陸於樹脂面時，才能發揮觸媒能力，使化學銅順利析出。速化劑的另一項功能是，避免讓過多觸媒進入化學銅槽，造成槽液不穩定。速化劑為強酸性，含有硫酸或氟酸成分，多與觸媒成對銷售，處理溫度為常溫 4 ～ 8 分鐘，處理時也須保持搖動。基本速化反應如下：

$$Pd^{+2}/Sn^{+2}(HF) \rightarrow Pd^{+2}_{(ad)} + Sn^{+2}_{(aq)}$$

$$Pd^{+2}_{(ad)}(HCHO) \rightarrow Pd_{(s)}$$

Sn 與 Pd 特性不同，Pd 為貴金屬而 Sn 則不然，其主反應式如下：

$$Sn^{+2} \rightarrow Sn^{+4} + 6F^- \rightarrow SnF_6^{-2} \, or \, Sn^{+2} + 4F^- \rightarrow SnF_4^{-2}$$

而 Pd 則有兩種情形：

$$pH >= 4 \qquad Pd^{+2} + 2(OH)^- \rightarrow Pd(OH)_2$$

$$pH < 4 \qquad Pd^{+2} + 6F^- \rightarrow PdF_6^{-4}$$

　　爲改善鈀表面活性化及化學銅析出，某些測試在速化劑中添加硫酸聯氨 (Hydrazine) 還原劑約 0.5 g/l，據說有不錯效果。

　　Pd 吸附本身就不易均勻，故速化所能發揮的效果極受限制。除去不足時會產生 P.I.(Poor Interconnection)，而處理時間過長則可能因爲過份去除產生孔洞，這也是何以 Back-Light 觀察時會有缺點的原因。圖 8.49 所示爲一般的 Back-Light 觀察狀況影像。

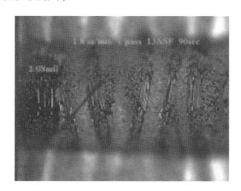

▲ 圖 8.49　一般的 Back-Light 觀察狀況

　　活化後水洗不足或浸泡太久會形成 $Sn^{+2} \rightarrow Sn(OH)_2$ 或 $Sn(OH)_4$，這些物質容易形成膠體膜。而 Sn^{+4} 過高也會形成 $Sn(OH)_4$，尤其在 Pd 吸附過多時，容易呈 PTH 粗糙現象，液中懸浮粒子多也一樣。

③ 化學銅

　　利用孔內沉積的 Pd 催化化學銅與 HCHO 作用，電路板浸漬在化學銅槽，就會全面析出銅產生通孔化。常見化學銅液，是以吸附在孔壁上的鈀爲核心，藉甲醛使銅還原析出。Pd 在化學銅槽的功能有二：

i　作爲 Catalyst 吸附 OH- 的主體，加速 HCHO 反應

ii　作爲 Conductor，以利 e- 轉移至 Cu^{+2} 上形成 Cu 沉積

銅區域由於整孔劑多數已被微蝕去除，因此大幅降低該處析出量。在製程設計時，必須考慮採用的作業方式及處理量問題。如果片數較少則應使用活性較強配方，若片數較多則應採用較低活性組合，主要是考慮藥液穩定性及電路板品質。一般製程設計選用藥液組成時，會設定槽液負荷量 (Bath Loading)，以每公升藥液可以處理的面積爲單位。

典型的化學銅槽組成形式如下：

銅鹽 (CuSO₄)

還原劑 (HCHO)

PH 調整劑 (NaOH、KOH 等)

螯合劑 (Chelator-EDTA、酒石酸鹽等)

安定劑

成分調整後加入鍍槽，以溫度約 50～60℃ 操作，並作緩和循環過濾，電路板仍必須作擺盪。一般較厚銅析出量 (Heavy Deposit) 製程，較多會以 EDTA 為螯合劑，薄鍍層 (Low Built) 時則多使用酒石酸鹽。由於 EDTA 會製造出極為安定的配位化合物，因此對析出速率控制較佳，但因為廢水處理較麻煩且並不環保，因此使用者逐漸減少。

典型甲醛還原化學銅系統化學反應如下：

$$HCHO + OH^- \xrightarrow{Pd} HCOOH + [PdH]^- \quad\text{(1)}$$

$$Cu^{2+} + 2[PdH]^- \longrightarrow Cu_{(s)} + 2Pd + H_2 \quad\text{(2)}$$

$$HCHO + OH^- \xrightarrow{Cu} [HCHOOH]^- \quad\text{(3)}$$

$$Cu^2 + 2[HCHOOH]^- \longrightarrow Cu_{(s)} + 2HCOOH + H_2 \quad\text{(4)}$$

由於繼續析出的金屬銅有自我觸媒性，所以反應會繼續進行。無鈀銅面，則幾乎不會有析出作用發生。為了使化學銅可以安定反應，要盡量控制副反應 (1) 的發生，它會加速甲醛消耗。這可以透過 pH 及溫度調整，或添加安定劑抑制。化學銅基本反應機構，較常被提出的模式，如圖 8.50 所示。

Cu₂O 會在溶液中沈澱同時促進金屬銅反應，因而會造成異常析出溶液分解。因此做緩和空氣攪拌，可以控制 Cu 的配位離子，也對鍍浴安定有助益。典型配位離子如：硫尿 (Thiourea)、硫醇 (Mercaptan) 化合物等都有人使用。

槽液在操作開始時缺少 H₂ 含量，故其活性可能不夠，且改變溫度也易使槽液不穩定。故在操作前，一般先以 Dummy boards 提升活性再作生產，才能達到操作要求。Bath loading 也因上述要求而有極大影響，太高 Bath loading 會造成過度活化，使槽液不安定。若太低則會因 H₂ 流失而形成沉積速率過低。故其 Max 與 Min 值，應與廠商確認做出建議值。如果操作溫度過高，[NaOH]、[HCHO] 濃度不當或 Pd⁺² 累積過高，都可能造成 P.I 或 PTH 粗糙問題。

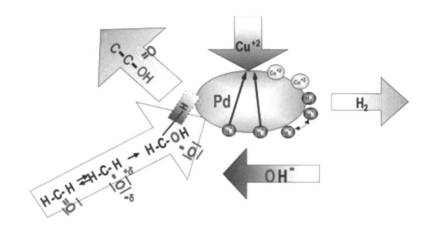

▲ 圖 8.50　常被提出的化學銅反應機構模式

　　傳統金屬化的化學銅厚度僅約 20 ～ 30 微吋，無法單獨存放在製程中，必須再做一次全板面電鍍銅才能做線路影像轉移。但若能把化銅厚度提高到 100 微吋左右，則可直接做影像轉移，而無需全板電鍍。這種做法簡化製程減少問題，被北美製造商大量使用。但由於鍍液管理困難，分析添加設備需要較高層次技術，成本居高不下等因素，此製程並不多見於一般產品。

　　厚化銅應用領域，又可分爲半加成 (Semi-Additive) 式及全加成 (Fully Additive) 兩類。前者用於無銅皮製程，後者則用於非常特殊的電路板產品。日本某些商用電子產品，用 24 小時以上的長時間作全加成鍍銅製作，而且只鍍在孔及線路部份，日本之外尚不多見。

　　對小孔徑的銅析出本來困難度就較高，尤其化學銅會產生氫氣阻礙析出。因此產生的氫氣應該想辦法盡快去除，而添加界面活性劑如：多醇類，可以降低表面張力加速氣體排除。當多層板的通孔爲小直徑、高縱橫比或盲孔，僅靠活性劑幫忙有時仍嫌不足。此時強力攪拌、噴流等方式，就是必要選擇，水平化設備在這方面有不錯表現，只可惜設備滾輪過多容易產生副作用。

　　化學銅反應，甲醛消耗及揮發會持續發生，使槽液組成發生變動。爲保持良好操作狀態，常態槽液管理必須確實執行。一般做法是根據化學銅消耗分析補充，通常化銅採用的是 $CuSO_4$ 溶液，而其他製劑則搭配添加。反應中甲醛會分解形成酸根離子，酸根離子累積會導致異常析出及物性劣化，因此除添加各項製劑外，必須利用添加降低濃度，達到補充同時擠出廢液 (Bail Out) 的功能，目前自動補充系統已十分普遍。

　　爲使化學銅生產線產能提高，多數廠商使用垂直吊車 (Hoist Line) 掛籃 (Basket) 生產。典型生產設備如圖 8.51 所示。當然目前也有不少業者爲了連線自動化，採用水平傳動設備。不論使用何者，都必須充分達成高孔內藥液置換率、氣體排除等目標，至於成品品質、藥液管理及機器維護簡便性也是重點。

▲ 圖 8.51　典型化學銅生產設備

化學銅必須進入粗化樹脂表面的底部，才能建立附著力及剝離強度。為此有業者在鍍液中添加約 1 ppm 硫氰酸鉀，據稱可以抑制反應並提高密著性。

由於甲醛是化學銅傳統型還原劑，但因環保問題受到壓抑，目前多家藥水廠商正在做替代品開發。但對於無銅皮製程，似乎仍以使用此類配方為多。

(b)　直接電鍍 (Direct Plating) 製程

　　由於化學銅採用甲醛還原劑對環保不利，因此替代性通孔化製程應運而生，因為不使用化學銅析出，因此有直接電鍍的稱呼。這些方法較常見的有以下幾種：

① 使用鈀金屬方法 (例如：Crimson Process(屬於硫鈀系統))

② 使用碳、石墨的方法 (例如：Shadow(屬於石墨系統)、Black hole(屬於碳粉系統)、石墨烯)

③ 使用導電高分子的方法 (DMS-E)

鈀系統種類很多，在建立良好硫化鈀膜後，通孔已可導通並做電鍍，目前有部分廠商使用此類技術。石墨及碳系列是在樹脂玻纖面上建立石墨或碳粉膠體，因為導電膜具有安定廉價的好處頗受好評，而石墨因為有較佳導電性表現似乎更佳。導電高分子，也採取類似方式做高分子析出。除鈀系統外，這些製程都會在所有表面吸附導電物，因此都必須在吸附後，以微蝕溶解銅皮去除表面析出物。蝕刻量多少，直接影響電鍍信賴度，因此各製程理想蝕刻量必須恰當控制。

直接電鍍法由於電阻過大，並不適合無銅皮製程，主要應用仍以傳統電路板、軟板或有銅皮高密度增層板使用。此類製程使用的製程設備，多為水平傳動設備，又由於價格低、維護簡單、容易自動化等優勢，在不少應用領域成長快速。

(2)　電鍍銅

　　僅用化學銅不能建立足夠孔銅厚度，為了獲得足夠孔銅，全板電鍍法會在化學銅後做全板電鍍加厚孔銅。至於線路電鍍法及部分加成法 (SAP-Semi Additive Process) 則以光阻形成線形後，做線路電鍍銅處理。鍍銅信賴度，則決定於銅鍍層物性及密著性。

　　電鍍銅層必要特性，應有良好抗拉力、伸長率、均勻厚度、細緻結晶等。在物性及品質可允許狀況下，析出速率愈大愈好。鍍浴控管必須簡易，對線路電鍍評估方面，光阻在藥液的滲出量也是評估項目之一。

(a)　電鍍銅系統種類及製程狀況

　　　電鍍銅種類有多種，如：硫酸銅浴、焦磷酸銅浴及其他銅浴。焦磷酸銅浴早年曾經被使用，因為鹼性鍍浴會對樹脂、光阻產生影響而不利於應用。雖然電鍍均勻性不錯，但會有離子殘留，又容易溶出光阻造成污染，因此在管理困難影響下，在電路板應用消失。硫酸銅鍍浴雖然開發較晚，但由於添加劑快速改善，現在電路板廠幾乎都使用這類鍍液。

　　　電鍍銅一般流程如圖 8.52 所示。經過化學銅處理的電路板，或是外層光阻處理完的電路板，會送進電鍍製程電鍍。一般第一道處理會是脫脂，要將銅面有機物去除。之後開始去除表面氧化物，以硫酸做酸洗，再經水洗後開始電鍍。達到指定鍍層厚度後，移出鍍槽經水洗及防銹處理，再做水洗及乾燥。

▲ 圖 8.52　電鍍銅的製程

　　電鍍液添加劑是以達成鍍層均勻性、速度快、物性佳為最大訴求，典型電鍍液組成如表 8.4 所示，使用時充分掌握各藥劑特性才能發揮綜合效果。硫酸銅鍍液的銅離子與硫酸、鹽酸的濃度比，對通孔均布性 (Throwing Power) 有直接影響。電流密度 (Current Density) 增大時，電鍍均勻度會降低，某些添加劑就針對這些問題提出改善方案，不過高縱橫比孔一般仍以降低電流密度來對應。

▼ 表 8.4　典型硫酸銅鍍液的組成範例

化學品	Sample　A	Sample　B
硫酸銅	60 ～ 70 g/l	80 ～ 120 g/l
硫酸	160 ～ 230 g/l	180 ～ 250 g/l
氯離子	40 ～ 60 ppm	40 ～ 80 ppm
光澤劑	10 cc/l	15 cc/l

(b)　電鍍銅設備

　　　　電鍍銅的設備除少數的手動外，主要以垂直吊車式及水平垂直傳動式兩種大類來描述。

　　　　垂直吊車設備仍然是目前最普遍的設備，電路板被固定在電鍍掛架 (Rack) 上，藉吊車移動到各個指定處理槽及鍍槽做電鍍處理。典型垂直吊車電鍍設備，如圖 8.53 所示。電鍍以固定在槽內固定座為陰極，在兩側放置陽極各接上所屬電源。框架運送到鍍槽上，整流器就會接通電流電鍍到指定厚度。設備大小依據產能需求設計，一般為了電路板兩面鍍層能個別控制均勻，因此配電採取單面分離控制設計。

▲ 圖 8.53　典型的垂直吊車式電鍍設備

　　　陽極長度及配置必須依據電鍍範圍決定，一般稱電鍍範圍為電鍍窗 (Plating Window)，陽極配置一般在兩側及底部都會小於電鍍窗兩吋的距離。至於陽極籃上方浮出水面部分，因為必須填滿銅球而無法內縮，因此多數會做遮板 (Shielding) 設計，幫助電鍍電流重新分配改善電鍍均勻度。一般垂直設備採取空氣攪拌，藉管路孔密度調節使氣泡均勻產生在板面兩側。圖 8.54 所示，為典型空氣攪拌狀態。供氣系統必須有輔助清淨設施，否則會帶入污物污染槽液。

▲ 圖 8.54　鍍槽的空氣攪拌範例

　　對小孔徑電鍍須加強攪拌，同時做較大行程往復搖擺，這樣可以增加液體交換率強化電鍍功能。某些特殊設計，甚至藉噴嘴做強制對流來強化電鍍效果。至於水平或垂直傳動式設備，主要差異是運動機構採用連續傳動設計，導電方式則以可在運動中仍能保持導電的摩擦電鍍法。因為屬於連續作業，一片一片送入電路板，因此電鍍不作深槽設計，藥液較少且自動化較高，利於生產操作。但因為設備成本相對較貴，發展歷史相對也較短，因此在高密度產品需求下逐年成長。圖 8.55 所示，為典型的垂直傳動 (VCP) 設備。

▲ 圖 8.55 典型垂直傳動電鍍設備

(c)　電鍍掛架及電極配置

　　　電路板鍍銅是將板固定在可通電掛架上，做全平面電鍍。為了導通會採取螺絲固定、夾具、彈簧夾等設計，其中仍以螺絲固定導通穩定性最佳。在裝置電路板時為避免邊緣有電流過高現象，會採用犧牲板的方式夾上廢板做電鍍。框架上下方則會使用遮板 (shielding) 重新分配電流，得到均勻化鍍層。典型電鍍掛架及遮板設計，如圖 8.56 所示。

▲ 圖 8.56　典型的電鍍掛架及遮板設計

　　銅鍍陽極一般是由溶解性含磷銅球裝入鈦籃構成，通電後銅離子自然溶出，必須定期依耗用量補充銅球，陽極配置會影響到陰極鍍層分布。而目前也開始有不溶性陽極設計出現，其銅離子的來源主要是靠銅鹽補充。典型溶解型陽極及不溶性陽極，如圖 8.57 所示。

　　電鍍電流密度影響析出速率，電流分布則影響鍍層均勻性。由於電流尖端聚電特性，電流會集中在板邊或獨立線路區，因此會有遮板設計及限定操作電流規定。藉電鍍液配方、操作條件、添加劑等搭配及電流密度調節，僅能使鍍層均勻度改善卻無法期待完全均勻。

▲ 圖 8.57　典型的溶解型及不溶性陽極

(3) 槽液管理

　　不論是何種鍍槽，鍍液各種組成濃度、溫度、pH 值，都要依據指定方式設定操作，同時定期測定、調節、維護。化學銅槽由於會產生大量副反應衍生物，因此必須有一定溢流量並做溶液補充，操作一定期間後，就要更新槽液。化學銅設備一般都會設置預備槽，讓化學銅能在短期內更換操作槽體，因為化學銅會自我析出金屬銅，為免於槽液快速劣化，因此必須作調槽操作、硝槽、清潔保養，這些都屬於例行工作。

電鍍系統則需要設調整槽，作為濃度、pH 值調整等的緩衝槽。電鍍液在循環時會持續性過濾，以去除固態不純物。因為電鍍銅是長時間使用的溶液，難免混入外來異物，而常態添加劑分解物，也成為電鍍品質破壞者，必須定期做活性炭處理清除。對電鍍添加劑管理，常用管理檢測工具有 CVS(Cyclic Voltammetric Stripping)、哈林槽 (Halling Cell)、賀氏槽 (Hull Cell) 等。各藥水商對如何訂定標準，會提供一套恰當藥水管制做法，供使用者使用。

(4) 填孔電鍍 (Via Fill Plating)

　　對高密度增層電路板而言，常被要求盲孔加工能與焊接點直接結合。但如果盲孔填充狀況仍保留相當大空隙，則組裝焊接時容易產生氣泡甚至產生斷裂缺點，典型結構比較如圖 8.58 所示。為確保焊接確實，盲孔被要求以銅充填。這不但有利焊接，還可做堆疊孔結構設計。這種做法目前已有不少產品採用，包含調整添加劑抑制表面成長的做法，這種方式類似傳統裝飾電鍍的做法，這類添加劑目前供應商逐漸增加。

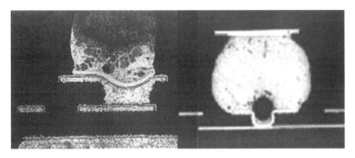

▲ 圖 8.58　典型的盲孔電鍍結構比較

　　脈衝反脈衝電鍍 (PRP-Pulse Reverse Plating)，也可以提高貫孔能力。脈衝電鍍是一種交流電式電鍍工法，電流以一定周期做正負轉換的電鍍，當電流反向時鍍層會轉而溶解使銅面平整化。但脈衝電鍍的添加劑是另一個不確定因素，些微變化都有可能影響電鍍效果。另外脈衝電鍍添加劑消耗量比一般直流添加劑大，因此如何穩定電鍍效果成為作業問題。使用脈衝電鍍填孔，已有實際報告發表及使用案例。由於反向電流會集中在凸出部分，間接阻礙了鍍層封口成長，而可以將孔內逐步充填不致包藏氣泡。藉由鍍液組成、電鍍條件、電流切換頻率控制，可以有效充填。

(6) 檢查

　　作業者會在電鍍後作基本外觀檢查，內容包括鍍層色澤、污染異物、凹陷或刮傷、短段路或缺口等，線上孔內觀測則可使用光學目鏡觀察。某種特殊光學目鏡，可以呈現九個影像八個面的孔內狀態，這種被業界稱為九稜鏡的工具，是線上檢查不錯的工具。

在板邊製作測試樣片 (Coupon) 是追蹤製程的好方法，經過同樣製程產出的試樣片，事後可以作爲評價製程狀態的依據。它可以呈現鍍層特性、導通狀態、剝離強度、電鍍效率、化學銅穩定度等。廠家可依據自己需要，實施定期與不定期監測作業。

8.7 外層線路製程

外層線路製作依電鍍次數而不同，分爲全板 (Panel) 電鍍法及線路 (Pattern) 電鍍法兩種製程。送入外層線路製作的電路板，會分爲化學銅處理後與全板電鍍處理後兩種電路板。此製程與內層製程相當類似，至於高密度增層板屬於序列式製作法，每增加一層都算外層線路製作。

外層線路製作法類似內層，但底片使用與是否要做線路電鍍有關。若爲不電鍍直接蝕刻者，則底片必須是作成能使光阻留下線路區的做法。之所以如此說，是因爲光阻有正負型之分。至於要電鍍的製程，則線路區必須顯影去除，作爲線路電鍍的基地。

外層線路製作流程爲：前處理、光阻塗裝、曝光、顯影、蝕刻或電鍍再蝕刻，最終形成外部線路。所謂全板電鍍製程，就是在化學銅導通通孔後，做整面電鍍，當鍍銅達到足夠厚度，直接線路蝕刻的做法。至於線路電鍍法，則是在化學銅導通孔後，做影像轉移在板面形成光阻圖形，線路區域露出的線形，之後做線路電鍍及蝕阻金屬電鍍。完成電鍍後，將電鍍用光阻剝去並做線路蝕刻，之後將蝕阻金屬剝除完成線路製作，這就是線路電鍍製作法。某些細線路產品使用無銅皮法製作線路，會先做樹脂表面粗化再做上化學銅，之後遵循線路電鍍製程規則製作。

蝕刻外層線路孔銅必須保護，保護方法有：帳棚式遮蔽 (Tenting)、油墨塡充 (Via Plugging) 或電著塗裝法在孔內附上保護膜等。目前多數業者以 Tenting 製作較多，但日本市場則有不少廠商使用所謂 ED(Electro Deposit) 光阻，對孔內作保護膜。由於此類做法，對全板電鍍製程製作細線有利因此被採用。

外層線路製程的前處理

電路板製作有許多前處理作業，主要目的都是爲了適應下個步驟所作準備。全板電鍍線路製作的前處理，大致上與內層線路製作相當，只是多數電路板在到達外層線路製程時，多已有相當總厚度，因此多數都可執行刷磨粗化。由於全板電鍍後，電路板未必即刻執行線路影像轉移，因此電鍍最後程序會作防氧化處理。所以確認板面清潔，去除防氧化層也是重點之一。雖然某些廠商僅經刷磨，就將電路板送往壓膜製程，但機械刷磨終究會產生應力，因此對較精細電路板，使用化學處理是較佳前處理選擇。化學處理使用的藥液、過硫酸鈉、硫酸雙氧水都是典型微蝕的藥品，目的在於清潔及粗化。

　　線路電鍍製程前處理，因為孔銅厚度僅約 2 μm 化學銅，為了怕孔破，蝕刻量控制要小心。某些廠商為了避免控制風險，先用全板電鍍將銅鍍到高於 7 μm 厚，再做線路電鍍影像處理。電鍍光阻形成後，放置時間不要太長且儲存環境要注意，否則電鍍時容易發生滲鍍問題。

　　多數前處理使用水平傳輸設備，前處理完成的電路板，會先在緩衝區靜置到水氣確實排除才做壓膜。這是因為外層線路製程前處理的板子通孔非常多，孔內水氣不易排除乾淨所致。一旦進入壓膜製程，工作已進入無塵室，所有作業板面都應保持最佳潔淨度。

外層線路使用的光阻

　　全板電鍍製作法使用的光阻，和內層線路製作相類似，只是外層線路製作比內層多了一些通孔，因此會使用較厚的乾膜，以免在壓膜及蝕刻時乾膜破裂失去保護功能。至於線路電鍍法，採用光阻的目的是作為鍍出銅線路的檔牆，且光阻必須能承受電鍍產生的各種化學藥液考驗，因此內層線路蝕刻用光阻未必適合用在外層線路電鍍。

　　較常用於外層的光阻型式有以下幾種，液態光阻簡稱 LPI(Liquid Photo-sensitive Ink)、電著光阻簡稱 ED(Electro Deposit Resist)、感光性乾膜簡稱 DF(Dry Film or Photo Sensitive Dry Film Resist)。

　　由於 ED 光阻可以在導通孔內直接形成保護層，所需厚度又薄，因此特別適合全板電鍍的作法，為考慮光阻剝離性，採用正型光阻為佳。液態光阻若使用於外層線路，由於塗布時會流入孔內，但卻不保證一定形成完整保護，因此用於全板電鍍法，事先塞孔是必要工作。乾膜因為可以橫跨在通孔上，只要對位沒有問題，通孔是被保護著的，因此不論使用全板或線路電鍍製法，乾膜都可適用，這也是何以乾膜製程是最普遍製程的原因。

外層線路光阻的製作

　　良好光阻是形成良好線路的基礎，空氣中的塵埃會造成電路板短斷路問題，因此無塵室操作環境是必要設施。即使有無塵室，仍會面對來自電路板、人員作動、機械作動等引起的塵埃干擾，因此潔淨環境要依賴潔淨設備、物料處理、人員管制等強化，才能將塵埃降至最低。

一般感光性乾膜有三層式結構，直接在無塵室內壓合機上壓合，先將覆蓋聚乙烯膜去除，用熱滾輪貼合乾膜，因此潔淨度是幾種方式中最好控制的。為使壓合排出空氣並均勻運作，電路板溫度、壓合速度、滾輪壓力、滾輪溫度、滾輪硬度等條件都應搭配。

ED 光阻的想法與汽車業電著塗裝觀念類似，只是使用材料是感光性的。他是用電鍍法做膠體電析出，設備與電鍍類似，但清潔度要求更高。電路板挾持完成後，做好前處理再放入電析 ED 光阻槽中，對電流、時間、溫度、濃度、溶液補充等管理都應注意。完成析出膜、水洗、乾燥，準備做曝光製程。

曝光

完成光阻塗布的電路板，可以藉 UV 曝光形成線路影像。線路影像的形成，目前多數仍以電路板與底片密接整體曝光為主。雖然有不少的文件討論正負片、正負膜、正負製程，但對要了解如何使用的人，更簡單的方法就是去問，何者是要留下來？何者要去除？見光後何者會留下來？所以要用何種底片？何種光阻？當熟悉之後，再來詳細瞭解所謂正負觀念會比較容易。

常見的手動曝光機是以雙面同時曝光，機械裝有兩套曝光框，設定條件後就做批次曝光。對位系統多數以人工、基準梢或輔助人工對位系統作業。自動曝光機則以固態攝影機，讀取底片及電路板的基準位置，自動做套位操作，經過系統比對偏差量進入允許範圍後曝光，操作方式以一次一面曝光。這些年因為面用底片的 DI 曝光系統逐漸普及，曝光模式又多了一種。圖 8.59 所示，為手動與自動曝光機範例。自動曝光機一般有較多參數設定，但設定完成後可以自動操作。

▲ 圖 8.59　手動與自動曝光機的範例

曝光機光源分為點光源及平行光源兩類，要製作微細圖案時用平行光源有較佳效果。曝光能量及時間設定，要採用曝光量測定做定期校正管理，其操作及保養觀念與內層曝光機類似，不同的是外層線路採取一次一面曝光作業模式，多數電路板板厚度也比較厚，因此必須注意輔助排氣設施。圖 8.60 所示，爲一般外層曝光時，排氣條配置應注意的事項。排氣條厚度大致和電路板相同，就不會使眞空作業影響底片貼附性。

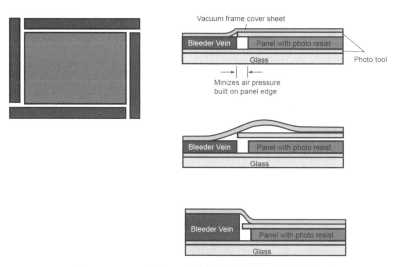

▲ 圖 8.60　一般外層曝光時排氣條配置應注意事項

顯影

　　曝光所生成的影像，必須經過顯影才能呈現出來，負型光阻爲見光聚合光阻，而正型光阻則是見光分解光阻。顯影是去除光阻溶解性較高的區域，因此負型光阻見光區與正型光阻非見光區都會在顯影後留下來。

　　由於環保考量有機溶劑顯影已不多見，現在多數仍在使用的顯影系統，是以碳酸鹽水溶液爲主，尤其是碳酸鈉系統。雖然鹼性顯影光阻的耐鹼性弱，但因爲電鍍銅鍍液爲硫酸銅液，因此沒有使用的問題。顯影設備是水平傳動式裝置，以噴灑顯影，作業方式和內層線路做法相當。顯影時間、顯影液濃度、操作溫度、噴壓等，都須依據光阻特性作調整。之後做適當水洗及烘乾，就可以接著做線路電鍍。當然如果是用全板電鍍製程法，則會在顯影後直接蝕刻線路、去膜、水洗、烘乾，和內層線路製作程序相同。

外層線路蝕刻

　　若電路板採行全板電鍍製程，所採行的蝕刻模式與內層線路無異，不同的是要蝕除的銅厚度較高。另外經過全板電鍍的銅均勻性也會有影響，因此如何保持良好蝕刻成果，前面的電鍍均勻性是必須注意的課題。若電路板採用線路電鍍製程製作，則電路板經過線路電鍍後，要將電鍍光阻剝除，並以金屬蝕刻阻膜做爲蝕刻阻絕層做蝕刻。

由於蝕刻阻膜 (Etch Resist) 本身就是金屬，因此蝕刻液必須有選擇性蝕刻特性。在外層線路蝕刻液，採用的是鹼性蝕刻系統，雖然對金屬蝕刻阻膜仍有小量傷害，但與蝕銅速度相比微乎其微，因此用於線路電鍍製程。雖然外層線路蝕刻狀態與內層線路做法略有不同，但操作及控制做法相當類似。

蝕阻膜剝除

電路板蝕刻後線路已然成形，蝕刻阻膜成為不必要的廢物必須去除。剝除是以高壓藥液噴灑，對全板電鍍屬於連續製程，線路電鍍板在銅蝕刻後，就做剝錫或錫鉛。蝕阻剝除後，要做充分水洗、熱水洗、乾燥，由於電路板在此會作較多檢查，因此收集、存放、分隔的各種器材及用品都應保持乾燥、潔淨，以免造成檢驗困擾及品質問題。

外層線路檢查

外層線路製作完畢的電路板，會採取全數檢查。由於電路板到此已用掉不少物料與人力，其價值已相當高，必須再次做品質確認並作適度修補重工，再進入後面的止焊漆塗布。此處仍以外觀檢查為主，除目視檢查外，如內層線路一樣會引用工具及自動檢查系統做檢查。主要的外觀檢查的項目如後：

(1) 線路方面：

短斷路、線細、刮撞傷、曝偏、間距不足、殘銅、污染、孔內缺點、線路缺口等。

(2) 基材方面：

基材破損、異物混入、污染、織紋顯露、粉紅圈等。

8.8　止焊漆 (Solder Resist) 塗裝

製作止焊漆主要目的，是為了將組裝區與非組裝區分隔，同時達到阻絕焊料保護銅面的目的。止焊漆有熱硬化型及感光型，熱硬化型可用於精度較寬的電路板製作，但較精細線路製作則應使用感光型。圖 8.61 所示，為熱硬化型與感光型差異比較。熱硬化型止焊漆會以網版印刷塗布，再做熱烘烤聚合硬化。感光型樹脂則採取各種不同塗布法全面塗布，經過去除溶劑半硬化過程，接著做曝光顯影。顯影過後的電路板，再經過後烘烤聚合，即完成製程。

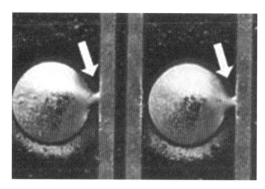

▲ 圖 8.61　熱硬化型與感光型止焊漆差異比較

　　止焊漆是為區分組裝區與非組裝區而設，隨著 QFP、BGA、CSP 等較高密度元件大量使用，焊接用銅墊間距愈來愈小，止焊漆解析度自然要求愈來愈高，窄幅高強度止焊漆產品成為必須品。止焊漆具有阻絕焊錫功能，在接腳元件、BGA 錫球焊接時，組裝廠會希望塗布高度高於銅墊高度。但高度過大焊錫不易流入，容易造成氣袋 (Air Bag) 現象的焊接不良。對無接腳元件，塗布厚度以低於銅墊為佳。

止焊漆材料種類及其特性

　　止焊漆有乾膜及液態油墨兩類，多數都以負型光阻模式製作，乾膜止焊漆則必定為感光性型式，以影像轉移成像形成圖案。液態油墨有熱硬化、UV 硬化及感光型三類，熱硬化、UV 硬化型油墨，會以網印法直接印出組裝區與非組裝區。液態感光油墨止焊漆，是在整片板面以網版、帷幕塗布、噴塗法等做塗裝。乾膜形式材料，為了填充線路的凹凸高低差，會使用真空壓膜機作業。

　　止焊漆顯影液，分有機溶劑型及水溶液型兩類，由於環保因素目前多數都已採用水溶液型。由於材料供應商眾多，產品特性及用途也並不相同，因此廠商必須依據需求選擇適用產品。至於高密度增層板，其止焊漆除了特殊用途需求，止焊漆的一般性需求特性沒有太大差異。

(1) 乾膜型止焊漆

　　乾膜止焊漆樹脂，是經過調整聚合度、感光單體，並加入硬化起始劑、安定劑等複合而成的樹脂，經過塗裝機將樹脂塗裝在聚酯膜上，經過適當的乾燥除溶劑，貼上聚乙烯膜，成為三明治的型式。圖 8.62 所示為乾膜型止焊漆產品範例。電路板用止焊漆所需物性，如：耐熱性、耐焊錫性、耐候性、絕緣性、耐化學性、硬度等都是典型項目。至於作業性方面，則有壓膜流變性、顯影性、解析度等特性，這些都必須滿足使用者需求。

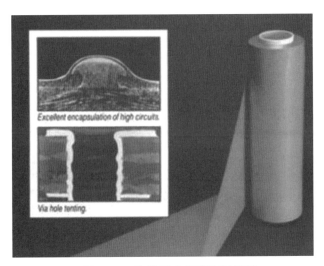

▲ 圖 8.62　乾膜型止焊漆產品範例

　　止焊漆膜壓合，因電路板塗布止焊漆時，表面有線路並不平整，需要用眞空壓合機作業。爲了要做出表面平坦，又有完整填充厚度足夠的保護層，樹脂層厚度必須足夠才行。由於乾膜流動性較差，爲了能提高貼附性，也有採用事先填充液態樹脂再做乾膜壓合的材料設計。

(2) 液態油墨止焊漆

(a) 感光性止焊漆

　　　　這是目前使用最廣的止焊漆型式，爲丙烯基、環氧樹脂系統樹脂產品，由樹脂單體、感光起始劑、安定劑、硬化劑、骨膠、無機填充料等多種材料構成。爲了油墨作業性及塗裝性，油墨商會調節油墨黏度及流變性等。在物性方面與乾膜止焊漆相同，作業性方面則有：成膜性、印刷性、塗裝性、顯影性、解析度等要考慮。

　　　　油墨止焊漆需將電路板表面的凹凸填滿，若有電鍍通孔則須完全顯影清除或完全填充，半填充狀態容易發生殘錫、殘酸、污染等問題。這些問題不但會有組裝跳錫短路疑慮，若水洗不全殘酸，可能會使孔銅發生腐蝕斷線危險。高密度增層板有許多盲孔，除非需要測試或直接在上方焊接元件，否則塗布止焊漆應儘量填滿。這方面的需求，在電鍍填孔能力提升後逐漸消失。

(3) 熱硬化、UV 硬化型止焊漆

　　這類樹脂油墨以環氧樹脂爲主體，有熱硬化及 UV 硬化型產品。以網版印刷形成圖案，印刷後以熱烘烤或 UV 光硬化。UV 硬化型油墨由於操作快速，適用於線路較粗、連續生產電路板。

止焊漆塗裝製程

　　為增強止焊漆與線路密著性，塗布製程前處理十分重要。止焊漆雖有乾膜型及液態油墨兩類，但前處理採用類似的粗化方式，不論使用刷磨或化學腐蝕程序，控制表面粗度及清潔度是主要訴求。液態油墨的塗裝方法有多種，經塗布後再作 UV 曝光、顯影，組裝區呈現，即完成止焊漆圖案製作，這與外層線路電鍍的光阻製程幾乎完全相同。之後經由 UV 或烘烤聚合硬化，整個製作程序就算完成。

(1) 製程前處理

　　有機樹脂接著在銅面上，須有適當粗度才有結合力，因此充分做脫脂、刷磨、酸洗是必要工作。與內外層線路製作相同，使用刷磨機將金屬面粗化獲得新鮮銅面，其後經過酸洗、水洗將板面處理潔淨。一般純機械處理的銅面均勻度並不理想，尤其是線路產生後，若再用刷磨粗化，容易產生損傷線路問題，因此化學處理就成為較佳選擇。圖 8.63 所示為各種粗化處理的結果比較。

　　粗化、充分水洗後應將電路板迅速乾燥，否則容易產生水紋問題。乾燥後電路板送入無塵室，做壓膜或至印刷房做印刷等塗布工作。

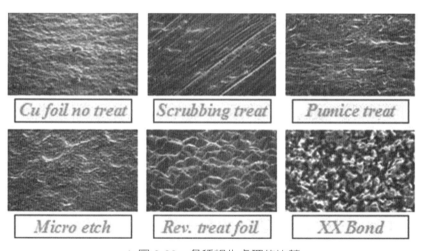

▲ 圖 8.63　各種粗化處理的比較

(2) 乾膜式壓合止焊漆

　　乾膜止焊漆流動性差，為了充填到線路死角，必須採用真空壓膜法。作業者將潔淨的電路板，經預熱通過壓膜機，在雙面形成止焊漆膜。若為滾輪式壓膜機，其設定溫度、真空度、板速、滾輪壓力等，都會因膜厚、板厚、板尺寸等變動而必須調整。若為平台式真空壓膜機，則參數又不相同。圖 8.64 所示為平台式及滾輪式真空壓膜機範例。一般若為壓膜式止焊漆，作業會在無塵室中。

▲ 圖 8.64　平台式及滾輪式真空壓膜機

　　乾膜的保護膜容易產生靜電，因而招來塵埃黏附。一般會用黏性滾輪清潔或用離子風除塵，壓膜後至曝光作業間，為了樹脂降溫穩定並獲得良好接著力，靜置 (Hold Time) 是必要程序但不要過久，這些與線路製作並無二致。

(3) 液態油墨塗裝的方法

　　典型液態油墨塗布法，如圖 8.65 所示。網印法簡單而經濟，但要做出均勻適當厚度，可能需要兩次以上印刷。多數通孔電路板，由於擔心油墨進入通孔不易處理，因此會做擋墨印刷，以防止油墨進入孔內，若使用空網印刷則製板比較簡單。

▲ 圖 8.65　典型液態油墨塗裝

　　噴塗法是以無空氣施加靜電方式做油墨霧化，但由於材料利用率不高因此以往使用者不多，但因為設備技術改進加上塗裝均勻度需要，又重新被部分產品使用。簾幕式塗布法雖然可以快速均勻地塗布，但因油墨必須採低黏度操作，因此物理性質較不容易做到高抗化性品質，大量生產廠商有不少使用此類設備。

　　其實液態油墨止焊漆，最期待的是能一次完成雙面塗布。因為單面塗布後必須先行預烘，之後再做第二面油墨塗布。這樣不但耗工耗時，且兩次烘烤容易造成烘烤不足或烘烤過度，造成製程問題。又由於操作時間長作業動作多，清潔度問題也值得關注，因此雙面一次塗裝是業界的理想。目前雙面塗裝方式，有滾輪式塗布機及雙面印刷機兩種。滾輪塗布機因為會將油墨壓入通孔，當預烘時又會垂流而必須分多次塗裝。至於雙面印刷則有自動化設備販售，且有部分廠商使用。

(4) 曝光、顯影、後烘烤硬化處理

經過止焊漆膜塗裝的電路板，與底片對位套接後以 UV 曝光機曝光。除曝光能量略高外，其曝光及顯影作業與線路製作類似。乾燥好的電路板，用 UV 光照射再次將未完全反應的光化學物質反應完成，其後以熱烘烤做硬化聚合，經此過程止焊漆特性即可呈現。目前高階應用的止焊漆，為了對位問題，也開始採用昂貴的 DI 曝光系統，這方面的議題會在影像轉移專書中討論。

8.9　電路板後加工製程

電路板多數以工作尺寸製作到止焊漆完畢，之後會做金屬表面處理、外形加工等後加工程序，以配合組裝所需規格，這些都是電路板後加工製程涵蓋的範圍。

後加工流程

為使電路板後續組裝順利，分片、外形加工等尺寸切割處理是必要工作，而為了獲得好組裝連結，會對接點表面作出適當金屬處理。因多數電路板廠都有廣大客群，隨各家需求不同，後加工程序也可能不同。圖 8.66 所示，為後加工流程範例。完成止焊漆的電路板，會做接點或端子的金屬表面處理，其後依據組裝需求將工作尺寸電路板切成合適的大小與形狀，在經過清洗或排在較後段的金屬處理、檢驗、包裝出貨。

▲ 圖 8.66　後加工流程

金屬表面處理

金屬接點及端子的金屬表面處理，主要是為了裝載、連接各種電子元件而作。常見的電路板金屬表面處理如表 8.5 所示。

▼ 表 8.5　常見的電路板金屬表面處理

元件的連接	
● 噴錫 (HASL)	● 用於焊接
● 浸金 (Immersion Gold)	● 用於焊接即打鋁線
● 浸銀 (Immersion Silver)	● 用於焊接
● 浸錫 (Immersion Tin)	● 用於焊接
● 有機保護膜 (OSP)	● 用於焊接
● 鍍鎳 / 金 (Nickel/Gold Plating)	● 用於打金線
插接處理	
● 端子用鍍鎳 / 硬質金 (電鍍)	● 用於金手指電鍍

過去普遍使用的焊錫是 63/37 共融錫鉛，但無鉛政策推行後，各種替代方案紛紛出籠。無鉛焊錫方案有 Sn-Ag、Sn-Ag-Cu、Sn-Ag-Bi、Sn-Cu 等，種類雖多但因都為錫膏，組裝方面似乎物料不是問題。但在電路板金屬表面處理，就無法找出全面相容的產品。

(1) 噴錫 (HASL-Hot Air Solder Leveling)

電路板完成止焊漆塗布後，必須將暴露於空氣中的銅面保護起來，在銅面附著一層焊錫就是一種方法。由於無鉛焊錫，熔點幾乎都在 200℃ 或者以上，若熔成一爐融熔錫，確實可以直接用浸泡方式，像過去一樣利用噴錫處理。不過因為元件接點密度一再提高，利用這種高溫處理也會增加電路板材料的負擔，因此逐漸看不到這類表面處理大量使用。

(2) 有機保焊膜 (OSP)

在止焊漆未覆蓋的銅面，覆蓋耐熱性的有機保焊膜，是另一種金屬表面處理方式，有業者稱此為預助焊劑，因為緊接著是焊接元件。由於新鮮銅面才有可焊錫性 (Solderability)，如果能以有機層保有新鮮銅面，就可以讓後續焊錫性維持。其實並非所有有機保焊膜都有助焊性，除了少數松香系列保護膜外，多數保焊膜只有防止氧化功能。因此在接下來的焊接，保護膜必須與助焊劑有相容性。如果使用有機保焊膜，其焊接使用的助焊劑活性需要略強，較強助焊劑可以使有機膜在熱環境下分解，並使錫與銅底材直接連接。現行組裝常有超過一次以上的重融，因此有機膜必須通過一定耐熱考驗才能勝任。

(3) 選擇性焊錫電鍍

在以線路電鍍法製作線路時，可以將焊錫直接電鍍在線路區作爲蝕刻阻絕層，蝕刻後先將光阻膜剝離，再作第二次光阻膜選別，將要保留的焊錫區遮蓋後，以剝錫液將未覆蓋區去除，保留需要焊錫的區域作爲焊接用。此種作法必須在線路電鍍時執行，若線路已形成，則失去了導線就無法執行。過去多數焊錫電鍍採用的是錫、鉛的氟硼酸鹽電鍍系統，部份使用者採用有機酸電鍍系統，電鍍出焊錫組成約爲錫鉛比 60/40。有廠商推出錫銀電鍍系統，不過這類材料目前僅用在高階的半導體與凸塊製作，比較沒有聽到用在這種方式的表面處理。因此，這些陳述僅能當作技術觀念的參考，想要利用就必須找出自己的方法。

(4) 鎳 / 金電鍍

在多層板及高密度增層板，某些應用會有裸晶組裝、元件組裝混用現象。近來由於有機構裝板逐步成長，BGA、PGA、CSP 等載板會有打金屬線 (Wire Bonding) 需求，這些需要做 bonding 的電路板，必須做局部鍍鎳金處理。常見鍍層厚度約爲鎳 $1 \sim 5$ μm、金 $0.05 \sim 0.75$ μm，氨基磺酸鎳鍍液因爲鍍層應力少，被大量用在這類應用。

一般用於鍍金手指的鍍金系統，並不適用於打線鍍金，有額外金屬添加劑的鍍液系統都會使鍍層變硬。硬質金在連接器應用有良好耐磨性，軟質金與純金相近，較適合用於打線。由於是用電鍍析出，因此電鍍區必須與電極有接線，這些接線在電鍍後會被切斷。由於殘線在電路板內具有天線效應，部分廠商在電鍍前用光阻將連線阻絕，電鍍後將光阻剝除並將接腳蝕除，因而有所謂回蝕 (Etch Back) 製程，這與早期美國軍方所談的除膠渣 Etch Back 不是同一件事。

製作化學鎳 / 金時並不需要使用電流，所以無須線路連通，因對製作彈性大幅提昇而受到重視。多數廠商做化學鎳製程時，是以次磷酸鹽爲還原劑，觸媒與化學銅系統類似，都是用鈀膠體。由於採用磷酸鹽系統還原劑，析出鎳會有磷共析，而磷含量會影響鍍層物性，因此共析量必須加以控制。化學金析出，分爲置換金及還原金系統兩種，現在使用的一般規格能力，置換金能製作的金厚度約爲 $0.05 \sim 0.1$ μm 或此數值以下的薄鍍層，厚鍍層應用仍以還原金較適合，部分應用達到 0.5 μm。

置換型反應，進行金置換時因與鎳面有離子交換，所以會生成針孔，但還原金是用觸媒析出較無此現象。化學鍍金溶液多爲氰基系統，由於此物質會傷害止焊漆機層，某些廠商建議使用亞硫酸金系統。對於構裝載板打金線組裝的應用，會要求高純度且較厚的金鍍層，至於以焊接爲主或打鋁線產品應用，則會要求較低鍍金厚度。

機械加工

電路板為符合最終組裝需求，必須成型及機械加工外觀，而電路板加工自由度高，可以適應多種需求。為了組裝效率，組裝作業會以多單元電路板整合在一起先行組裝。在元件組裝測試後，再做分割單片。為了後續分割容易，電路板常製作折斷 V 形槽、折斷孔結構，使組裝後處理容易。對產品外觀要求較嚴的產品，切割會採用銑床 (Router) 做外框加工，對較不嚴格的產品，也有使用沖床加工模式。

此階段同時會製作組裝工具孔，部分過大電鍍通孔，也可在此做所謂二次孔加工。至於介面卡產品，由於時常插拔，因此為使操作順利會做倒角修整。雷射切割技術進步，目前也有部分產品開始使用雷射切割的方式成形。圖 8.67 所示為修整倒角的加工設備 (Trimmer)。完成整體機械加工後，電路板面會有不少粉屑必須去除，因此必須做最終清洗，去除切削粉或加工污物，乾燥後經過出貨檢查即為成品。

▲ 圖 8.67　倒角加工設備 -Trimmer

8.10 ⋮ 對位工具系統

多層電路板製造、檢查及元件組裝，都必須使用基準點觀念。但基準對位是跨製程觀念，必須整體連貫不能只看單一製程。通孔產品的整體銅墊相關線路圖形都必須搭配良好，不能產生過大偏移，但對某些製程只需層間搭配即可。如：通孔鑽孔，所有內層線路只要在壓板製程產生層間或全板漲縮偏移，就有鑽偏鑽破的問題。但如果只是盲孔層而沒有通孔，則層間搭配良好就沒問題，跨層間偏移可以有較大寬容度。一般線路底片設計都會在邊緣加入對位工具系統，不論是用對位記號或基準孔。圖 8.68 所示為對位系統範例。

　　每家廠商都會針對自身產品需要，訂出不同輔助製造對位系統。內層製造若為非自動曝光系統，在一開始就會有加工基準孔設計，主要目的是在方便底片套對及曝光操作。若為自動曝光型廠商，先行作孔的必要性就不高。

　　內層板完成後線路會留下相對對位銅墊，除四層板製作外多層板的製作商都會使用沖孔機讀取內層板的對位銅墊，沖出壓板堆疊時所需的鉚合孔。壓合時就利用鉚合孔將所需內層板以鉚釘套合，加上必要的膠片及銅皮堆疊壓合。壓合完成後因為表面已無明顯座標可資參考，因此必須用 X 光量測設備，重新鑽出機械鑽孔用的基準孔。

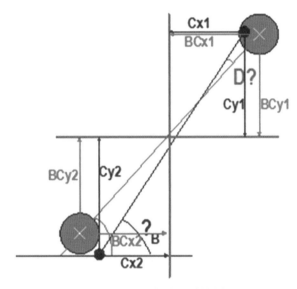

▲ 圖 8.68　對位系統範例

　　機械鑽孔時為了避免累積誤差，鑽孔機會在電路板表面再次產生一組新外層線路對位孔。外層線路製作時又會遵循鑽孔作出的對位孔，將外層線路呈現出來，此時線路是追隨鑽孔而動。但為了避免再次累積誤差，外層線路又會在線路上留下止焊漆對位銅墊供止焊漆使用。

　　由於樹脂多層電路板，在加熱、聚合、烘烤、乾燥等過程，都會有尺寸變化，因此對位基準也會有改變。為了要提高內外層、通孔對位精度，就必須掌握材料漲縮變化。由於成品必須與設計者尺寸搭配，因此製程設計時必須將尺寸變化列入計算，事先加入補償係數才能確實控制尺寸。至於使用何種對位系統較佳，必須要看使用者產品結構及選用製程而定，很難提出萬用準則。

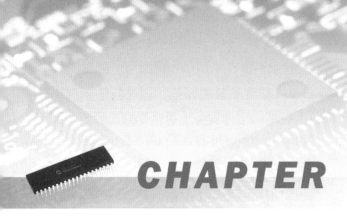

CHAPTER 9

軟性電路板一般特性

9.1 軟性電路板概述

　　軟性電路板是由柔性介電材料支撐的一種線路板，這是最簡單的產品定義。但他並非只是在提供撓曲功能的電纜 (Cable)，實質應用除了撓曲特性外，過去在許多連續性動態 (Dynamic) 彎折產品應用，也是以採用軟性電路板為主，這方面在可攜式電子產品應用尤其廣泛。諸如：磁碟機、光碟機、筆電、手機、數位攝影機、數位相機、印表機等，為因應其動態連結特性，大量採用軟性電路板作素材。這種應用，軟板必須能承受數億次以上動態撓曲，才能勝任此類產品需求。圖 9.1 是用於硬式磁碟機讀寫頭。必須承受的動態運動次數有時可能高達數十億次以上。

▲ 圖 9.1　硬碟機讀寫頭

業界目前多數以 FPC(Flexible Printed Circuitry) 稱呼軟性電路板，這比較能表現出軟板實際特性。因為電子產品多樣化設計，不但電氣連結十分重要，更重要的是因應多樣化立體設計所必須提供的組裝便利性，這方面軟板所能提供的彈性無可取代。其中尤其是對一些獨立設計單元，如果有軟板協助就可以輕易分離設計並相互搭配達成互連與組裝。實際產品製作組裝前，為了方便性及安定性，軟板應用反而會局部貼附一些背板 (Backer) 或加襯料 (Stiffener)，以強化軟板整體特性及操作性。在少數高電功率應用，也會有類似硬式電路板一樣增加金屬散熱片的設計。

輕薄材料，在經過熱循環處理後，因為材料輕薄而容易釋放應力，因此在多數直接連結的所謂「無引腳」構裝元件，很少聽到有因為疲勞試驗而斷裂的問題。這類特性在要求高密度構裝的趨勢下，不但可以讓晶片直接安裝可行性提高，同時由於立體 3-D 構裝設計需求增加，軟板這方面的表現備受矚目。

9.2 軟性電路板的特性要素

介電質層薄膜材料

軟性電路板結構中，以其軟性介電材料最特別，不論在電性、機械強度等，軟性電路板材料的特性表現都相當優異。一般常用的軟板薄膜都很薄，最具代表性的聚亞醯胺樹脂 (Polyimide) 厚度選擇，較容易取得的厚度可從 7.5 μm 到 125 μm。一些較低單價的聚酯樹脂 (Polyester) 膜，某些製作厚度可高達 10 mils 或以上。

聚酯樹脂膜 (俗稱：Mylar，是杜邦公司商品名) 是一支低價位材料，可以支援大量生產，全球有超過 20 家以上成熟材料供應商，它是目前全球軟板材料中較低價選項，目前電路板製作使用的大宗材料乾膜，以他為承載覆蓋材料。聚酯樹脂膜除了高溫安定性外，其他軟板需求特性大致良好，主要用於不需要焊接或少量焊接類產品應用。

聚亞醯胺樹脂是一種高性能樹脂材料，大家熟知的物料外觀是棕色半透明膠膜，應用在需要高溫焊接應用領域。多數軍方用途軟板，都會指名使用這類材料。由於樹脂耐溫表現佳，使得焊接工作非常容易做，是目前一般高階軟板主要使用材料。

導體材料

軟板金屬導體材料仍然以銅為主體，各種不同銅皮用於軟板基材製作，銅皮以所謂電鍍銅皮 (ED-Electro Deposit) 及輾壓銅皮 (RA-Rolled Annealed) 為主。銅皮規格非常多樣化，隨應用不同而有不同的需求。

　　由於輾壓回火銅皮可以承受較長時間連續撓曲，因此在動態類軟板產品中被指定使用，這類產品必須能夠承受超過數億次撓曲操作。許多非動態應用產品，因為需要較高延展性，也要求使用輾壓銅皮。但因為高延展性電鍍銅皮的發展，使輾壓銅皮在軟板市場獨占性受到挑戰，同時由於電鍍銅皮薄銅製作能力強，因此這些領域有逐漸重要的趨勢。

　　輾壓銅皮由於製作成本高製作幅寬不易加大，同時在與樹脂材料接合時，必須作特殊結合力強化處理，因此使用上較麻煩。電鍍銅皮因為性能限制，主要用於單次撓曲組裝應用，其他應用較受限制。但因為單價低又取得容易，加上近年來在晶粒控制及回火處理的技術改善後，使用範圍逐漸加大。圖 9.2 所示為輾壓銅皮的範例。

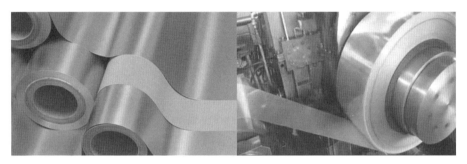

▲ 圖 9.2　輾壓銅皮用於軟板應用

膠合材料

　　目前軟板基材分為有膠與無膠製作法，雖然無膠軟板材料市場快速擴大，但有膠類材料仍有一定市場。因為柔軟性需求，膠合材料對於保持柔軟性要求特別嚴格，這代表著用於一般硬式電路板的膠系很難用於軟性電路板膠合。一般環氧樹脂配方過脆，壓克力樹脂安定性並不理想，因此業界不斷在低熱膨脹、高安定性並柔軟的膠合材料努力。

　　高溫聚亞醯胺樹脂膠合材料，由於其低熱膨脹及安定性良好，逐漸普及於軟板膠合材料市場，而大多數膠合劑則是用多種不同高分子材料混合而成。聚酯樹脂與環氧樹脂混合形樹脂，則是目前功能表現不錯又廉價的材料選擇，因為環氧樹脂提供了熱穩定性及抗化學性，而聚酯樹脂則提供了柔軟度。

電鍍及金屬表面處理

　　為了保有組裝特性，電路板金屬表面必須作抗氧化及可焊接或組裝金屬表面處理。電路板業用的金屬表面處理選擇性多，但主要考量仍然以 SMT 組裝為重，因為目前這類元件所佔比例最高。有機氮類化合物可以與銅金屬表面產生化合物，藉以保護銅面焊錫性，這些化合物在一般常溫下十分穩定，但在高溫焊接時會分解露出清潔銅面。Benzotriazole 及 Imidazole 是一般化學處理配方基礎，也就是我們在業界所稱的有機保焊膜配方。

　　某些特殊應用必須採用電鍍金屬或塗裝金屬處理銅面，錫鉛是一般金屬表面塗裝最常用的方式，而成為業界主要金屬處理選項，但由於環保因素走向無鉛，必須以不同金屬組成替代。一般如果使用聚酯樹脂材料軟板，幾乎都採用電鍍焊錫法來作焊接金屬表面處理。因為焊錫與組裝用焊料屬同系統材料，因此可以降低焊接互融時間，有利於縮短聚酯樹脂對熱敏感的風險。

　　軟板上錫法多元，較一般的作法是以錫膏重融處理，當然也可以用電鍍焊錫法處理。電鍍可以提供最佳平整度及厚度控制，是不錯的金屬表面處理方式，又因為成熟度高同時提供良好耐久焊錫層，因此即使有局部污染也不太會影響整體焊接性。

　　電鍍焊錫做法也用於軟板端面連結應用，像一般電子產品的排線應用就是典型做法。某些鍵盤製作，也會採用先鍍焊錫後再印碳墨的方式來保持接觸導通完整。在軟板與多種不同電子產品接觸面處理，焊錫電鍍也有不同的應用，因此焊錫電鍍技術是軟板製作頗為重要的技術之一。

　　至於薄金表面處理，主要以低電阻高信賴度應用為對象。金是一種安定金屬，對多數化學品及環境反應性都非常低，因此非常適合用於金屬表面保護。但金是貴金屬單價高，基於成本考慮會採取最低厚度標準。

　　製作電路板無論是軟或硬板，選擇性製作都是技術重點，而暫時性做遮蔽則是最常用手法。選用金屬處理愈多，遮蔽與去除次數就愈多，但先後順序及作業方法必須注意，這時常會影響產品良率及生產操作性。

覆蓋層與綠漆塗裝

　　多數軟板設計都需要在線路外部建立保護性絕緣層，功能是為了保護作出的線路，同時界定出組裝及焊接區。軟板有兩種覆蓋層製作法，其一是使用附膠合材料覆蓋膜 (Cover Layer)，它的底材近似於軟板材料，並事先將需要的形狀切割出來，之後做對位貼合。另外一種則是所謂保護層塗裝或者是綠漆塗裝，要如何使用則取決於產品設計及需求。

　　多數用於動態撓曲的軟板必定以覆蓋膜製作，這種結構不但可以更耐久，並能承受高溫及較惡劣使用環境。使用這種夾心結構，是為了能保持結構均勻對稱，一般對覆蓋膜材料的厚度要求，都會與基材厚度相同。至於以印刷法製作保護層，主要用於一些撓曲性能要求單純的應用。但這類做法可能受限於材料特性考量，不能使用於特定應用。

　　由於表面貼裝高密度化，元件組裝位置精度要求隨之提昇，這種要求驅使影像轉移式覆蓋膜需求提高。不論是感光型油墨或感光乾膜型覆蓋膜，經過曝光顯影過程，都可以提供較佳解析度及對位能力，雖然硬板使用這類技術多年，但軟板採用這類技術速度較慢。

這當然也是因為以往硬性要求貼膜方式與精度不需要很高使然，這使得整體影像轉移式覆蓋膜技術引用延遲。

9.3　軟板的結構形式

一般軟性電路板的產品型式，整理如圖 9.3 所示

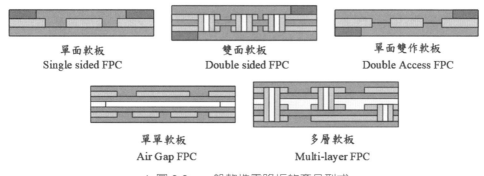

單面軟板　　　　　　雙面軟板　　　　　　單面雙作軟板
Single sided FPC　　Double sided FPC　　Double Access FPC

單單軟板　　　　　　　多層軟板
Air Gap FPC　　　　　Multi-layer FPC

▲ 圖 9.3　一般軟性電路板的產品型式

單面軟板

單面軟板結構有單層載體基材加上導體層，商用與軍事用途都有。因為結構單純，單價較低製程也較簡單。面銅使用電鍍銅或輾壓銅皮，選擇依據應用領域不同而定。直接使用銅皮塗膠製作的基材，是所謂有膠基材，部分規格較嚴產品則以無膠基材製作軟板。

動態撓曲軟板幾乎都是用單面軟板結構製作，即使多層或複雜設計形式，但動態撓曲區必定採用單層設計。這樣設計的原因是，銅導體可以包覆在軟板幾何中心，在撓曲過程可以承受最低應力，並保持最長使用壽命。因此如：印表機軟板、磁碟機驅動機構等產品，都是以單面軟板設計製作。但因為其局部區域仍然需要高密度線路設計，因此這類動態撓曲軟板會採用 2 ～ 3 mil 線路製作。這種軟板使用輾壓式銅皮製作，使用壽命可以高達數億次撓曲仍能存活。圖 9.4 所示，為單面軟板範例。

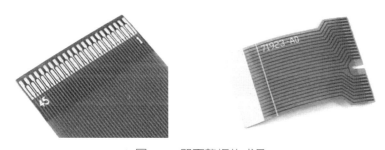

▲ 圖 9.4　單面軟板的成品

可雙面連結 (Double access) 的單面板

許多軟板應用，其實只要將電路設計在單面，就可以符合線路密度設計需求。但爲了一些組裝問題，而必須在雙面都留下組裝接點區域。這種問題解決方案，最簡單的辦法就是在軟板基材必要區域開出窗口或長條空槽 (Slot)，這樣就可以達成雙面連結但用單面線路製作的目標。

軟板的製作方法，這種結構一般採用在軟板基材上塗附膠合樹脂，之後做沖壓去除空區的程序，再做銅皮疊合壓合。這種做法由於需要結合的部分，兩面都有銅皮曝露出來，因此組裝上不成問題。但因爲後續要製作線路，這些無支撐的區域失去了基材支持，無法做濕製程線路蝕刻，因此必須要增加一道保護膠保護，再製作線路。圖 9.5 所示爲可雙面連結的單面板範例。

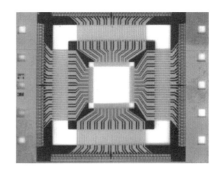

▲ 圖 9.5　可雙面連結的單面板成品

雙面軟板

當單面板無法擔負起連結密度時，增加導電層設計就屬必要。高分子厚膜技術當然也可以用於此類產品，只是印刷程序必須分面製作。雙面線路設計會充分利用各單面繞線面積，經由選擇性互連滿足更複雜的連結需求。而許多不同雙面間連結作法，都可以達成面與面間的連通。圖 9.6 所示，爲雙面軟板的範例。

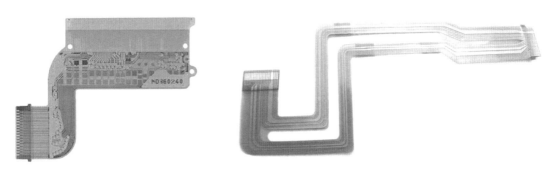

▲ 圖 9.6　雙面軟板的成品

單加單 (Air Gap) 結構

　　某些特殊應用，會期待保留良好撓曲性，同時針對特定組裝需要製作單一層次線路，此時可能會採用單加單結構製作軟板。圖 9.7 所示，為單加單軟板的範例。

▲ 圖 9.7　單加單軟板的成品

多層軟板及軟硬板

　　軟板多層化是一個較差的設計選擇，因為柔軟度會降低。多數多層軟板都是用 PI 材料製作，這種製作結構必須使用低熱膨脹材料。這類產品於 1980 年代在美日歐等國出現，由於近年來高密度線路設計需求，使用量增加，高密度磁碟機、薄型手機及電腦類產品有使用這類產品。

　　對同時需要硬板及軟板設計結構的產品，可以用所謂軟硬板 (Rigid Flex) 結構技術，它混合軟硬板於一體並排除端子連結，直接以軟板將多段不同硬板連結在一起。這類應用以往是以軍事用途較普遍，但現在許多電子產品壓縮組裝空間，以軟板加端子製作法已經捉襟見肘，因此這類軟硬板技術就被用在這些特別需要輕薄短小的產品上。圖 9.8 所示，為多層軟板及軟硬板範例。

▲ 圖 9.8　多層軟板及軟硬板的成品

軟板強化固定

軟板柔軟性當然是最重要訴求，但為了整體產品組裝性及後續功能表現，適度在某些軟板區域做強化固定是必要的。一般最常用於軟板強化固定的做法，是採用背板 (Backer Board) 固定法，也有人稱這種背板強化叫做加襯料 (Stiffener)。所謂加背板，就是在必要強化區域墊上較硬材料，藉以降低其柔軟度並便利後續組裝。一般用於強化固定的材料包括一些低價膠板或金屬板，某些 PI 材料強化作業會要求使用同類 PI 材料，以符合產品高信賴度要求，而某些要求較寬產品，則嘗試使用如：聚酯樹脂膠片作強化材料，以降低製作成本。

9.4 軟性電路板與硬式電路板的差異

軟板不僅是可撓曲電路板，也是達成立體線路結構的重要設計方式，這種結構搭配其他電子產品設計，可以構建各式各樣不同應用。因此從這點看，軟板與硬板是非常不同的。

硬式電路板除非以灌模膠將線路作出立體形式，否則電路板在一般狀況下都是平面的。因此要充分利用立體空間，軟板是一個良好解決方案。硬板目前常見的空間延伸方案就是插槽加介面卡，但軟板只要以轉接設計就可作出類似結構，而在方向性設計也較有彈性。利用一片連結的軟板，可以將兩片單硬板連結成一組平行線路系統，也可以轉折成任何角度，來適應不同產品外型設計。

軟板當然可以採用端子連結做線路連結，但也可以採用軟硬板避開這些連結機構，一片單一軟板可以利用佈局配置很多硬板並連結。這種做法少了連接器及端子干擾，可以提升信號品質及產品信賴度。圖 9.9 所示為多片硬板與軟板架構出來的軟硬板。

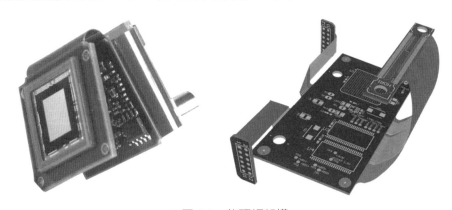

▲ 圖 9.9　軟硬板架構

　　軟板因爲材料特性，可以做出一般電子產品最薄的電路板，而薄型化正是電子業重要訴求之一。因爲軟板是用薄膜材料製作電路板，因此也是電子產業薄型設計的重要素材。由於塑膠材料傳熱性十分差，因此愈薄的塑膠基材對熱散失就愈有利。

　　軟板特色之一就是當焊接點距離接近而熱應力較大時，可因爲軟板彈性特質降低接點間應力破壞。這種優點尤其對一些表面貼裝的無引腳元件特別有幫助，如果接點彈性小就容易發生熱應力斷裂問題，但經過軟板組裝後可以經軟板吸收其熱應力，這類問題就會降低。

　　在電路板生產方面，軟硬板間最大的差別是軟板可以做捲對捲 (Roll to Roll) 生產，單雙面軟板都有可能做整捲生產。這種生產方式無論是影像轉移、線路製作、電鍍、印刷等製程，都是以連續方式生產，效率當然可以提昇，但生產控制與管理難度也會提高。尤其在設備方面，因爲動作完全連在一起，自動化與同步性維持成爲這項技術的關鍵。早期美國是這方面技術開創者，但目前連續生產工廠以日本最多，這主要當然是因爲日本電子業發達產生的必要需求，另外也源自於日本這方面的設備經驗與製造能力較成熟。圖 9.10 所示爲連續生產軟板線。

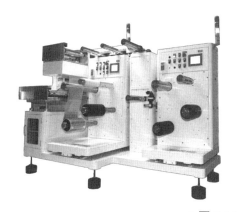

▲ 圖 9.10　Roll to Roll 的生產線

　　如果軟板採用了連續生產捲對捲模式，那麼在組裝上的考慮當然也是捲對捲規劃。早期電算機生產就採用捲對捲組裝，當時 SMT 技術尚未成熟，但已經使用類似元件觀念。現在仍然有許多產品用這種組裝方式生產，主要組裝方式以熱烙鐵 (Hot Bar) 焊接運作。

　　討論過軟板優勢，我們試著將軟板重要特徵及屬性整理如后：

a. 可撓曲性：

　　由於有穩定重覆撓曲性，因此軟板有助於各種特異形式電子產品組裝，這類軟板只需要一次或數次撓曲即可。因爲可撓曲能力，產品的線路設計可以做三維 (3-D) 架構，這種應用連一般電鍍銅皮都可使用。如果需要動態撓曲產品，就必須注意材料特性，因為需求規格時常是要求數萬次以上往復測試。

b.　降伏性：

由於軟板具有一定降伏性，可以隨熱應力變化自行調節接點間距離，因此應力集中在焊點的問題可以降低，使得接點斷裂風險降低。

c.　薄型特質：

因為材料薄而可以提供良好撓曲性，同時因為薄材料使得熱傳效果良好，有利於機構設計及產品熱管理。

d.　高溫功能性表現：

PI 材料在高溫下操作表現良好，因此對一些特殊產品需要高溫操作時可用這種材料設計。但因為多數有膠軟板，所使用黏著劑為了操作性並未使用 PI 樹脂系統。因此當高溫下操作，黏著劑容易產生劣化，這方面可以採用無膠軟板或改善黏著劑解決。

e.　蝕刻與機械加工性：

由於幾類軟板材料都可以用雷射或化學蝕刻法做開窗處理，因此加工性不錯。另外因為線路密度提高等因素，不少製造商希望在作出線路後再做基材開窗處理，這對於單層銅皮但需要兩面組裝的產品十分重要。軟板材料提供了加工可能性，有助於這些產品製作想法。

f.　互連可能性與尺寸縮小重量減輕：

對於不同連結方式，不論同平面或非同平面，甚至是扭曲九十度銜接，軟板都可提供適當連接方案。因為軟板可撓曲，可將電路依據需要做立體彎折。如果採用軟硬板製作，又可以減少端子雜訊及信賴度問題。因為連結簡單化可以省下連結器及端子，因此產品重量會下降。

g.　結構簡化空間利用率高：

軟板可以替代許多點對點連線元件，同時可以將原來不同平面無法連結的線路由軟板連結，因此設計結構可簡化，空間利用率也可以提高。

CHAPTER 10

軟性電路板的材料

10.1 軟板材料簡述

　　軟板由塑膠薄膜與金屬導體構成材料，最常見的金屬與基材連結方式是以黏著劑將金屬與薄膜結合，無膠基材則因技術成熟價格下滑而逐年攀升。在線路製作完成後，表面會用覆蓋保護層做表面貼附或塗裝。

　　一般選用軟板基材的原則，主要是以撓曲負荷、電性需求規格、製作技術需求特性、組裝方式等因素為主要考量。軟板薄膜功能在於提供線路間絕緣性，並作為線路支撐材料，而軟板材料又以材料柔軟為特色。相對於硬式電路板單片製作模式，軟板可做捲對捲連續操作，因此所有連續式軟板製作及組裝程序都要環環相扣達到連續要求。

　　軟板材料因為薄而軟，因此會有收縮、扭曲問題，不如硬式電路板容易操作。因此如果用捲對捲製作生產，經由傳動機構支撐展平軟板材料，就可以讓後續製作程序順利進行。對軟板尺寸變異，與硬板一樣是製作的大問題，但如果公差是穩定偏差，這些問題可以靠設計補償值及製作工程方法改善。軟板業界有多種不同材料曾被使用，但最普遍被接受及使用的，仍然是 PI 及聚酯樹脂基材。這些年部分廠商推出 LCP 材料，雖然宣稱特性優異，但普及率仍然有限。

10.2 較常使用的軟板塑膠材料

聚亞醯胺樹脂 (PI-Polyimide)

聚亞醯胺膜是由芳香族的雙酸酐 (Dian-hydride) 與雙胺 (Diamine) 所合成的材料，一般材料膜厚度從 0.3 ～ 5 mil 間有多種不同產品規格，塗布製作寬幅有高達 26 英吋左右。因為是熱固型樹脂，因此不會有軟化與流動溫度特性。與多數熱硬化樹脂不同的是，PI 在熱聚合後仍然保有一定柔軟與彈性，同時在很寬操作範圍下有不錯的電氣特性，但在撕裂強度方面的表現略差。因為材料物理特性，因此可以承受多次焊錫操作而不損及其電性及物化性。

聚亞醯胺樹脂因為有親水基產品含水率偏高，在焊接前必須做乾燥除水，否則容易有起泡或爆板危險。經過業者改質做共聚合等性質改良，才降低了吸水性及熱膨脹係數，目前漲縮特性較接近金屬的漲縮特性。最普遍使用於軟板製作的材料，目前仍然以杜邦公司的 Kapton® 膜為大宗，當然目前有不少同類產品供應商可提供相關系列產品，陸續世界各地也有多家公司參與生產行列。

聚酯樹脂

這種用於軟板製作的樹脂薄膜，是利用 PET(Polyethylene Terephthalate) 製作出來的，一般使用厚度大約是 1 ～ 5 mil 左右。因為它有優異撓曲性、電氣性質及抗化抗濕特性，同時具有尺寸穩定及一定水準熱安定性，因此用於軟板製作。當然有經驗的使用者會發現，這類材料拉扯強度不如 PI，同時在表面結合力表現也比較差。這類材料一般的可操作溫度大約為 150℃，因此如果要做焊接，就應該做治具支撐與保護，這樣才可以避免材料變形及爆板危險。

聚酯樹脂因為尺寸熱安定性不如 PI，因此尺寸控制必須小心。聚酯樹脂膜可以用壓合製作，而一些更高穩定度的聚酯樹脂材料也不難在市場上取得。例如：PEN(Polyethylene Nphthalate) 就是一種可以表現更好的此類材料，目前也是此類材料中功能表現最佳的材料。

Aramid 纖維布

Aramid 纖維是一種熱硬化高功能尼龍材料，最有名的是杜邦公司所生產的不織布。基材可經由壓合銅皮製作，這種材料最大缺點就是吸水性高，可以高達 8 ～ 9% 左右。因為高吸水性，使得焊接前除濕處理變得十分重要。目前因為單價及使用性都不理想，在軟板方面的應用十分少見，倒是在硬板方面有日本的 ALIVH 技術使用這種材料製作高密度電路板 HDI。不過可惜的是，幾年前松下公司的生產基地因為策略決定而關閉，這些應用瞬間消失。

強化型介電質材料

用於軟板組合式強化材料，是以強化纖維填入軟性樹脂製作，加上單面或雙面銅皮就成為軟板基材。這種結構材料的好處是尺寸安定性較佳、耐溫性高、低吸濕、耐燃性好。但這類材料撓曲性較差，單價也較高，雖然在製作電路板時有較好操作性，但與軟板實際應用訴求有差距。

氟素樹脂膜

這類材料具有在非常寬廣範圍的電氣安定性，具有低介電質係數及高絕緣強度，且這些特性並不會隨溫度及操作頻率而有太大變異，因此非常適合用於高速及高頻、微波等類產品。氟素樹脂有高熱安定性，但卻無法在高溫下維持尺寸穩定，具有高化學安定性、良好撓曲性、低吸濕及自行熄滅耐燃性。

表 10.1 所示為典型軟板材料的一般性質比較。

▼ 表 10.1　軟板材料的一般性質比較

性質	PI	聚脂樹脂	Aramid	氟素樹脂
抗張強度	優異	優異	好	差
柔軟度	優異	優異	好	優異
尺寸安定性	好	普通	好	差
介電強度 (V)	3600	3400	500	2000
耐焊性	優異	很差	優異	差
連續操作溫度	− 200/+300	− 60/+105	− 55/+ 200	− 200/+ 200
漲縮係數	20	27	22	80 − 100
吸濕性	2.9%	0.3%	8 ～ 9%	0.01%
伸長斷裂比 %	60 ～ 80	60 − 165	7 − 11	200 − 600
耐鹼	差	差	好	好
耐酸	好	好	好	好

▼ 表 10.1　軟板材料的一般性質比較 (續)

性質	PI	聚脂樹脂	Aramid	氟素樹脂
介電常數 1 KHZ： 1MHZ： 1GHZ：	3 3.4 3	3.1 3.0 2.8	2.0 4.5−5.3 4.5−5.3	2.0 − 2.5
體積電阻值 Ohm-Cm	10^{18}	10^{18}	10^{16}	10^{19}
單價	高	低	普通	高

10.3 軟板用導電材料

軟板導電材料與硬板相似，只要能在使用環境下存活並發揮設計功能，都可以是考慮的導電材料。這些導電材料包括不銹鋼、鈹銅、磷銅、銅鎳合金、銅鉻合機等，當然一些導電膏也是可能被採用的材料，包括碳膏、銀膏、銅膏等用於厚膜製作的材料。

導電材料種類，會直接影響軟板疲勞強度，一般用於動態撓曲的產品會選用較厚金屬材料及較佳延展性材料，而對於用在組裝的單次撓曲電路板，則採用標準較為寬鬆。但是綜觀整體導體使用狀況，銅金屬仍然是使用最多的導體材料。表 10.2 所示為常見金屬導體應用特性比較。

▼ 表 10.2　導體的應用表現比較表

導體	應用	評價
銅	95% 的軟板使用此材料	性質與售價整體評價最佳
鋁	主要用於薄膜開關的遮蔽及一些線路方面	低價但是性質適中
銀	用於導電的接觸面	高導電性，即使是氧化物也有導電性
鎳	高熱組的線路或元件	容易焊接
金	導體面及端子的電鍍	良好的耐蝕性及延展性
不銹鋼	承受高應力方面的應用	高強度及耐蝕性良好
含磷青銅	耐蝕性的接觸用端子及彈片製作	良好的耐蝕性及彈性
鈹銅合金	彈簧、彈片	良好的電性及回復性彈性
銅鎳合金	耐蝕線路或熱產生器	高耐蝕性及低電導
鎳鉻合金	高電阻線路	低電導性
高分子厚膜導體	低價的開關及線路應用	線路製作方是最為簡單

銅皮

銅材料因為有好延展性、操作性、導電性及恰當價格，因此成為重要導體材料，在電路板製作中以銅皮形式做生產利用。銅皮製作採取電鍍 (ED–Electro Deposit) 或輾壓式 (RA-Rolled and Annealed) 生產。兩種銅皮生產模式所產出的銅皮，基本機械特性非常不同，而這些特性影響到它們的塑膠材料結合力與耐撓曲的能力。

近年來由於軟板細線路需求，部分產品採用在軟板基材上先蒸鍍作出一層薄金屬鍍膜，之後以電鍍將鍍膜增厚，成為所謂超薄銅皮基材，這種軟板所用銅金屬也是電鍍銅。

輾壓式銅皮是由加熱及機械輾壓製作，經過不斷輾壓來作出所需要銅皮厚度。電鍍製作的銅皮因為採用電鍍程序，因此結晶結構有垂直於銅表面的柱狀結構出現，但輾壓銅皮因為經過輾壓輪推擠，因此會有類似魚鱗狀片狀堆疊表面結晶結構。圖 10.1 所示為輾壓銅皮與電鍍銅皮結晶結構的比較。

輾壓銅皮
Rolling Copper Foil

電鍍銅皮
Electro Deposit Copper Foil

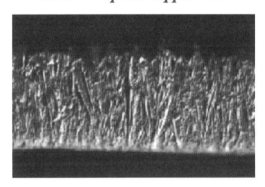

▲ 圖 10.1　輾壓銅皮與電鍍銅皮結晶結構比較

兩者最主要的差別在它們的機械特性，軟板撓曲的拉扯變形容易損傷一般電鍍型銅皮，輾壓銅皮就比較不會有這類問題，這是因為加工造成的結晶方向不同所致。因此在連續彎折應用，輾壓銅皮就可承受更多工作量而不致斷裂，這也是動態操作軟板指定使用輾壓銅皮的原因。

一般銅皮為了獲得較佳樹脂結合力，都會在結合面做特殊處理。常見做法，如：鍍一層很薄的鋅增加結合力，並提高耐腐蝕性，就是做法之一。某些專利性防氧化處理，也被用作銅皮表面處理。這些處理的用法，都因為輾壓銅的特異性而變得困難，因此輾壓銅處理成本與難度都較高。表 10.3 所示為各種銅皮應用於軟板的參考建議。

▼ 表 10.3　各種銅皮應用於軟板製作的參考建議

應用	建議使用銅皮類別
動態連續作動的軟板產品	RA
極細線蝕刻的軟板	RA
非動態但必須承受震動的軟板產品	RA
短期使用的軟板樣品	RA
雙面電鍍通孔軟板	RA 或 ED
大半徑低撓曲次數的產品	回火過的 ED 銅皮
非動態形軟板	ED
> 100 mil 曲度的彎折組裝	ED

其它金屬薄膜

　　某些特殊金屬膜也會因為特殊狀況，偶爾用於軟板製作。例如：鋁箔就用於一些低價線路產品及電氣遮蔽，因為無法用一般焊接或電焊組裝連結而應用不易。一般電氣連結方式，可以使用導電膠黏貼法進行。

　　磷青銅及鈹銅皮提供一些導體彈性薄片及耐蝕接點應用，因為不需要特殊電鍍處理，因此使用上較為方便。軟性磁鐵薄片用於一些磁場遮蔽用途，不銹鋼、蒙耐合金 (鎳、銅、鐵、錳) 等合金，則用於一些軟性電阻發熱器或線路需要高強度及耐蝕應用。

高分子厚膜 (PTF-Polymer Thick Film)

　　PTF 導體主要是利用一些導電材料，如：銀、碳、銅等粉末，融入高分子結合劑，如：聚酯樹脂、環氧樹脂、壓克力樹脂等材料中，之後利用絲網印刷製作在軟板載體上。這種做法原來是用於低價、低功率的產品，例如：薄膜式鍵盤或是板間搭線用途，因為製作程序十分簡單所以成本可以降低。

10.4 ⋮ 黏著劑的特性

　　即使有無膠軟板材料出現，但多數軟板材料仍然會以黏著劑接合。因為必須要符合軟板製作特性，黏著劑必須符合與銅皮相容、適當流動性、承受軟板操作模式、不發生板面剝離、不易劣化及耐燃等等特性。

一般黏著劑先塗裝在軟板基材上，再與金屬層結合，貼合作業可以用壓合機或是連續滾輪壓合，貼合後的材料做適當高溫聚合處理即可。軟板材料最常使用的黏著劑包括聚酯樹脂、改質環氧樹脂、壓克力樹脂等。而聚亞醯胺樹脂類材料，則是多層板最期待的黏著劑系統。一些典型接著劑資訊如表 10.4 所示。

▼ 表 10.4　軟板接著劑的典型特性

性質	聚亞醯胺樹脂	聚酯樹脂	壓克力樹脂	改質環氧樹脂
黏著力 (lb/in)	2.0～5.5	3～5	8～12	5～7
焊接後變化	小	N/A	提高	變異大
低溫柔軟度	都符合 IPC-TM650 的測試要求			
流動狀態	< 1 mil	10 mils	5 mils	5 mils
漲縮係數	< 50 ppm	100～200	350～450	100～200
吸濕性	1～2.5%	1～2%	4～6%	4～5%
抗化性	好	普通	好	普通
介電常數 (100KHZ)	3.5～4.5	4.0～4.6	3.0～4.0	4.0
絕緣強度 (Kvolts/mil)	2～3	1～1.5	1～3.2	0.5～1.0

聚酯樹脂

聚酯樹脂黏著劑是低溫熱塑型膠，這種樹脂可以經過局部交鏈改質，改質後接著劑具有類同於熱固型樹脂耐溫特性，同時仍保有柔軟特質。採用這個膠系的原因是因為它簡易操作，但應用方面受限於手動或是機械式焊接產品，對於用高溫錫爐的焊接法並不合適。

壓克力樹脂

壓克力樹脂黏著劑是熱硬化樹脂材料，在焊接承受度方面比聚酯樹脂及改良式環氧樹脂略好，但是軟板貼合則只能採用薄膜式作業法，這樣就好像電路板使用乾膜與感光油墨一樣有材料利用率差異，因此直接影響軟板貼合製作成本。

改良型環氧樹脂

這種黏著劑的使用，是目前硬式電路板最普遍膠系，因為單價、高溫操作性、耐焊錫能力等特性而雀屏中選。純環氧樹脂因為脆性，必須改質才能用於軟板貼合。環氧樹脂屬於熱硬化樹脂材料，強化柔軟性後就可以與軟板特性相容。

酚醛樹脂

這類樹脂多數用於單面軟板類產品膠合，性質類似於環氧樹脂類的黏著劑，其柔軟性也來自於添加劑融入，TAB 是較典型應用領域。這類黏著劑因為柔軟度不如其它黏著劑，因此不會用於動態用途軟板。

聚亞醯胺樹脂

聚亞醯胺樹脂可以承受高溫操作，特殊配方可以承受約 380℃短時間高溫，但因為聚合過程會釋放水，因此聚合程序要非常小心。聚醯胺樹脂一旦作成薄膜，與此樹脂的結合力就會變弱甚至低於壓克力樹脂的結合力。因為它的低膨脹性，業者仍不斷努力改善其特性與應用可能性。

氟素樹脂

以氟素樹脂為主體的黏著劑提供寬廣穩定的電氣性質，因此被使用者所重視。但是它的低軟化溫度及怕熱特性很難承受焊接高溫，因此其穩定度是使用這種黏著劑最大隱憂，也是這種材料亟待改善的特性。

表 10.5 是這些黏著劑的特性整理。

▼ 表 10.5　黏著劑的特性比較

性質	聚酯樹脂	壓克力樹脂	改質環氧樹脂	聚亞醯胺樹脂	氟素樹脂	酚醛樹脂
耐溫性	不錯	很好	優異	好	好	好
抗化學性	好	很好	普通	好	優異	好
電氣特性	優異	很好	好	好	好	好
結合性	優異	優異	優異	好	好	好
柔軟度	優異	好	普通	普通	優異	好
抗吸濕性	普通	差	好	普通	優異	普通
單價	低	普通	高	非常高	非常高	普通

10.5 無膠基材

以往軟板材料都會使用黏著劑做材料膠合，因此直接影響軟板成品信賴度及操作性，因為有兩種塑膠材料共存，所以鑽孔、除膠處理、鍍通孔等製程都有較多困擾。在垂直方向的 Z 軸膨脹率，對多層板應用十分重要，用黏著劑膠合材料會使得介電特性變差，不利於高速線路應用。至於軟板耐熱性及抗化學性，更受到所使用黏著劑影響。

為了避免這些問題，無膠軟板材料是重要發展，基本製作方法可以採用樹脂塗附銅皮或在軟板基材上蒸鍍薄銅再做增厚。這些做法目前歐美日等國都有相關產品，後繼者也陸續投入中。

無膠軟板基材可以用蒸鍍獲得薄銅優勢，因此對蝕刻製作線路頗有助益。所謂超薄銅皮製作，3.5～5 μm 厚度屬於成熟技術，這種銅厚度低於以往輾壓銅皮甚多，因此非常有利於細線路產品製作，但這種銅皮並不適用於動態撓曲應用。

10.6 金屬表面處理

電鍍

裸銅如果不作處理很快就會氧化，而電鍍處理金屬面則是最普遍的銅面處理法。軟板金屬表面電鍍選擇包括鎳、金、錫、錫鉛等金屬，依據產品需要焊接、耐磨、防蝕、潤滑、表面硬度等需求，可採用不同金屬表面處理。

表 10.6 所示為一般性的金屬電鍍應用方式。

▼ 表 10.6　常見的電鍍金屬參考應用方法

金屬種類	應用方法及領域
銅	最常用於電路板的線路製作以及通孔導通。
焊錫	最常用於保護銅面並保有焊錫性，早期用於保護線路作為蝕刻阻劑，但是近年來因為環保的因素這方面的應用已不多見。倒是一些金屬凸塊方面的製作技術，開始採用這種方法。
鎳	一般作為電鍍金前的保護層，用以防止金的擴散現象。
銀	可用於機械式搭接處，因為氧化物容易擴散產生絕緣問題，目前軟板使用較少，但是仍廣用於高分子厚膜技術的填充物。
金	很好的抗蝕處理層，也適合作端子搭接的處理金屬，按鍵的金屬表面處理有不少的應用範例，但是過厚的金不利於焊接製程。
錫	適合用於烙鐵熱壓式的結合方式產品。

軟板一般電鍍應用有不同目的，部分電鍍是爲了後續機械式元件搭接。通孔電鍍最重要用途就是連通層間線路。焊錫電鍍除了可以防止銅面氧化，同時可以保持後續元件焊錫性。對一些短期儲存軟板，最經濟的金屬表面處理，當然是採用有機保焊膜。對一些軟板典型線路處理方法，可以針對這些方法作探討。

電鍍—金屬析出是靠導電區供電提供電能，驅動藥液中金屬離子還原達成金屬沉積的目的，銅、焊錫、金、鎳錫等多數都是用此方法做到軟板表面。

化學電鍍—金屬析出是靠化學氧化還原達成，在藥液中加入還原劑或利用氧化電位差距做置換反應，達成金屬沉積目的，鎳、銅、金、鎳錫等，都是常見以此方式製作到軟板表面上的金屬類型。

焊錫或純錫處理—將電路板浸漬在熔融錫中或電鍍法析出都可以。

絲網印刷—這類金屬表面處理包括錫膏印刷、助焊劑印刷等，之後經過重融來做焊錫保護銅面處理。

高分子導電厚膜技術

石墨或碳粉高分子油墨，用於填充通孔及軟板線路保護，這可以避免線路氧化及腐蝕，這種結構特別適用於壓力搭接 (Pressure Contact) 的應用。例如：薄膜開關、LCD 等，這種高分子導電厚膜技術因爲相較於電鍍製作成本低而常被引用。一般塗裝厚度約爲 0.5 mil，而在壓力搭接操作下約有 1 ～ 10 milli-ohms 電阻。因爲絲網印刷做法可以選擇性塗裝，因此對特定銅面或錫面可直接施工。

化學表面處理

業者期待能將銅面處理爲裸銅狀態，便於組裝焊接時安放元件，同時也希望這種處理能讓焊錫在重融時很容易與銅面結爲一體。業界目前較常用的方法，是用化學物質與銅反應形成保護膜。最常用的化學反應物是偶氮類化學品，它會和銅產生錯合物，Benzotriazole 及 Imidazole 是目前較常用到的藥劑，有些廠商擁有特殊專利配方。這些配方所形成的銅面透明膜，在焊錫熔融時會分解並露出新鮮銅面，這樣就可以讓焊錫與銅作直接結合。

10.7 非導電材料的貼附及塗裝

覆蓋層貼附

覆蓋層主要結構，涵蓋一層絕緣膜與黏著劑，貼合對位孔製作是依賴沖孔、鑽孔或者雷射形成，貼膜時覆蓋膜會貼附在線路上並用熱壓製造。為了降低彎折中銅線路損傷，使用與軟板基材相同厚度的材料是較佳選擇。而一般製作法，對基材及覆蓋膜多數都建議採用相同材料。

較常使用的結構模式，如：基材是聚酯樹脂，製作線路後用相同厚度的聚酯樹脂膜貼合。又例如：基材是聚亞醯胺樹脂，製作線路後用相同厚度的聚亞醯胺樹脂膜貼合，這些是較常見做法。

覆蓋層塗裝

覆蓋層塗裝是使用液態高分子材料，這類材料一般都用絲網印刷法塗裝，將覆蓋膜材料塗到線路區，並留下需要曝露的銅面，之後這些塗裝材料就經過熱聚合或者 UV 聚合固定下來，形成一層永久性保護膜。

感光性綠漆

這種覆蓋層製作法產生的銅曝露區，主要是以感光製程產生。感光性綠漆可以有乾膜與液態綠漆兩類，乾膜式綠漆是以壓膜將感光膜貼附在軟板上，而液態材料則是以印刷、滾筒塗裝、簾幕塗裝等方法塗裝，之後做曝光顯影將銅墊露出。

10.8 軟性基材的利用

電路板基材是金屬導體貼附在介電材料上的組合體，而軟板基材則是軟性材料為介電材料元素的電路板材料。這些基材提供軟板製作的優勢，也是我們現在要討論的課題。

原材料特性分析

為了符合電子元件特性，電路板基材會使用物性、電性、耐熱性等等都具有足夠性能的介電材料及黏合材料。如：利用聚亞醯胺樹脂與高溫黏著劑，就可以維持軟板優異耐溫性能，而用環氧樹脂及強化纖維就可以作出強韌基板，但卻沒有柔軟性。

產品性能紀錄

品質及信賴度紀錄資料，反映出各種電路板基材功能特性，而電路板製造者必須適當選用材料達成產品所需特性。過去製造經驗留下的數據，可以輔助材料選取及使用，同時可作為製程參考。研究一般性基材特性，有助於產品設計者對特定應用採取恰當基材，有利於整體產品開發速度及成功率。

軟板的特性需求

軟板設計是針對其可彎、可折、可捲、不產生基材及導體傷害這些相關議題做開發，至於要做到如何特性程度，就要看應用領域及製作程序而定。軟板面對的製作考驗，某些時候比最終產品需求更為嚴苛，對黏著劑、基材、導體，製作過程必須能承受以下處理劣化環境問題：

● 機械操作：鑽、切及生產操作
● 化學處理：電鍍、蝕刻、除膠、溶劑清洗
● 高溫處理：壓合、焊接

一般基材與導體間的結合力要求為 4 lbs/in，如果基材特性可以耐熱，這種結合力維持是可能的，對無膠軟板基材這個特性特別顯得重要。一些基材的基本特性比較，如表 10.7 及表 10.8 所示，主要是針對一些黏著劑及基材方面的應用特性作討論。

▼ 表 10.7　一般容易取得的銅箔基材

介電膜	黏著劑
聚酯樹脂	聚酯樹脂、強化纖維聚酯樹脂、改質環氧樹脂
聚亞醯胺樹脂	壓克力樹脂、強化纖維壓克力樹脂、改質環氧樹脂、聚酯樹脂、聚醯胺樹脂、酚醛樹脂
氟素樹脂	環氧樹脂、壓克力樹脂、氟素樹脂
Aramid	壓克力樹脂、改質環氧樹脂、酚醛樹脂
改質環氧樹脂	改質環氧樹脂、聚酯樹脂

▼ 表 10.8　軟板基材特性比較

基材	聚酯樹脂	聚亞醯胺樹脂	改質環氧樹脂
黏著劑	聚酯樹脂	壓克力樹脂	改質環氧樹脂
熱安定性	差	優異	好
尺寸安定性	差	好	優異
撕裂強度	好	差	優異
柔軟性	優異	非常好	差
電性	優異	非常好	差
吸濕性	低	高	低
成本	低	最高	適中

軟板基材選用

　　如果有一個產品應用為高溫連續操作，同時需要超過一百萬次撓曲又必須採用焊錫爐組裝，這時選用聚亞醯胺樹脂／壓克力黏著劑／RA 銅皮是不錯的選擇。因為這種材料具有最佳耐溫性及焊接承受力，同時具有耐彎折一百萬次以上的能力，而 RA 銅皮適用於動態撓曲，只是需要恰當表面處理而已。但是如果另一個應用與前者類似，但希望造價低也允許不用迴焊作法，此時聚酯樹脂／聚酯樹脂黏著劑／RA 銅皮可能是不錯選擇。因為聚酯樹脂有可能承受操作環境溫度，但未必能承受焊接溫度。聚酯樹脂單價低廉，RA 銅皮能耐動態撓曲因此給這種答案。表 10.9 所示為軟板基材應用狀況參考。

▼ 表 10.9　典型軟板基材的應用

應用領域	介電薄膜	黏著劑
磁碟機、通信產品、高信賴度產品	聚亞醯胺樹脂	改質環氧樹脂
軍用板、軟硬板、特殊裝置	聚亞醯胺樹脂	壓克力樹脂
高階多層板、大型電腦、汽車元件、高溫元件	聚亞醯胺樹脂	聚亞醯胺樹脂
少焊錫的消費性產品、汽車用線束產品、印表機、電話	聚酯樹脂	聚酯樹脂
薄膜開關	改質環氧樹脂	環氧樹脂

CHAPTER 11

軟性電路板的結構與製作

11.1 設計結構的考慮

設計新產品可用的軟板設計方式很多，選用設計及製作法也直接影響產品成敗。如果過度降低設計標準，會產生許多不必要失敗風險，但如果過度設計，又會增加不必要成本。因此清楚律定產品需求並了解軟板能提供的性能，可以恰當設計應有產品水準，避免不必要浪費或風險。

軟板不同於硬板設計，具有較固定設計準則，彈性設計是軟板基本特性，不容易有確切標準做法。在經過使用需求及設計策略研究後，才能作出恰當結構與執行製作判斷。

部分公司為了自有良率及技術或成本優勢，會採用一些特殊製程，如：連續式生產有利於大量產品需求，但不適合細線路產品設計。單片生產不同於連續生產，但有利於小量及精細產品製造，這些特性最好在設計時就列入考慮。

11.2 單面軟板結構與製作

單面軟板是軟板最簡單的結構設計，最終只有單一金屬層。因為簡單便宜，是最廣泛使用的結構。這類簡單設計，幾乎已是連續標準化大量生產模式，也是動態操作軟板採用的標準設計方式。印表機、磁碟機等，都採用類似技術生產。

傳統單層板結構與製作

最簡單的單面板生產就屬「顯像/蝕刻」技術，一般也稱作「減除法」技術，這是因為線路構成經由印刷或曝光顯影作成，之後就以蝕刻將不要區域金屬去除，因為線路金屬完全依靠蝕刻去除而稱為減除法。

一般濕式蝕刻採用蝕刻液噴灑作業，因此側向銅也會有蝕刻作用，作出的線路會略帶錐形。正向與側向蝕刻量比例稱為蝕刻因子 (Etching Factor)，他的影響因素包括噴灑設備設計、蝕刻液配方、操作參數、使用蝕刻阻劑厚度、銅材質與結晶結構等。

較細緻線路採用感光影像技術，而使用蝕刻技術製作線路，也是不可免的程序。多數應用領域採取選擇性保護做法，仍然是以曝光或印刷做選擇性區域印刷，之後做線路蝕刻。這些方面較具體做法，後續內容會有討論。

切割製作線路製程

蝕刻法是最常見線路製作法，但標準產品如連接用束線，也有人用模具半切割製作線路。做法是以切模將銅皮切割為線路區與去除區，之後以剝除法將去除區銅皮剝離。當線路標準單純時，這種做法可以經濟製作出大量標準品，此做法已經在業界有數十年歷史。因為線束產品的線路設計都較寬，因此可以採取這種模式生產，但它的製程能力在較細線路方面受限。

半加成製程

軟板用半加成製程與一般電路板線路電鍍製程類似，不過軟板採會用蒸鍍處理，會在基材表面製作出薄銅，之後做影像轉移線路形成，再利用線路電鍍製作線路。圖 11.1 所示為半加成製程製作線路流程。

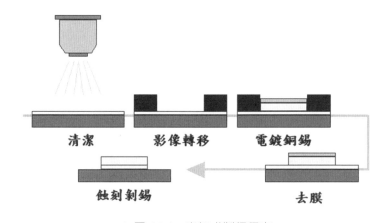

清潔　　影像轉移　　電鍍銅錫

蝕刻剝錫　　　　　去膜

▲ 圖 11.1　半加成製程程序

　　選用這種製程最大好處是結構爲無膠，這種材料無論結合力與穩定性都較好。而使用薄銅皮可以提昇細線製作能力，同時對線路形狀掌控也比較有利。但使用線路電鍍的壞處是，線路電鍍銅厚均勻度不容易保持，因此整體平整度維持較困難。

全加成製程

　　全加成式軟板製作法一般有兩種，它們各是化學銅電鍍法及高分子厚膜製作技術。兩種製程所用材料及應用領域都不同，但兩者處理的範圍都僅止於需要製作線路的區域，並不需要減除或蝕刻製程。全加成製程的優勢，是可以縮短製作電路板線路的程序，因此某些時候可降低線路結構所需成本。但由於全加成製程產生的銅導體，所能應用領域僅限於非動態，同時使用的撓曲次數也較少。

　　化學銅析出製作線路，是以觸媒活化表面的方法，之後作選擇性銅析出處理並鍍銅。較爲人所知的觸媒，以鈀金屬前處理最普遍。製作程序首先是做基材活化處理，接著用選擇性膜將要作線路區域區隔出來，之後將板材浸泡在化學銅藥水中做化學銅電鍍。因爲線路區是觸媒曝露區，因此會有銅析出反應在表面。化學銅電鍍持續進行，直到表面線路達到需要厚度爲止。一般銅導體製作的線路製程，如圖 11.2 所示。

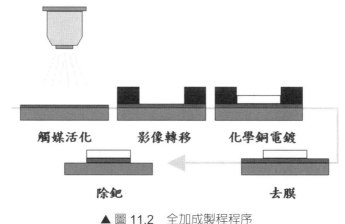

　　觸媒活化　　　影像轉移　　　化學銅電鍍

　　　除鈀　　　　　　　　　　去膜

▲ 圖 11.2　全加成製程程序

高分子導電厚膜技術

　　高分子厚膜技術是另外一種全加成線路技術，它利用導電厚膜技術製作線路。導電油墨印刷在基板上製作出線形，經過聚合程序將油墨固化，這是一種製作成本最低的線路製做法，但設計者必須知道它的限制才能善用它。圖 11.3 所示，爲高分子厚膜製作的軟板產品。

▲ 圖 11.3 高分子厚膜的按鍵產品應用

11.3 單面線路雙面組裝的軟板結構與製作

單面線路雙面裸露的軟板設計，主要是為在軟板雙面做組裝而設，這種技術用於元件焊接或連結時，在同一層線路兩面做組裝的低密度線路設計。這種想法當然可以用雙面板通孔電鍍設計完成，但如果利用基材背面開孔，在同一層線路上作兩面連結會使設計更簡單。

另外一個採用這種設計的好處是，軟板若用於動態應用，這種設計較容易達成對稱結構。而對稱結構有利於降低應力對銅的傷害，當然也代表有機會可以承受上億次彎曲操作，不至於產生銅導體斷裂問題。

有數種方法可以製作單面線路雙面裸銅軟板，先沖孔或窗後再做壓合、化學蝕刻基材、機械切割、雷射開孔、電漿蝕刻等都是辦法。

事先沖孔後壓合製程

沖孔後壓合是這類作法中最普遍的一種，它是一種最簡單的製作技術。這種做法先用沖孔或鑽孔將通孔在壓合前作出，之後與要製作線路銅皮結合。經過線路蝕刻後，另外一層經過開孔處理的覆蓋層，必須覆蓋在線路上形成三明治結構，之後再做金屬表面處理及成型處理就完成產品製作。

聚醯胺樹脂化學蝕刻

這種製程主要用於聚醯胺樹脂基材製作，因為這類樹脂可以溶解在強鹼溶液。這個技術包括在基材表面製作遮蔽膜，遮蔽膜包含有機膜及金屬膜，之後進入高溫強鹼溶液中做化學蝕刻。有多種不同溶液可用於這個製程，但最普遍使用的藥劑是氫氧化鉀溶液 (部分配方會加入少量醇類溶劑)。因爲這種做法需要多一道影像製程，因此除非其它方法不適合，否則未必會使用。

機械切割法

機械切割是另一種開孔法，它利用模具切刀在單邊將材料切除，作出所需要外觀形狀，有多種手法可以選擇。純機械加工：包括手動挖除法、立式銑刀挖除法等，但不是一種有效生產方法，一般只對小量樣品或工程研究才使用。

雷射加工

一般有二氧化碳及 YAG 雷射加工模式，主要以脈衝打點做材料挖除。另外一個是準分子雷射加工模式，它的機械設計可以做掃描加工，兩種模式各有優劣。準分子雷射可以做出較爲精準加工，但維護費用較貴，一般雷射其實加工也很快，但是操作不小心會傷及銅層或邊緣黏著層。雷射技術進步快速，不斷有新的技術選擇出現，可以持續觀察可用方法。

噴砂清除法

噴砂技術，也是可以考慮採用的技術，不過必須做選別膜處理，且銅金屬表面會有輕微損傷要小心控制。典型的噴砂作業示意，如圖 11.4 所示。

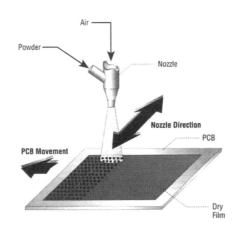

▲ 圖 11.4　噴砂成孔技術，可以用在軟板材料處理

電漿蝕刻

這恐怕是目前較不普遍的開孔法，因爲作業速度比起其他方法都慢得多。這對於少數

開口產品，當然是對的論點，但當開口數多的時候，因爲電漿可以一次做所有開口，或許會較有利。電漿因爲會攻擊塑膠材料，因此若要用此做法就必須製作金屬窗遮蔽，不過電漿因爲在開孔同時可以做清潔，因此製程又呈現出另一些優勢。圖 11.5 所示，爲電漿蝕刻雙面板的通孔製程範例及電鍍後結果。

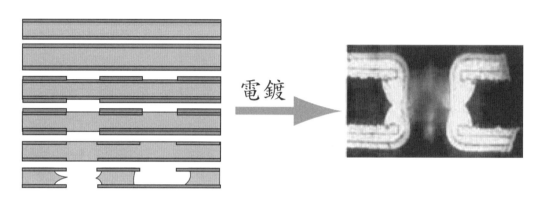

▲ 圖 11.5　電漿蝕刻程序及電鍍成果

11.4 跳線做法

　　有許多軟板設計幾乎可以只用單面線路完成，但就是需要簡單跳線來增加結構密度。這個簡單概念，主要工作就是加上一層線路在單層線路上。這種跨線作法不同於製作底部線路，它必須在兩層線路間作出一層絕緣層，之後再製作表層線路，因此有不同做法可供選擇。

高分子厚膜技術

　　印刷型高分子厚膜技術是一種選擇性塗裝技術，跳線做法可以經由這類技術的錫膏印刷製作跨線，而絕緣材料也可以用相同做法形成。印刷是由某個接點連接到另一個接點，與線路間會有絕緣層阻隔，這類厚膜可以印刷在銅面、焊錫、鍍金面及其他導電油墨上，但必須是清潔或作過恰當處理的表面。不過這種應用仍然限於一些低電流量產品，因爲這類線路與銅相比屬於較高電阻結構。

鉚釘搭接法

　　這個方式類似於一般跨線連接補線，採用一條導線在兩接點間連結跨接。自動化接線機械，可以做這類加線，但因爲加線程序是一條一條加，因此除非線數很少否則不經濟。

11.5 雙面軟板結構與製作

雙面軟板因為有兩層金屬層，因此在連結密度提高狀況下，逐漸被設計者重視與普及化使用。雖然雙面軟板比單面板價格貴，但也有一些連續生產機械可供選擇。連續生產線涵蓋連續曝光、電鍍、蝕刻、測試、切形等等製程，每月產能可以高達數百萬計雙面軟板產品，這類軟板的材料主要以聚亞醯胺樹脂與聚酯樹脂為主。

傳統通孔電鍍軟板結構與製作

雙面板就代表通過板中心有孔連結，當然也有特定高密度線束設計不需要通孔，而只做單純點對點連結功能應用，並不需要層間連通。製作這種線路結構，最簡單方式當然就是使用雙面貼銅皮的基材，製作雙面通孔產品。這些製程類似於一般硬式電路板，所不同的是硬板一般不需要覆蓋層但軟板需要。

典型製作程序先在板面做鑽孔加工，之後以化學銅或導通技術做金屬化處理。之後以電鍍製程，將孔壁銅厚度加厚到需要水準，再做影像轉移與蝕刻作出線路。完成線路後，在軟板雙面做覆蓋層貼合。

當然也有部分細線產品，可以採用全板電鍍與線路電鍍法，在孔導通後就做線路影像轉移。線路製作法採用所謂負片製程，之後再做線路電鍍及純錫電鍍。電鍍錫作為蝕刻保護層，做完蝕刻後就做純錫剝除。線路完成後的程序，與前者相同。這種方法對一些對位要求較高的線路設計有利，因為微量偏離就算幾乎切邊，鍍完錫後也能完整保護孔內，比直接蝕刻法切邊會損傷孔銅要好些。過去有部分廠商需要錫鉛電鍍表面處理，因此採用錫鉛電鍍後再作線路蝕刻及選擇性剝除錫鉛程序，這種做法在某些產品上也有使用案例。不過現在無鉛政策執行後，這種觀念就當作一種參考想法留下來。

孔內保護式線路製作法

當然雙面軟板可以使用蓋孔式 (Tenting) 製作，也可使用線路電鍍式製作。然而如果精度需求不高，印刷法也可以完成產品，有人採用印刷填孔同時製出線路的方式製作線路。因為抗蝕刻膠料填入孔中可以保護孔銅，而線路則由印刷產生保護，因此蝕刻不會傷及孔銅，可以順利蝕刻線路。

另外一種線路製作模式，就是利用電著塗裝技術做孔內及板面保護膜，之後利用曝光顯影製程做影像轉移及蝕刻製程。它的特性與前述製程類似，也可以達到保護孔銅目的。

高分子厚膜技術填孔

　　1980 年代由於電子產品普及化，一些單面薄膜開關類軟板開始採用高分子厚膜技術量產。而在數年後，大量印刷填通孔產品也被軟板大廠用於量產。當年眞空貫孔技術有相關專利保護，銀膠在眞空拉力下填入通孔中，之後做線路印刷及油墨硬化，這種做法可以連續生產。

銅線路與高分子厚膜技術的混用

　　如前所述厚膜技術可用於銅線路產品，雙面銅基材也可以先製作孔及線路，之後再做孔內導電膏填充。導電膏填充可以用印刷、點膠、眞空填充等法，這些方法做出來的導通結構都是圓柱型。這種做法因爲兼顧銅的焊接及導電性，同時又提供較低單價軟板製程，因此是一種頗具競爭力的製作法。圖 11.6 所示，爲可以使用混合製程製作的按鍵產品。

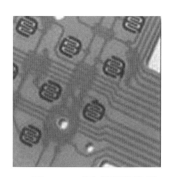

▲ 圖 11.6　混成線路軟板

眞空蒸鍍的電路板製作法

　　眞空蒸鍍技術引用，源自於細線路軟板需求。包括了特別精細的軟板及 TAB、COF 產品，因爲這種結構可降低蝕刻量，改善線路尺寸控制能力。圖 11.7 爲典型軟板材料蒸鍍設備作業狀態。

▲ 圖 11.7　典型軟板材料蒸鍍設備

11.6 多層軟板結構與製作

多層軟板因為特殊組裝應用受到重視，即便是單價偏高仍然如此，主要是因為組裝工程設計者認為，利用這種材料與結構可以獲得一些特別好處，尤其是複雜連線方式。這種複雜連結結構，其需求特性及操作法都比較特殊，因此只能用片狀生產。

傳統多層軟板結構與製作

其實傳統設計對多層軟板應用本來就很少，因此任何這類新設計及想法都是一種新嘗試，也因為這種特性多數人都只能提供一些概略性描述說明這種不太標準化的製程。軟性多層板製作，以軟性基材打工具孔開始，之後透過工具孔製作線路及後續覆蓋層保護。再後利用膠合片 (Adhesion Ply) 做片間黏結並鑽孔，此時整體軟板外部會有尚未蝕刻的銅皮，而鑽孔也必須依據事先製作出來的工具孔做機械鑽孔，藉以保持整體對位性。鑽出的孔會以電漿清孔或其他恰當製程做清潔，之後做通孔導通。這些導通方式並不僅止於化學銅製程，其他導電做法也可以使用。圖 11.8 所示為多層軟板導通後的孔內狀況。

之後利用影像轉移將線路製作出來並電鍍線路，線路電鍍完成時表面鍍上一層純錫作為抗蝕刻層，接著線路蝕刻做出外層線路。這種做法，大致上與硬式電路板做法類似，但清孔做法可能較為特殊。這之後可以做覆蓋層貼合，焊錫塗裝製程也可能引用。噴錫、浸錫等製程都有人採用，主要是看應用需求而定。前述步驟完成後，就可做成型及後續組裝。

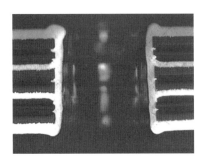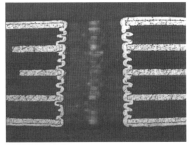

▲ 圖 11.8　多層軟板通孔電鍍成果

異向性導電膜應用

異向性導電膜也有部分軟板應用實例，特別是在一些軟板與硬板或軟板與元件間的連結，有些新嘗試甚至想用這類材料做兩張單面板間連結，用以製作多層軟板。因為這種材料特性是單向性導電模式，導電方向恰好與壓合方向一致，因此只要把要連結與不連結區域用介電質分離，就可以達成導通。圖 11.9 所示為異向性導電膜用於 IC 構裝的概念。凸塊與基板間的導通，靠的就是異向性導電膜單向導通能力。

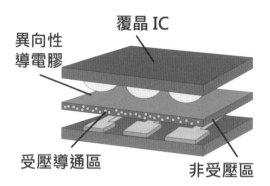

▲ 圖 11.9　異向導電膜的應用方式

　　這種做法因為只有導通區域會產生連結，並沒有累積應力會產生，因此高層數軟板結構也可以製作，這就是有名的 Z-Link 技術。圖 11.10 所示為美國 Shedahl 的 Z-Link 技術示意圖。

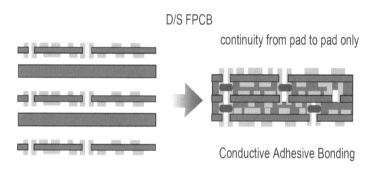

▲ 圖 11.10　Shedahl 的 Z-Link 技術

電鍍凸塊多層板製作技術 (Plated Post Interconnection Technology)

　　這種技術就是利用單面銅皮鑽孔基板，在塑膠材料的一邊做鑽孔，再利用電鍍在孔區域內做電鍍，將孔內填滿金屬。之後製作線路，完成單張電路板製程。之後將多片內層電路板堆疊做壓合，藉以達成高密度連結。因為這種做法比較適合硬板製作，因此如果用軟板製作可以在板後加一片硬板，做完生產後再去除即可。

　　其實多層軟板做法也非常多樣化已如前述，這幾種做法不過是其中一些範例而已。

11.7 軟硬板的結構與製作

　　軟硬板結構恐怕是目前電路板業中結構最複雜的產品類別，它需要使用軟板與硬板兩者應用的相關技術。從設計正面角度來看，軟硬板提供了元件連結與組裝最大彈性，同時可以降低元件連結失敗率及節省空間，但卻增加了製作難度。

　　以往軟硬板就被認爲是軍方專用電路板，但是可攜式少電子產品卻開始大量使用，且導入高密度電路板結構。圖 11.11 所示爲電子產品用軟硬板設計範例，可以節約空間同時減低連結器可能失誤。

▲ 圖 11.11　雙面與多片連結的軟硬板

軟硬板結構與製作

　　軍事用途，沒有什麼標準設計模式可供遵循，而最簡單軟硬板設計，就是兩片硬板被一片軟板連結。如果是較爲複雜的設計，可能有超過十片硬板被軟板連結，這種結構就是將數個單一功能結構體再作連結所呈現的軟硬板結構。

　　軟硬板某些時候也作爲大型系統板連結用途，因爲這類應用常常是多片系統板利用軟硬板結構連結，在彎曲區域容易產生重力造成應力，因此多數設計都會延長軟板長度，藉以消除急轉彎折的可能損害。因爲這類軟硬板複雜度很高，因此不容易有固定製作程序，但許多的機械處理難度確實要比一般電路板高卻是不爭的事實。圖 11.12 所示爲日本鈴木製作所公佈在網站上的軟硬板製作流程。

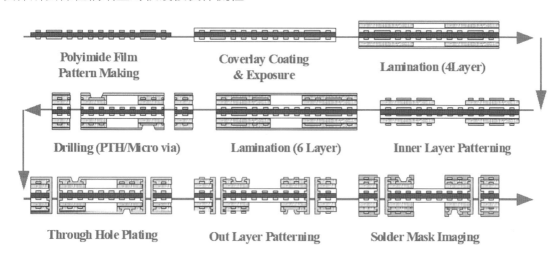

▲ 圖 11.12　日本鈴木製作所公佈在網站上的軟硬板製作流程

新材料的信賴度

製作軍用軟硬板重要課題，是必須符合產品熱應力及熱循環測試。要讓軟硬板通過測試，這比讓硬板通過測試難上許多，因為軟板中的黏著劑有不少壓克力樹脂的關係。因為這些樹脂漲縮係數都比較高，有的時候會高於 400 ppm/℃。這種特性對通孔品質會有直接影響，過度的應力在熱循環時很容易產生信賴度問題。這種考驗值得製作者在生產前就做研究，恰當材料選擇會非常有幫助。

聚醯胺樹脂黏著材料，因為有低膨脹係數而受到重視，但發展之初並非如此理想，尤其要加入任何添加物卻不可讓柔軟度降低這點就十分困難。因此經過化學家努力，發展出來一些所謂共聚物 (Co-polymer)，目前它們的漲縮係數已經與銅材的 18 ppm/℃ 相當。聚醯胺樹脂類黏著劑因為有低熱膨脹係數而被引用，想嘗試取代高膨脹壓克力樹脂，但這類黏著劑並不容易操作，同時必須用較長且較高溫度作後聚合處理。

無膠基材是一種更直接改善材料特性的方法，已經有大量無膠材料用於多層及軟硬板產品。以往大家因為價差而慣於使用有膠材料，但面對無膠材料就必須作一些製程調整，這方面面對的問題必須引用者去努力解決。最典型的例子就是除膠渣製程，其實不論有膠或無膠材料，這都是一個多層軟板製作較麻煩的製程。

改變設計提高信賴度

另外一些嘗試改善信賴度的方法就是改變設計結構，而降低黏著劑使用量就是建議項目之一。這項建議中包括減少黏著劑膜張數或用更薄黏著劑塗裝量製作，但這種建議最大困難就是在壓合中如何控制厚度以及膠流量。

提高孔銅厚度也是改善軟硬板信賴度方案之一，這樣可以產生穩定互連結構並能承受熱衝擊與熱循環考驗。當然這必須是軟板在良好控制下的銅電鍍製程中製作，同時厚銅電鍍帶來的線路厚度及結構變化，在設計之初也必須考慮進去 (如：加大孔徑、加大銅墊)，這樣才能補償因銅厚增加帶來的變化影響。

CHAPTER 12

軟性電路板的設計方式

12.1 軟板設計簡述

　　產品設計攸關生產成本、信賴度、可製作性等不同層面,因此對設計者是設計之初就必須先注意的課題。軟板設計目的就是為了讓使用者能夠利用軟板特質連結。一個成功的軟板設計,必須使用者與設計生產者在開始時,就共同面對產品需求才容易成功。兩方雖然都可能對於他方技術領域較為生疏,但這並不影響合作可能性,一些事先就做的溝通步驟,絕對有助於設計成功。

　　對使用者而言,在設計前就先與設計者溝通再作設計,會降低非常多風險,同時讓使用者有第一手參加設計的機會,這也可以給設計者較多輔助資訊有助於產品成功。製作者緊密與客戶合作來釐清產品需求,絕對有助於設計進行。

12.2 立體應用的優勢

　　一個好的軟板設計,必定是電性與組裝性都良好的設計,軟板設計有利於電子產品設計者彈性應用空間。因此對軟板設計者,如何跳脫一般電路板只有平面的思考模式,才能真正發揮軟板效益。整合多個平面進入元件連結,可以改善產品信賴度及附加價值。而軟板可以提升體積連線密度、降低重量,同時便於量產及簡化產品設計,或許軟板的採購會增加單位元件費用,但卻可能降低整體產品生產成本。

　　另外有些立體灌模線路概念，也讓製作變成快速而穩定的製程。雖然初期設備投資高，但後續分擔成本卻十分低。利用恰當軟板設計特性，不但可以簡化點對點連結，因此而產生的產品尺寸縮小及可能成本降低，則是另一個採用此設計的好處。

12.3 軟板設計的一般性原則

機械特性方面

　　一般軟板機械特性應用，主要分為柔軟用於組裝及用於動態連結兩種，針對這些特定應用需求就形成了設計限制。對於動態連結軟板，必須遵守兩個基本要求，第一是銅導體必須設計在軟板幾何中心，這樣軟板運作才能產生最少應力損傷延長使用壽命。同時在可能狀態下，盡量讓折曲半徑放大，也可以減低撓曲的應力傷害。圖 12.1 所示為軟板動態應用範例。如果導體不放在幾何中心，撓曲過程就會產生拉應力及張應力，很容易產生機械性疲乏斷裂問題。

▲ 圖 12.1　軟板用於數據儲存系統的驅動機構

　　第二個設計準則是，必須使用延展性高的銅材用於動態連結，這時常代表要選用輾壓銅皮或高延展電鍍銅皮。對於軟板機械表現，主要還是看最終產品使用狀況而定，其中尤其是動態連結軟板撓曲度、撓曲半徑、撓曲速度、撓曲次數、震動性、撓曲角度等，這些都會影響軟板銅導體表現。

　　因為動態連結軟板，很難定出簡單檢測標準，因此事先試作樣品並做測試，是比較安全的方法。因為要讓銅導體受到最低應力，同時讓導體保持在幾何中心，單面軟板設計是最佳選擇。

利用柔軟特性做組裝，設計方式是多樣化的。如果彎折半徑夠大，可以使用電鍍銅皮代替高單價的輾壓銅皮。同樣的道理也發生在覆蓋層，如果設計恰當就可以用較低價塗裝材料製程製作。有多種可選擇的軟板技術，可以支援此類設計需求，如何選用最佳設計模式，還是找有經驗的廠商做討論較實際。圖 12.2 所示為軟板對稱設計的說明。

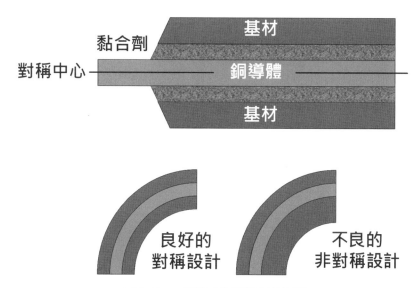

▲ 圖 12.2　軟板非對稱設計的影響

基材特性選用，已經有多種不同傳統軟板材料在使用。抗化學性、絕緣強度、耐溫性、尺寸安定性、成本都是考慮因素。目前主要用於量產的基材，仍然集中在聚亞醯胺樹脂及聚酯樹脂兩種材料，而研討範圍也多以這兩種最普遍材料優劣點為範疇。

聚亞醯胺樹脂因為具有熱及尺寸安定性特質，因此最常被軟板設計者採用，但是它的相對單價貴。聚酯樹脂不能承受高溫，也沒有好的尺寸安定性，但價格便宜有經濟效益，兩者單價大約有 20 倍差距。是否該花這麼多錢用聚亞醯胺材料，要看產品特性與價值需求。

電氣特性考慮

對軟板電性要求必須留意，導體能承受的電流都有一定限制，這會影響線路粗細設計及材料選擇。阻抗是電性的另一個課題，阻抗控制可以依據基本結構特性做推算。萬幸的是，一般軟板並不會走太高頻率訊號，因此除非面對特異性高頻軟板，多數產品並不需要特別在意，而一般訊號則由推算得知差異有限。當然這也代表，如果需要走高頻訊號的軟板，他的特性就需要特別設計。目前市場上已經有一些軟體，可以模擬相關計算推估，但要如何設定模塊做恰當推估，使用者必須用心學習。

電磁遮蔽 (Shielding) 是另一個必須注意的電性，一般電路板設計會用接地層做交談式雜訊及電磁幅射遮蔽，而這些設計會直接影響雜訊產生狀況，在愈來愈高頻的電子產品趨勢下，這種屏蔽設計會扮演更重要角色。圖 12.3 所示為軟板加上電磁遮蔽設計的產品。

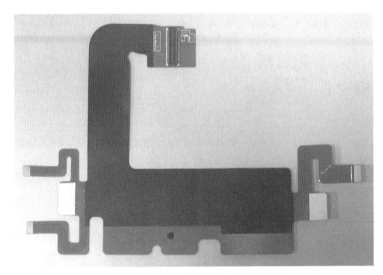

▲ 圖 12.3 加電磁遮蔽的軟板設計

線路導通性是電路板最基本功能，為了確認設計正確性，一般電腦輔助系統都會提供檢查功能，用以確認線路連結正確性。這些檢查功能都可以點對點做連通檢查，並確認是否有漏接現象，現在多數軟體還提供自動繞線設計能力，不過並不保證功能性都好，這方面就有待設計者經驗補強。

12.4 軟板繞線設計的取捨

分析設計狀況好壞，是使用者與設計者的共同責任。使用者應清楚提供期待電性目標，如：阻抗值、電流值、電阻值、最大壓降值等因素。軟板製作者接受資訊就必須提出有效、低價、可信賴設計。這時候有許多取捨問題浮現，如：選用技術對線寬間距製作的影響，這會直接影響生產成本。

同樣的道理，選用不同設計規格，也可能影響軟板採用的結構型式，如：雙面或單面板設計，有或者影響使用印刷或蝕刻技術，當然這也會影響後續的組裝模式。

這種種問題丟給不同製作者，可能會得到非常不同的答案，而主要差異則來自各家製程能力及技術強項本來就不同。也因此要獲得良好設計方案，選擇有經驗且製程參數豐富的公司，比較容易得到圓滿的解答。

12.5 線路斜邊與圓角設計的好處

線路斜邊與圓角是設計技巧，主要目的是為了提高製作可行性，同時降低區域性機械應力可能造成的斷裂問題。圖 12.4 所示為軟板線路修正的設計方法，線路修正為圓角後可以避免機械應力影響。

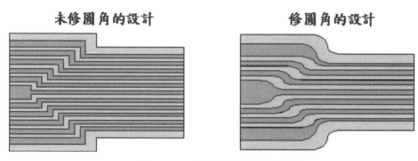

未修圓角的設計　　　　修圓角的設計

▲ 圖 12.4　軟板線路的圓角設計

因為傳統硬式電路板設計軟體，不會考慮轉角修正補強設計概念，或者是轉角彎曲處理問題，因此這些軟體未必都適用於軟板設計。當然如果想用人工自行處理是可以的，但容易有疏漏風險。所以要用心評估想要使用的軟板相關設計功能，看是否有將這些需求納入範圍，這是評估設計輔助軟體必要的工作。

12.6 連結模式的考慮

恰當的軟板設計可以減少連接器使用，近來為了降低一些端子所佔用的空間，相當比例產品已經開始採用軟硬板設計。即使軟板設計可以省掉一些連接器設計，但有些連接器設計是無法避免的，那就是一些軟板對外連接設計，常用設計模式及一般性優劣特性比較，如表 12.1 所示。

▼ 表 12.1　軟板外接的典型製作方式優劣比較

	優點	缺點
零插入力連接器	容易組裝 低價軟板 能補強較密的連結需求	銜接器較貴 表面金屬處理的選擇會影響連結的環境信賴度
夾頭式連結器	容易組裝 可以拆裝	銜接器較貴 抗震性可能較差 接點間距受限

▼ 表 12.1　軟板外接的典型製作方式優劣比較 (續)

	優點	缺點
波焊型連接器	恰當的設計可以獲致高信賴度及耐衝擊能力 中高密度連結可行 低價軟板	衛接器較貴 手工焊接及波焊費用較貴
表面黏貼型連結器	組裝可以自動化 高密度可行性高 低價軟板	
壓力搭接	低價 組裝及檢查簡單	低信賴度 低載流能力
異向性膠黏著	低價 精細間距	低連結強度高電阻 永久性連結信賴度問題多

12.7 軟板組裝焊接方法的考慮

　　聚亞醯胺與聚酯樹脂材料的軟板，都可以有自己可用的焊接方法。聚酯樹脂材料因為耐溫性不理想，希望使用快速焊接技術只直接加熱銅金屬做焊接，否則就會損及板材。某些人也會用一些治具將焊接區露出，其他地方都遮蔽來做波焊，這也是可嘗試辦法，但一般操作空間都比較小。聚亞醯胺樹脂材料對焊接問題就沒有那麼敏感，它的劣化溫度高於一般焊接溫度，但弱點是與銅黏著劑性能可能較弱，這是面對聚亞醯胺樹脂材料應該注意的部分。

　　一般對這類樹脂材料的焊接，除非製作使用的基材是低吸水性配方，否則需要注意焊接前去除材料大部分含水。因為多數聚亞醯胺樹脂是親水性材料，平均大約都有 3% 左右吸水率，因此放在空氣中一段時間就會有殘水顧慮。而預烘對一些多層板產品更加重要，因為爆板的危險性更大。

12.8 軟板排版與生產技術的關係

整體公差的合理性

　　軟板因為材料本身是柔軟的，而銅皮也依據柔軟性需求選定。另外黏著劑需與軟基材黏合，也因為沒有外加強化機構，材料本體又薄，因而可保持柔軟性。整體材料厚度是結構柔軟最大因素，而允許使用的最薄材料強度，則是設計厚度決定因素。影響尺寸安定度最大因素，就是因為軟板沒有支撐強化結構，所以尺寸安定性比其他有強化纖維的材料變化大。但大家也都了解，當類似硬式電路板的厚重結構作出來時，柔軟性也會消失殆盡。

軟板尺寸不安定性，在生產與使用都一直存在，其中有兩種不同的行為可以探討，其一是在製作生產中釋放應力的行為，其二是材料自然親水性造成的尺寸變化。

當銅皮與基材壓合時，應力就已進入材料。當線路製作出來時，在非線路區銅面會被清除，會不規則將應力釋放出來，線路完成後要製作覆蓋層，此時又會將應力加諸軟板上。這些縮放過程都不是均勻的，而且軟板質地柔軟又薄，變形量相對較大。軟板有不少是採用捲對捲製作，因此會機械方向拉扯，這與硬式電路板膠片現象類似，因此也是製作中比較需要注意的部分。

應力釋放會讓軟板收縮，給予拉力及吸濕都會讓軟板伸張，尤其是電路板製作難免有不少濕製程，如：清潔、顯影、蝕刻、去膜、電鍍等。這些濕氣都必須在面對熱衝擊製程前去除，否則容易產生爆板問題。這些熱衝擊製程，包括：噴錫、電漿清洗、最終焊接組裝等。

吸濕過程是持續不斷的，不但製作程序會有吸濕與排濕現象發生，儲存運送過程也可能發生，但這些都必須在受熱衝擊前適度去除。在成品出廠組裝後，吸濕行為繼續存在，因此尺寸問題也並未消失。這種尺寸變化呈現的是製作與組裝問題，這些不穩定因素都應納入公差考慮。

對電路板精準的尺寸製作，尚不是太大難題，但對於精確的位置難度就比較高。因為材料尺寸變化、機械公差、線路分布、工具精度、操作參數等，都對於位置精度有很大影響。

對軟板而言，聚亞醯胺樹脂材料，尺寸變異最大貢獻者恐怕是材料本身，尤其是它的吸濕性及柔軟性造成的縮放與變形。因此事先鑽出來的孔有可能因為應力釋放、吸濕膨脹，而無法與後續工具尺寸搭配，這時候適當做設計補償就十分重要。一般常見的軟板補償值，大約會設定在每一英吋漲縮值在 +/-1.5 mil 左右，隨材料來源略有差異。

經過以上討論可以想見，整體總位置公差恐怕要調整到約 6 mil 以上，才是軟板製作能承受的位置製作公差。也因此如果是用於端子連結的軟板，其位置精度應該將公差設計作到 12 ～ 14 mil 才安全。愈大的生產尺寸會產生的位置精度變異愈大，因此較小的工作尺寸會有利於一些對位與尺寸設計較嚴格的產品。

不論是軟板或是硬板，因為多個必須對位製程不是一次完成，因此本來就不容易維持的位置搭配性，尤其複合材料與樹脂基材本來就尺寸變異較大，要維持穩定難度很高。不過必須強調的是，多數位置配合狀況，主要的努力方向是穩定變異為主，並不是以變異較小為主。因為如果變異穩定仍然有機會配位穩定，但如果變異小但不穩定，設計上的補償就很難執行。

佈局對材料利用率的影響

材料佔軟板整體製作成本頗高，有效將軟板產品設計配置在生產區域內，它的重要性比硬式電路板更重要，從生產效率眼光看也是一樣。一般製造商都會有自己的排版規則及材料標準尺寸，因為操作需要在板邊留下約 0.6 ～ 1 cm 空間會有利生產作業。因為軟板常會出現一些不規則平面形狀，因此交錯式設計也會大幅提高材料利用率。圖 12.5 所示為排版利用率的比較。

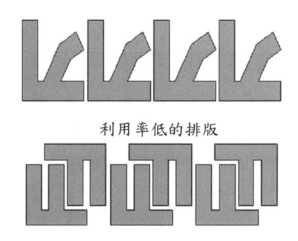

▲ 圖 12.5　軟板的排版利用率

排版方向因素

因為軟板製作有相當多機會是使用輾壓銅皮，因此線路設計方向與銅皮晶粒方向搭配性，應該要列入考慮。輾壓銅皮晶粒方向與輾壓方向一致，對動態操作軟板，可以延長產品撓曲承受度。

12.9 ⋮⋮ 加襯料 (Stiffener)

襯料一般用於穩定軟板元件組裝區與端子區，使用的材料會與軟板基材類似。當然有時候也會使用硬板材料或用灌膠法做固定，而也可能因為散熱因素使用金屬板。有時候又會因為落塵顧忌，指定不可使用有纖維的材料。

襯料製作

襯料製作法，可以簡單分為數位機具製作與模具製作兩種，數位機具製作如：鑽、銑、雷射製作法，可以節省治具製作成本，有利於小量及樣品生產。模具製作法，因為操作簡易又快速，當產量需求大時可以分擔治具費用較為有利。

薄膜襯料容易沖壓加工，使用頻率比較高，但因為沒有強化纖維支撐使得支撐效果略差，業者一般會採用略厚的膜製作。硬板材料支撐效果較好，但加工用沖壓會產生粗糙斷面並不理想，因此如果使用，會以切割法處理。這兩者間也可以看出，何以薄膜支撐結構較容易被接受。

支撐板連結

最常用的襯料黏貼材料，以熱硬化型壓克力或感壓膠為主，因為只有這種特性的膠材對安裝襯料較方便快速，感壓膠還可以在室溫下自動化生產，壓克力樹脂目前仍是主要做法。

為散熱而用的金屬襯料機構

以往插入式元件區要鑽孔才能組裝，凡是有插件元件就不太會做金屬支撐，因為不但要鑽通金屬板貼合也要精準，這些都很麻煩。但在各種元件都朝 SMD 型式設計，多數軟板設計都有用 SMD 元件，金屬襯料結構用於軟板變得較為容易。這種設計不但可以提供支撐，同時因為金屬導熱性比塑膠好，可以提供較佳導熱能力，有利於較高瓦數產品設計。

以上所有相關軟板設計技巧討論，都只是實際設計工作中非常小的部份。一些相關細節，很難用簡單文字或範例涵蓋。產品使用者要使用軟板技術時，應該多了解實際的軟板製作性，以免過度期待或過度設計。對製作者，多蒐集實際生產數據作為後續設計的參考，有利於生產順暢與良率提昇。

CHAPTER 13

軟性電路板的應用

13.1 軟板產品特性概述

一般軟板產品類型會設計成以下型式:

● 單面軟板
● 單面線路雙面組裝軟板
● 雙面軟板
● 多層軟板
● 軟硬板
● 部分強化支撐的軟板

對於這些軟板類型有清楚認識,才不至於產生不恰當應用選擇。當軟板結構型式選定後,如何善用這類軟板製程特性,去發揮最佳軟板表現,是產品能否真正成功的關鍵。

軟板的一些應用優勢:

● 可以降低系統佈局錯誤,減少元件及端子數目,降低組裝負擔。
● 簡化組裝結構,讓彎曲位置能順利操作,元件也能穩定安裝在基板上。
● 使產品比採用硬板點對點設計,更輕量化。
● 充分運用空間,同時可以獲得立體化連結設計可能性。
● 可以揭供動態連結可能性,對立體組裝彈性也提供了最佳途徑。
● 因為接點減少可以減少操作,因為減少接點應力可以提昇信賴度。
● 薄材料有利熱傳送,如果使用金屬支撐更有利於高瓦數產品設計。

● 柔軟材質特性，可以改善構裝效率。

● 薄膜特性有利 SMT 元件漲縮應力平衡，降低熱應力產生斷裂傷害。

● 因為柔軟可以對線路連結產生整合性優勢。

軟板的一些應用劣勢：

● 軟板一般單位面積單價比硬板高 (聚酯高分子厚膜板可能例外)。

● 軟板外型變化時工具設計已經完成，容易產生更動困難問題。

● 與電纜相比仍然無法承受較高電流。

● 支撐機構常是支撐大或重元件必要的手段。

● 因為不容易獨立處理單一元件，較難做修補或更換焊接元件。

● 需要治具才能自動組裝與焊接工作。

● 特性阻抗一般比硬板結構穩定性差，因為形狀不固定又有吸水變化。

● 整體尺寸穩定度較差。

　　對於軟板應用的考慮事項，包括：功能、成本、信賴度、構裝效率、空間應用等。良好軟板設計可以降低成本、改善功能、節省空間，這些影響都要被同時考慮。

　　以功能性考慮，如：電纜類排線設計，使用軟板設計來取代就可以減少 50% 重量。利用軟板設計可以擁有以下好處：

● 如果元件間有相對運動需求，且軟板設計恰當，可以提供動態連結壽命將近十億次的循環撓曲。

● 元件組裝可以在平面做，之後依據產品需求做彎曲組裝，以搭配產品外型。

● 可以恢復平整狀態做維修。

● 可以有效的提昇構裝效率。

成本考慮：

● 軟板設計可以減輕傳統以排線組裝產生的負擔，而在整體組裝費用也可能有 20 到 50% 的成本節約可能性。

● 固定接點及配接方向可以降低連結錯誤，同時可以簡化檢查、偵錯、重工等。

● 與排線相比，可以省去切線、剝線、處理接頭等繁複作業。

　　相較於硬板尺寸穩定度，軟板需要更多製程、工具、量測等的公差控制。軟板聚醯胺樹脂材料，單價比起相同面積硬板材料單價要高出許多，但軟板加入有可能降低硬板使用量及排線連結。而軟板使用可以讓產品整合更容易，因此可以降低元件、端子、接點的量，也可能同時提昇產品信賴度。

13.2 軟板組裝的應用

汽車產品 (設備的束線)

　　聚酯樹脂類軟板，已經被用於製作設備的線束超過 30 年歷史，這些線束主要用於連結電源供應器與車燈儀表等，多數這類軟板線路設計仍然是單面板。圖 13.1 為車用面板用途的軟板，對於數量多又簡單的電氣連結，軟板是不錯的選擇。

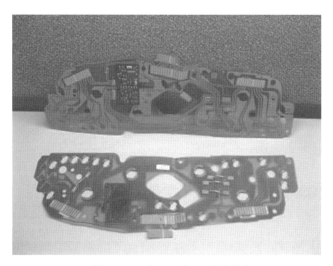

▲ 圖 13.1　車用面板用途的軟板

　　當汽車電子元件愈來愈多，某些雙面通孔軟板出現在汽車產品上。部分產品為了信賴度、耐溫與安全，會採用聚亞醯胺樹脂基材。當汽車電子朝多元化發展，電子元件用量逐年成長，現在要在駕駛面板上找到傳統儀表愈來愈難，而這類設計最佳電路板選項也是軟板。圖 13.2 所示，為傳統面板與新式面板間的對比。

傳統儀表板

新世代儀表板

▲ 圖 13.2　汽車儀表板新舊世代比較

電子控制器

　　許多複雜電子構裝被設計出來，因為其幾何結構問題而必須用到軟板設計，這類產品會使用雙面通孔軟板設計，至於元件使用則是以 SMD 為主體。圖 13.3 所示為電子控制器用的軟板。

▲ 圖 13.3　電子控制器軟板

　　為何它們會採用軟板設計，這是基於以下原因：

● 構裝密度優勢

● 優異高溫表現 (由測試的數據顯示 − 40 至 +150℃ 間熱循環測試可以超過 2,000 次)

● 由於較薄材料有更好散熱能力，如果加上金屬支撐設計，能提供更高散熱效率。

● 由於軟板材料能吸收焊點在熱膨脹下的熱應力，因此可以提升焊接表現與信賴度，這種特性在汽車類高冷熱環境應用尤其表現優異。因此部分軟板會應用在如：引擎控制器、ABS 煞車系統、環境偵測控制及環境要求較嚴苛的應用。

電子感應器

　　車用電子設備使用愈來愈多感應裝置，這些裝置主要在偵測溫度、壓力、轉速等狀況。這些應用，軟板可以提供耐溫、抗潮、熱循環承受度、柔軟度等優勢。搭配 SMD 元件組裝，仍然可以提供良好環境信賴度，這也是這類應用的重點。感壓器一般都存在惡劣環境下，不論組裝難度與實際產品環境承受度都有一定困難，而使用軟板設計可以獲得彈性組裝與環境承受度優勢。

電源供應線路應用

軟板特性提供了優異多重連線優勢，例如：一些閥門的控制、ABS 的組裝、多重繼電器的組裝等等，多重的複雜連結軟板可簡化其難度。其中尤其是軟板對於一些汽車用的液體承受度，如：煞車油等，都不致受到傷害，因此可以適合這些惡劣環境的應用。另外在散熱、輕質構裝及電流承載方面軟板也有不錯的表現。多數這類的應用會使用單雙面的聚醯胺樹脂基材製作。圖 13.4 所示為電池構裝的軟板應用。

▲ 圖 13.4 鋰電池的軟板包裝

相機 (消費性產品)

多數相機製作使用軟板設計，因為相機製作複雜度高，這些軟板有多種不同設計，主要依據產品複雜度而定。面對一些動態結構設計，軟板設計考慮項目就會包括佈局需求、恰當銅材、特定基材及覆蓋層，另外對產品所需通過的信賴度等級，都必須仔細確認。

頻繁使用的相機必須具有精簡輕質構裝，軟板使用成為不可或缺的選擇，而使用軟板也必須能夠符合順利承載信號及電力輸送功能。圖 13.5 示為相機用軟板範例。

▲ 圖 13.5 數位相機的軟板應用

電子計算機

多數隨身型電子計算機會使用軟板設計，早期電算機也使用聚亞醯胺樹脂材料製作，但是目前電算機多數已經使用低價聚酯樹脂材料與高分子厚膜技術製作。圖 13.6 所示，為電算機高分子厚膜軟板使用範例。

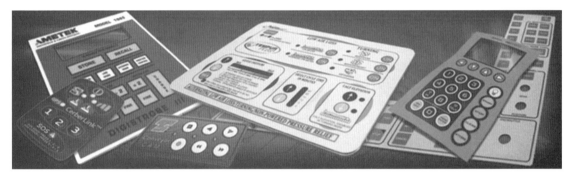

▲ 圖 13.6　高分子厚膜軟板的應用

教具與玩具

多數這類產品使用軟板與薄膜開關設計製作鍵盤，而這些軟板大多數都使用聚酯樹脂材料。對於功能元件連結，偶爾會用一些單向導電薄膜做加壓加熱連結。圖 13.7 為軟板薄膜開關的應用範例。

▲ 圖 13.7　軟板薄膜開關

家電產品

錄放影機、攝影機、隨身聽等產品，多數都或多或少使用軟板設計，中間包括單雙面聚亞醯胺樹脂軟板，部分產品還使用局部硬化製作插入式端子。軟板可以讓這類產品增加至少 50% 空間利用率，而增加的散熱板則有效強化產品散熱能力。圖 13.8 所示軟板組裝，可以改善散熱能力。

▲圖 13.8　強化散熱的軟板組裝機構

通信產品

　　許多手機產品使用軟板組裝縮小體積及提昇信賴度，這些方面的應用包括廣泛應用領域，設計從簡單高分子厚膜技術產品到複雜軟板設計都有，而柔軟特性則使可攜式產品應用曲線玲瓏。圖 13.9 所示，為手機用軟板結構。複雜的電話系統也適度的採用軟板來作元件的連結，這使得電話的設計彈性得以提昇。

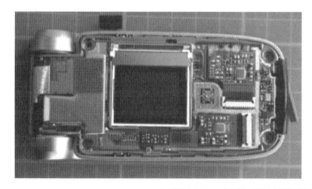

▲圖 13.9　摺疊式手機與模塊用軟板

平面顯示器控制模塊

　　對一些低電流量顯示器產品如：LED、LCD，也是使用軟板連結，目前許多傳真機也使用軟板設計製作。尤其是可以使用高分子厚膜技術的軟板產品，更得以用來生產降低成本。圖 13.10 為顯示器的應用範例。

▲ 圖 13.10　顯示器產品使用的軟板技術

數據處理設備

　　許多輸入數據用鍵盤都使用分子厚膜技術製作，這些薄膜開關可以提升設計彈性、降低成本、提昇功能及信賴度。這些技術在 1970 年代已經開始使用直到現在。圖 13.11 所示為鍵盤類的軟板應用。

▲ 圖 13.11　鍵盤用薄膜軟板

軍事與航太

　　這類軟板應用幾乎都是使用聚亞醯胺樹脂材料軟板製作，在設計型式方面，大量簡單的單雙面軟板會用在方便組裝的應用，主要作為單次使用後拋棄的用途，例如：爆破性產品。至於一些高階軟板應用，某些小量高達 30 層板的設計則用於一些特殊航空應用。

電腦數據處理 (動態撓曲應用)

　　許多動態軟板應用，發生在電腦磁碟驅動機構應用，包括了讀寫頭等部分，而印表機、打字機及影印機等應用也有類似之處。多數這類軟板設計會使用輾壓銅皮及聚醯胺樹脂基材製作軟板及覆蓋層，而設計模式多採用單層軟板。圖 13.12 所示為軟板在硬式磁碟機的應用。

▲ 圖 13.12　Seagate 的硬式磁碟機

噴墨印表機墨盒 (金點陣的連結設計)

　　金點陣設計模式提供了最高連接密度，同時這種連接設計也可以重覆使用，但在製作費用方面比較昂貴。這種連結方式在需要連結的區域製作金凸塊，表示連接點並不限於軟板端面，金凸塊高度、形狀及硬度控制提供穩定的連結品質，連結插拔次數很多仍能保有低電阻連接，但是特定彈壓機構才能提供足夠連接穩定性。這類應用以往主要以軍事用途為主。

　　對電腦使用者熟悉的周邊設備，噴墨印表機應該是其中之一。目前噴墨印表機主要設計分為兩類，各為壓電及熱泡 (Bubble Jet) 式操作模式，兩者都需要精細噴嘴及操控設計。對於主要以所謂熱泡式系統的產品設計，為了讓每次更換墨盒過程能將噴嘴更新避免噴嘴堵塞，廠商試使用軟板設計，同時加上控制機制。因此每次墨盒更新也等於是噴嘴更新。但因為訊號傳送需求，軟板接點必須作適度調整設計，因而採用了類似設計結構製作。圖 13.13 所示為噴墨印表機墨盒的金點陣軟板設計。

▲ 圖 13.13　噴墨盒使用的軟板

導線架與 TAB

TAB(Tape Automated Bonding) 是利用軟板的晶片構裝技術，結構型式以軟板製作出線路連通形狀，之後在晶片端做晶片連結。因爲要與晶片接點連結，因此晶片端線路懸空，這些線路被稱爲手指 (Fingers)，與晶片連結靠的是手指表面所作金屬處理及用加熱打線工具做連結。在軟板基材上所開的口被稱爲窗 (Window)，這個開口允許熱壓打線器做線路結合。圖 13.14 所示爲典型的 TAB 產品。

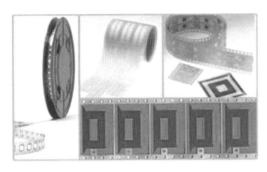

▲ 圖 13.14　幾種 TAB 產品

覆晶技術

覆晶技術用於陶瓷基板構裝，主要是因爲兩者漲縮係數相近。這類技術直接以焊接將裸晶裝在陶瓷板上，因爲相近漲縮係數才能讓晶片與載板間不致發生斷裂風險。有機載板因爲有較高漲縮係數，似乎並不完全適合用於此種領域，然而軟板卻在這方面提供了不同答案。

軟板上的覆晶技術 (COF-Chip-On-Flex)，被數種不同應用所採納，其中包括汽車工業應用。由於平面顯示器解析度不斷提高，傳統 TAB 技術已經面對接點手指密度瓶頸，因此這類產品應用發展也可以期待。圖 13.15 所示爲 COF 的做法。

▲ 圖 13.15　COF 用於顯示器的構裝

13.3 軟板立體組裝的彈性優勢

　　軟板一直是最具立體組裝優勢的連結系統，在過去有相當多研究都朝向灌模膠 (Molding) 立體線路發展，同時也有一些專業開發這類技術的公司成立。圖 13.16 所示為軟板灌膠製作的產品。

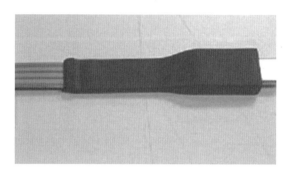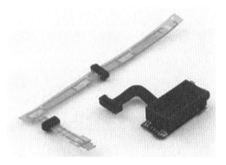

▲ 圖 13.16　軟板灌膠製作轉接頭產品

　　適當應用軟板特性，可以經濟成功引用灌模膠技術做立體線路。而軟板可以讓元件組裝平面進行，經過測試確認再做摺疊撓曲與灌模膠，完成立體設計需求。軟板可以因應用不同，採取不同基材、銅皮、黏著劑、製作技術等整合，軟板可以適應多種不同應用。

　　如果構裝密度、彈性組裝、動態連結、長期信賴度、產品輕質化、散熱能力、SMD 接點信賴度等是設計者主要需求，使用軟板將會提昇這些特質的可能性，即使成本略高，也可以從功能性提昇獲得回饋。

　　軟板連結不能只考量成本，傳統電路板沒有軟性連結能力，對一些構裝需求也較單純，而信賴度要求方面仍然以硬式電路板規格為依歸。如果線路連結複雜度高，線路長度變化也複雜，那麼使用傳統電路板設計或許仍然是較恰當選擇。但如果是長度短又需要撓曲的連結，使用軟板就是較佳選擇。軟板應用面主要在解決軟性連結、組裝便利性、信賴度、環境承受度、重量、空間應用等問題，而這些問題都不是一般傳統電路板所能應對。

CHAPTER 14

軟性電路板的製作

14.1 簡述

軟板基本製程與一般硬式電路板類似,其中基本概念最大差異在操作方式及製程中尺寸穩定性差異。對軟板所能提供的柔軟特性,恰好也造成了製程中最大挑戰。另外軟板捲對捲製程,與片片生產硬板,又是一種非常不同的技術。

14.2 一般性的製作流程

一捲軟板基材切割成適當的寬度架上生產線的前端,這是整個製程的起點,其一般性標準製造流程如圖 14.1 所示。

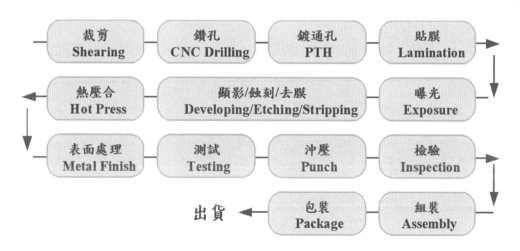

▲ 圖 14.1 軟式電路板的一般標準製程

一般線路製作及鑽孔與硬式電路板製作概念類似，只有採用的基材及設備考慮略有不同，因此只針對一些與硬式電路板較為不同的製程做概略描述。

捲對捲製程

與一般單片作業製程不同，所有製程速度必須搭配，可以有速度的差異但是不可以有拉扯現象發生。圖 14.2 為軟板用捲對捲作業機構，前後端有降低應力機構設計。

▲ 圖 14.2　軟板用的捲對捲作業機構

貼膜

如前所述，線路完成後軟板必須貼覆蓋膜，它選擇性的將要保護區域覆蓋，同時曝露出要組裝的區域。有數種不同方式可以進行這個製程，在材料特性方面，它們各有不同優劣表現已如前述。圖 14.3 所示為覆蓋膜貼合法。

▲ 圖 14.3　軟板假貼與壓合

軟板金屬表面處理

電路板是為了電子組裝而作，因此線路製作完成後，必須對需要組裝的區域做適當組裝需求處理。對高分子厚膜製作的軟板，比較沒有這類問題，因為後續只是一種黏貼式組裝。但對於曝露的金屬線路表面，就必須處理其介面了。

軟板銅金屬面，經過處理後可能會做黏貼、焊接、端子插接等組裝，因此適當金屬表面處理才能符合後續製作需求。以焊接來說，將銅面作適合焊接性處理是必要的，因此可以採用鍍銀、金、錫等表面處理。但如果是採用插接，就必須鍍上較厚鎳金，這樣才能維持多次插接導通特性。軟板因為適用熱壓焊接 (Hot Bar) 組裝，因此電鍍錫也是重要處理方法，無鉛製程需要的表面處理也該搭配發展。

沖壓成形

軟板製作最後步驟就是沖孔成型，利用機械加工將單元軟板從整捲或單片生產板切割出來。當然這類工作也有數種不同可能性，其中以機械沖壓模具做切形，既穩定又有效率，是重要軟板切割做法。如果是捲對捲材料，切割時材料可以自動推送到機械內加工。模具設計可以是公母模方式，如何讓切形精度維持一定水準，除了模具本身設計製作水準外，對於工具孔設計與使用也十分重要。模具費用差異很大，設計與方便性當然會有差異，製作者必須依據實際產品需求做考慮。圖 14.4 為軟板沖型設備。

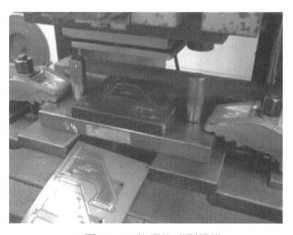

▲ 圖 14.4　軟板的成型設備

另外一種切割法是用刀模，這種模具由許多刀片狀材料固定在電木板或強度足夠的支撐板上。它的操作模式不同於沖壓公母模，軟板固定在一片切割板上，模具經過校準程序後做刀模切割，可以製作出清潔準確的軟板，但一般模具壽命比不上沖壓式公母模。雖說刀模也有一定的切割精準度，但相較於沖壓模具仍然有差距，業者應該以規格需求及數量狀況決定。圖 14.5 所示為軟板用刀模。

▲ 圖 14.5　軟板切割用的刀模

組裝

軟板製作完成，多數會與硬板做結合或與其他電子產品串接，因此廠商幾乎都被要求製作端子或簡單被動元件組裝。圖 14.6 所示，為典型被動元件貼片機。

▲ 圖 14.6　典型的被動元件貼片機

軟性電路板設計型式多樣化，流程圖中製程，與硬式電路板差異主要是前述幾項，但實質作業會因為產品差異產生不同變化，這就不是單純描述可以涵蓋的。

14.3 軟板製作特色

雖然軟板製作與一般硬式電路板類似處相當多，但仍有其獨特的地方值得進一步討論。

材料使用

一般硬式電路板製作，由於材料堅硬使製作的操作性不成問題。反觀軟板製作，不論拿取、對位、傳送等，都會面對不同挑戰，因為片狀軟板不容易經由傳動機構輸送製作，因此捲對捲製作成為軟板主要需解決的問題。如果某些軟板材料仍然必須使用片狀生產，那麼使用載板傳送是比較典型的程序。因為軟板材質薄軟，銅導體容易因為折曲產生傷害，因此所有可能傷及軟板的作業都要避免，這在硬式電路板製作少沒有如此嚴苛。

生產機具

用於電路板生產的傳動式濕製程設備，都是用滾輪式傳動機構製作產品，對於軟板這些設計會作明顯修正，滾輪材質會採用比較柔軟的材料製作，滾輪距離則會縮小許多，也因此滾輪直徑就會比較小，透水性相對降低。至於噴壓控制，由於軟板材料考慮，也會作適度設計調整。對一些捲對捲生產，有些製程特性值得注意，相關特性探討如下：

1. 收放機構：這個機構十分重要，因為恰當設計使用才能夠降低操作伸張應力，使軟板變形量能降到最低。

2. 張力調節機構：為了使軟板操作順暢平整，一定量伸張力是無法避免的，這些伸張力應該盡可能只影響操作區域，不至於作用到軟板捲內，某些製程還強調必須採用無張力製作法。為了達成這種要求，材料運轉會使用傳動皮帶設計。

3. 速度控制：由於連續傳送材料，如何搭配製程線性速度不單純，而其中對材料產生的張力影響，是考慮操作速度重要因素。一般控制線速度，會以捲收機速度為準。但這樣軟板上容易累積扭曲變形量，如果軟板會一次連續經過多個製程，那麼程序設計就必須恰當保持整體平均行進速度一致，這種同步機械設計是在軟板生產要注意的。

基材尺寸安定性與對位能力

因為軟板原料塗裝、貼合是以捲對捲作業，而軟板材料型又以薄膜為主。因此殘留應力會在製程中釋放，成為軟板製作令人最頭痛的問題。這類問題，唯有從材料特性著手了解，之後取得穩定變化數據，在軟板設計時做補償係數調整。

不同硬板可以靠邊或拍板對齊來做電路板對位，這些方法對軟板都又困難，尤其對捲對捲作業，這類做法更不可行。因此軟板對位作業與硬板作業非常不同，以下是一些軟板生產操作，對位的參考做法：

1. 對位插梢做法：軟板可以用事先沖孔定位，這樣可以用於片狀操作或捲式操作，但實際使用上則以片狀操作為主。

2. 捲對捲機械引導機構：這類做法是將整捲材料製作出導引孔，整捲軟板材料完全靠導引孔傳動，它非常像印表機捲紙孔或相機底片膠捲孔操作方式。這種設計必須使用專用收放系統操作生產。

3. 光學對位：固態攝影機是生產設備中普遍元件，電路板生產設備的印刷機、曝光機等都常配有這類設施，以輔助對位。此種設備成熟度相當高，只要確認相對位置，利用伺服馬達移位對準，就可以完成所需工作。目前電路板影像系統，都可以做到 20μm 以內對位度，但礙於軟板本身尺寸變異，這類能力必須要自行探討確認。

基礎上軟板製程類同於硬式電路板，某些設備類同性也頗大，而其間主要差異在於材料操作困難、尺寸變異較大，因而造成製程的諸多困擾。又因為軟板材料極為脆弱，些微損傷對軟板都是不能接受的缺點，這也造成軟板製作困難多所挑戰。

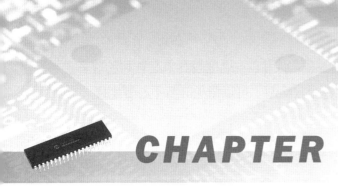

CHAPTER 15

印刷電路板的品質與信賴度

15.1 概述

　　品質與信賴度是客戶產品需求基本條件，尤其是與生命相關的產品，更必須達到百分之百品質水準，例如：汽車煞車系統、醫療用設施等。電路板作為電子元件載體，用以連結元件整合功能，因此如果電路板發生異常，電氣產品就無法正常運作。為保有產品正常功能，電路板相關品質與信賴度控管十分重要。

　　面對各種不同產品需求，如何有效管制品質並保持應有信賴度，必須對技術改善、材料開發及整體製造工程品管系統著手才能達成。品管作業必須從供應商管制、材料購入檢驗為起點，製程變異控管、生產線操作維持等為輔，加上線上品檢監測、成品管理控制，使製作工程能系統化穩定進行，這樣才能確立好的品質及穩定信賴度。

　　許多品質問題在設計時就已決定，雖然設計階段主要考慮是以電路板電性及結構為重點，但設計會影響製造的難易及良率，其中尤其會影響允許公差。因此，如何有效運用製造能力數據，用以設計恰當產品結構及恰當製程，就成為良好產品設計的要件。

　　電路板製造，除了依循各種公訂規格外，不同客戶會對產品訂定個別規格。尤其電路板會因為材料、製程條件不同而變動，產品規格中都會規範可容許誤差範圍。不論個別產品間或批次間，客戶都希望變異可以控制在較小範圍，但愈嚴的規格相對良率愈低。

製造商與客戶間如何協調出可接受的規格必須特別用心，過度設計未必有利於買者，過鬆規格也不會被使用者接受。清楚界定出恰當允收範圍，可以避免許多不必要困擾。

15.2 參考規範及規格

規格、規範的產生，可能是由使用者提出，也可能是由供應者提出，兩者著眼點可能不同，但要對產品品質作出定義的目的卻一樣。問題在於，如果兩者對於產品需求定義產生矛盾，要如何解決？這就必須要有公正的第三者，定義規範作為參考，這就是業界常看到的規範由來。

業者會依據實務反應產品製作現實問題，這類資訊會反應在規範中，並獲得製作者與使用者認同，這樣比較容易推動產業運作，同時減少不必要的期待與爭端。當然產業可以在一般規範外，另外訂定一些附加規則，這些規則就成為產品的特定規格，這些附加定義，在新產品發展中特別重要，也常被採用。

規範與規格時常混淆，簡單的說規範是用於定義一般性事物做法與要求，但規格則是以結果論，就是將產品需求清楚寫出來。規範與規格是產品製造溝通的基準，善用這些基準有助於工作順利運作。

15.3 規範與規格的產生處

世界上有許多規範訂定機構，這包含私人單位及政府單位，而某些產業協會也會制定特定產業規範。軟板有些相關機構規範涵蓋這類資訊，他們包括工業界的規範、歐亞重要國家規範及美國政府、軍方、航太規範等。目前業界比較常使用的一些規範，以美國相關規範較多，茲簡述如下：

1. IPC(Institute of Printed Circuits) 成立於 1957，定期對於電子電路相關議題做會議討論並訂定規則，多數規範對世界電子產品發展影響深遠。

2. ANSI(American National Standards Institute) 成立於 1918 年，功能主要在解決規格規範爭端與矛盾問題，他同時提供一些規範發展狀況資訊與相關協會組織交流

3. NEMA(National Electrical Manufacturers Association) 成立於 1926 年，主要針對各種產品生產、輸送及電力控制與使用方面研討。對電路板業者應該並不陌生，因為電路板基材規範就是由該組織絕緣材料小組訂定。

4. IEC(International Electrotechnical Commission)Publication，針對相關電路板規格建立共識與制定主要國際規範，其中規定了格線規格、專業用語、單雙面及多層印刷電路板等各種規格。

　　除了這些組織外，美國軍方規範也被特定工業應用遵循，而美國 UL 規範則對於一般電氣產品產生直接影響，這些相關資訊當然也是軟板業者應該注意的資訊。

　　這些年來技術進步極快，許多新材料並不為舊規格涵蓋，尤其是高密度增層板材料及結構，不論認證及規格訂定都必須加緊追趕才能符合現實所需。

15.4　多層電路板品質管理

一般基本品保項目

　　電鍍通孔電路板及高密度增層板的重要品質，如表 15.1 所示。

▼ 表 15.1　電路板重要品檢項目

電氣特性	線路的電阻、線路間的絕緣電阻、耐電壓強度、特性阻抗值、高周波特性、交談式雜訊、電磁遮蔽性等。
產品尺寸	細寬間距、孔圈尺寸 (annular-ring)、鑽孔及最終孔徑、成品外形尺寸、板彎板翹、板厚、位置精度、止焊漆開口準度及尺寸等
線路缺點	短斷路、線路缺口、線細、針孔、間距不足、銅渣、銅粗等等
鍍層缺陷	鍍層結合力、鍍層空隙、鍍層剝落、孔內結塊、鍍層變色或污染、鍍層厚度不足或不均等。
介電層的缺陷	基板空隙、白斑、刮痕、變色、缺口、異物污染等。
止焊漆缺陷	針孔、跳印、厚度不均或不足、剝落、龜裂、變色等
可靠度	導通性： 通孔電鍍的連接信賴性線路與通孔鍍層間的連接完整性線路的連接完整性電路板銅墊 (Pad) 與元件接點的導通信賴度絕緣性： 線路間的絕緣電阻大小銅層間的絕緣強度線路與鄰接銅面間的絕緣信賴度 鄰接孔間的絕緣信賴度

　　表列項目部份可做非破壞檢查，當必要時則可做切片斷面檢查，這是針對不破壞不能檢查的項目而作。

在整體信賴度還必須作熱衝擊試驗 (Thermal Shock Test)、加濕試驗等，這些做法是以加速測試手段，觀察未來成品可能的組裝及環境信賴度風險。

產品品質要求等級，會根據測試機種訂定不同標準。這些測試規格在產品設計階段即應制定，以便選擇適當材料及生產技術，才能達成產品設定品質目標。

電路板品質保證

在執行電路板品質保證時，整體品管體系非常重要，體系內基本構成項目應有：

檢驗：進貨檢查 (IQC)、製程間檢查 (IPQC)、成品檢查 (OQC)、可靠度測試 (Reliability Test) 等，這些項目實施與登記都必須嚴密執行。

電子設備組裝密度逐年提高，表面貼裝普及，陣列小型構裝 (如：BGA-CSP) 組裝、裸晶粒 (Bare-Chip) 裝配應用領域都已一般化。電路板對應此趨勢，在電鍍通孔、多層電路板及高密度增層板方面，除了結構種類變多，規格、材料及製程也變得多元化。

主要技術變化如：線路微細化、微孔化、介電層薄型化、線路厚度降低、不同製程所用新材料等都變化劇烈。而相應於快速產品結構變化，品質保證需要採用更嚴謹周密做法。

在建置產品品質管理體系時，必須從材料進貨開始管制一直到出貨檢查，所有品質保證過程都是品質控制重要工作。由於電路板可能會有外部無法檢查的潛在缺陷 (Latent Defect)，因而採用測試片或測試線路 (Coupon) 定期執行信賴度測試，就成為品質保證另一種手法。

設計對產品生產有決定性影響，設計之初就必須設法簡化程序，對電路板應有規格在製作生產工具時，應該將補償值考慮進去，對於產品允許、對製作有幫助的設計 (如：疏密不均線路可加假銅墊均分電流) 應盡量加入，如此將有利生產順暢性。

電路板生產主要檢查工作

為達成產品品質目標，重要品質保證工作項目如後：

(1) 進料檢驗

用於電路板製造的物料繁多，對所取得物料必須保持應有持續穩定水準，才能穩定製程。由於物料選用是製造工程起跑點，所有物料特性尤其是基材及銅皮，對成品性能會產生絕對影響。因此進貨時必須將物料基本資料列入，並對交貨包裝等必要條件作一律定。對各批次進料應作抽驗，並配合抽驗確實做收料檢查，持續確認物料特性及變異狀況，使材料進入製程能保持在穩定範圍內。

一般製造用的物料分為暫時材料及永久材料，所謂暫時就是製程中使用但不持續留在成品上的物料，永久材料則是成品會保留的材料。由此觀之，多層板用膠片、高密度增層板用介電質材料、銅皮、化學銅、電鍍銅、止焊漆、錫鉛、鎳金等都會出現在成品板上，應屬於永久材料，在品管應予特別重視。至於暫時材料，因為只用於生產過程，如：感光性材料 (乾膜、液態油墨)、鑽針、切刀等。這些物料由於不會出貨給客戶，主要品質控制著重於物料操作性及對產品生產品質影響。針對暫時及永久材料，使用者必須定出恰當管制方法，才能保持穩定產品品質。

進料驗收原則，可依品質長期數據穩定度作檢查頻率調節，變異大的供應商應加多檢驗量及頻率，如果可能還必須回饋數據或進廠要求改善。判別物料，變異調整實施檢查的內容。對非常安定的材料，某些時候可以在進貨時，採取所附帶的檢查報告作存證即可。

(2) 製程內品檢

電路板的製程是將多操作單元匯集而實施，因無法完全連續生產，在每段接續的製程前後就會實施進出料檢驗，這類檢驗稱為製程內品檢。需多公司推動所謂的自主經營自主品質的做法，因此製程內檢查並不由品管人員執行，而是由操作員在製程中自我檢查。

一般製程內品檢，多數採用的方法是目視外觀檢查，至於檢查項目隨製程不同而異。表 15.2 所示，為典型製程內品檢工作項目，特定尺寸規格必須用破壞性檢查法量測。

▼ 表 15.2　典型製程內品檢工作項目

製程		檢查項目或內容
流程類別	小程序	
工具孔加工		孔徑、毛邊、位置精度
線路製作 (內外層)	表面處理	研磨均勻度、毛邊、粗糙、突起、污垢、親水性
	壓膜	貼附完整性、氣泡、皺折、異物
	曝光	底片品質、板面清潔度、對位準度、真空度、能量均勻度、曝光框平整度、燈管能量強度、曝光格數
	顯影	光阻殘留、短斷路、光阻附著情況、污染、瑕疵等
	蝕刻	短路、斷路、刮傷、線寬間距、銅渣、污染、線路均勻度等
	剝膜	光阻殘留、刮傷、污染、藥液殘留等
壓板	對位孔製作	孔直徑、位置精度
	板面粗化處理	均勻度、粗化深度或厚度、刮撞傷
	疊板	平整度、膠片對稱性、厚度、疊合對準度

▼ 表 15.2　典型製程內品檢工作項目 (續)

製程		檢查項目或內容
流程類別	小程序	
鑽孔 (機鑽與雷射鑽)		孔數、孔徑、毛邊、孔內粗度、釘頭、層分離、膠渣等，雷射鑽必須加上樹脂殘留、底部孔徑、孔壁形狀三項檢查
除膠渣		膠渣殘留、蝕刻量、粗度
化學銅電鍍		析出量、析出均勻度、覆蓋率、背光檢查、析出結晶檢視
電鍍銅		鍍層厚度、均勻度、覆蓋率、結合力、鍍層空隙、伸長率、鍍層粗糙、孔內銅結、導電度等
止焊漆	前處理	毛邊、線路變形、均勻度、刮撞傷、污染等
	光阻塗裝	均勻度、覆蓋完整性、污染、厚度
	曝光	底片品質、板面清潔度、對位準度、真空度、能量均勻度、曝光框平整度、燈管能量強度、曝光格數
	顯影	光阻殘留、短斷路、光阻附著情況、污染、瑕疵等
鍍鎳金		厚度均勻度、針孔、結合力、污染
面金屬處理		均勻度、平整性、焊錫性
外形加工		尺寸精度、刮撞傷、斜邊對稱性

　　一般產品最後步驟是外觀檢查、電氣測試，泛稱 FIT(Final Inspection & Testing)，都以全數檢查為原則。電氣測試治具，必須依據量測點位置製作。對於介電質層、線路、孔銅等厚度，在出貨前必須作出完整品質報告，而這些必須以破壞性檢查才能獲得可靠數據。當然，要保持產品良率就不會切割成品區，某些客戶會在有效區設計測試線路及孔，如果沒有則製造廠商可以自行在板邊區加入驗證結構，以取得參考數據。

　　多層電路板的內層檢查，一般都會作全面檢查修補，因為內層板如果有缺點，在壓板後是無法處理的。如果事前不作確切篩選檢查，缺點造成的問題比例是相乘而非相加。因此電路板製作者導入光學自動檢查機 (AOI-Automatic Optical Inspector)，用以檢出板面缺點。對內層製程外包的生產者，回送過程如何掌握整體品質必須有恰當做法，否則容易產生品質糾紛。當然如果有其他製程外包，在整合回內部製程，品質管制的考慮是一樣的。

(3) 成品檢查

　　產品完成時必須做最後品質檢查，以保證交到客戶手中的成品是良品，這個品檢程序是採用全數檢查。由於是出貨前的最後檢查，因此也有出貨品質管制 (OQC-Out Going

Quality Control) 的稱呼。從品管精神看，這工作只能嘗試防止不良品流入客戶手中，無益於品質本體改善，因此只能說是品質檢查。常做項目有短斷路測試、外觀檢查、尺寸檢查、機械及組裝特性檢查等。

(a) 外觀、尺寸檢查

外觀、尺寸檢查主要項目如表 15.3 所示。

▼ 表 15.3　外觀、尺寸檢查主要項目

尺寸	線寬間距、銅墊、孔圈、孔徑、成品外形尺寸、板彎板翹、全板厚度、止焊漆開口大小、位置精度等。
線路缺陷	短斷路、刮撞傷、線路缺口、針孔、瑕疵、銅渣、粗糙、污染變色、線路剝離等。
鍍層缺陷	鍍層空洞、針孔、鍍層變色、污染、鍍層剝落等。止焊漆缺陷：針孔、不均勻、剝落、龜裂、殘留、變色等。
基板缺陷	基板空洞、層分離、織紋顯露、變色污染、異物、刮痕等。
金屬處理	刮痕、色澤、異物、覆蓋完整性等。

圖 15.1 所示，為典型缺點範例。外觀檢查時必須有標準規格依循，由於客戶別及產品別不同，而會有不同規格限制，因此應該對應製作不同檢驗規範。一般常見的檢驗準則有：JIS、IEC、JPCA、IPC、MIL 等各種規格，製作時可以參考採用。

▲ 圖 15.1　電路板典型缺點範例

對不易判定或說明的項目，可以製作缺點樣本並作出分級，如此可以作為檢驗時的範例便於比對。這樣做好處是可以用實物作比對，較易於訓練與辨認，同時樣品可以隨產品變化而更新，不致受限於物件更新的緩慢而無法依循。

(b) 短斷路測試

檢查線路導通的狀況，必須依據設計資料找出導通網路，採用短斷路檢查機執行檢查，以判定所做線形導通情況與設計是否一致。短斷路測試時，是由線路兩端量測有無導通。多數測試都只測定導通而不測電阻，短斷路判定是以某一基準值為依據。較精密的產品，一般都會另外訂出特別短斷路基準值。如果絕緣電

阻值很重要時，必須將重要線路間的電阻測試項目列入。傳統測試法是以接觸式量測為主，多採用探針製作治具量測。由於接線密度提高，量測方法趨於多元，導電膠片、導電布、飛針、電弧測試等陸續推出，以因應不同需求。

除前列兩大項檢查外，當然成品還有其他相關特性必須檢測，如：導體電阻、絕緣電阻、耐電壓、特性阻抗、高周波特性、雜訊、電磁遮蔽性等。但因為在短斷路測試後確認其導通性，一般製作者都會認定這些特性應該可以保持應有穩定水準，因此多數採取抽檢方式。當然偶爾也會有例外，如某些阻抗控制板因為設計值偏小，在生產初期就要求必須全面檢查，這就是一個特例。

(c) 機械及組裝特性檢查

基板耐重性、彎曲強度、線路剝離強度、層間結合強度、鍍層密著性、焊錫性、折斷溝殘留量等都與此項檢查相關。

各項目量測，除可參考主要電路板組織提供方法，也可以與客戶協調出共同同意的方法。線路不斷微細化，機械特性中的線路剝離強度頗受重視，測定時通常是將寬度 10mm 寬的銅皮以定速剝離測定當時的結合強度。因為厚度會影響拉力，因此測試時會要求標準厚度，常見的測試厚度為 35μm，厚度減小強度值也會降低。當然，測試基板材料、操作溫度也都是影響因素，測試時要充分考慮。

多層板層間強度也很重要，在內層銅箔與樹脂間、內層樹脂層間，都會要求接著強度。內層銅箔與樹脂接著強度試驗，是將粗化處理過的銅箔壓到樹脂面，再做銅皮拉力測試。內層銅與樹脂層間結合力，沒有明確測定基準，因此是以保持穩定為前題。

(4) 潛在缺點

對於多層電路板潛在缺陷無法由外部觀察，必須用附加測試片或線路做破壞檢查才能得到參考資料。對信賴度的測試項目，則必須事先將測試線路設計入板面才能執行。一般潛在缺點，會包含電鍍通孔強度及導通性、電路板銅墊與元件間連接信賴度、線路間或線路與銅面間絕緣信賴度等。

(5) 批次的考慮

多層電路板種類，依最終產品設計需求特性及指定材料而有極大不同。在製程中，常會依設計特性作不同製造排程，排程所構成批次特性，會直接影響品質表現。

批次是指將同一材料、線形、外形尺寸、立體結構等因子的產品，放在一起生產。這樣一次同時發出物料量，形成的生產單位叫做批次。一般習慣是愈高層數電路板，一批所發片數愈少，以防止過重的內層製程負荷。當然某些製程為了提高機械稼動率，也有混和生產的例子，但一般仍以批為生產單元。

批次管制對品質控制有極大影響，因爲生產管制是以批爲單位，品質現象也會以批呈現。生產中絕不可將批次弄亂，否則不但生產受阻連品質控制也難落實。一般生產都會在每個批次加上號碼，和生產流程指示單一起傳送。指示單上的記錄，也隨著材料批次向後製程流動，所紀錄的內容自然可以提供生產管制追蹤，同時成爲品質追蹤的依據。其所記錄各事項，如：作業進出時間、品質狀況、操作人員、檢查人員等，都是追蹤電路板狀況的重要依據。目前這些工作，較有規模的公司都已經電腦化了，不過紙張的工作單多數都仍然保留，作爲輔助、人工簽核、異常追蹤時的依據。

成品切割後，批次管制必須與測試片管理連結，否則一旦出貨有問題，既無法追蹤更別提可以改善。追蹤批次的做法，從材料到成品出貨都有完整管制，並有資料可以追蹤查核，最終產品才能有完好品質保證。

(6) 測試線路

(a) 測試片

對於無法作非破壞測試的品管項目，要準備測試片破壞檢查才能讓製程及成品獲得保障。樣片多數設計在電路板周邊或小片交接處，也有產品特別要求每單一成品邊都附上小測試片，以破壞性測試及檢查。

測試線路沒有固定設計，原則上以能反映品質特性爲設計指標。測試片規劃最好是將產品代表性線路規則與結構，以電鍍通孔或微孔配合線路設計呈現在板邊供測試。線路線寬間距、孔徑、銅墊大小、內層厚度等，都盡量作得與實際產品相同，數量則視實際需要增減。

切片使用時機隨檢測項目不同而不同，爲追蹤製程狀況而做的切片一般都會在製程完成後即刻執行，但如果爲確認信賴度測試結果而做，則會在信賴度測試 (如：熱衝擊或加濕) 後，做電性及微切片檢查。

一般微切片的檢查項目：

對於鑽孔孔徑、鍍層分佈、內層偏移、孔壁缺點、膠渣殘留、回蝕程度、釘頭、鍍層空洞、孔緣龜裂、壓板空隙、層間剝離、焊錫厚度、金鎳鍍層厚度、樹脂厚度等，微切片檢查都是不錯的觀察方式。

同一批次測試片，會做浸油式 (Liquid to Liquid) 熱衝擊測試、漂錫測試 (Solder Dip Test)、熱氣式 (Air to Air) 熱衝擊測試。其後做焊錫焊接性 (solderability) 測試及切片檢查，以觀察鍍層是否龜裂、鍍通孔是否仍連接良好、基材是否剝離或爆板、線路是否浮起等。加濕試驗主要是模擬電路板使用生命週期中，與絕緣性有關的電性試驗，尤其是線路層與接地或電源層間絕緣性。由於電路板材料生產或製作電路板製程中，有可能發生異物侵入或介電層產生空隙等問題，這些問題都可能影響電路板絕緣性，當然在信賴度測試必須包含在內。

(b) 測試線路

由於測試片多附在板面周圍，雖然是推斷製程能力的好工具，卻不能完全呈現成品特性。為了確認製程能力，用相同等級測試電路設計製作電路板，經過所有相同製程後做破壞性測試。經過實驗計劃推定，較能確實掌握製程能力，但相對測試成本也較高。一般會執行完整測試線路的情況，多數都是新設製程、新設機台、接到新製品等才會做如此昂貴的實驗。

對於線路測試，除了前述項目外，還有長期熱循環測試 (Thermal Cycleing Testing)、蒸氣鍋測試 (Pressure Cook Test)、成品掉落測試 (Drop Test) 等，用以評估整體電路板在不同環境下的特性變化。經過這類測試後，線路仍必須再作外觀檢查、導通測試、拉力測試、電氣測試、耐燃測試等不同項目再驗證，以確認劣化實驗後電路板仍處於正常狀態。

(c) 切片檢查的方法

斷面檢查 (Micro-Crossection) 可以用來觀察電路板結構狀態，從其中獲得許多與製程及產品表現的資訊。一般觀察是用顯微鏡查看某個電路板斷面，從斷面呈現的影像取得資訊。雖然這種手段可獲得各種不同資料，但試片製作卻很難自動化，尤其是位置選定、正確切割、良好固定、精細研磨，這些都需要以人工方式操作。

切片與檢視的程序如下：決定檢視位置、取樣方向，如：垂直、水平或斜切取樣。

● 將要測定的孔或樣本灌膠。(選定的測定位置，要便於研磨作業。為了可以一次研磨多個試片，位置要互相配合並有效率地一次填入多個樣本。)

● 研磨出測定位置，先用粗研磨再用細研磨。研磨是邊加水邊做的濕式法。研磨面必須保持不傾斜，及早進入細研磨以免過度研磨讓檢視部分消失不見。

● 最後以拋光粉打磨樣本至細緻易觀察狀態。

● 研磨完畢將樣本洗淨，經過微蝕的程序做顯微鏡觀察。

電路板多數觀察對象是銅，用銅蝕刻液可以去除研磨的延伸變形，同時可以形成金屬界線讓觀察更容易，一般使用銅蝕刻液為雙氧水加氨混合液。蝕刻後樣本再洗淨，擦乾後就可以做顯微鏡觀察。特定廠商還建議採用專用蒸鍍設備，可以增加切片對比有利於觀察，必要可以考慮採用。圖 15.2 為強化對比的切面範例。

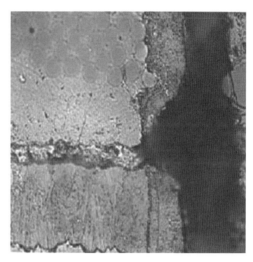

▲ 圖 15.2　經過鐵蒸鍍後的強對比切片範例 (來源：ATO 教材)

目前切片觀測顯微鏡，都會附有數值功能可以量測及照相。這些都有助於留下數據及影像證據，可以追蹤缺點、確認尺寸作成各種可作為教育訓練的資料。對信賴度測試前後變化，若使用切片測定，也可以得到許多關於電路板信賴度資訊。經過取樣測試定期保存這類資料，對送廠產品可以提供充分品質保證與追蹤能力。

15.5 ▦ 品質管制與產品信賴度

現代品管做法，常以統計手法作為偵測與改善問題工具，諸如品管七大手法、實驗計劃法等都是耳熟能詳的應用手段。用於製造產品的物料，必定存在某種程度變異，而製程條件本身也都只能設定在某一範圍。因此產品最終產出，總會有一定比例超出產品規格。如何讓良率提高，以統計手法確認產品與製程都處在最佳狀態，是製作者努力的方向。

製造高密度增層板，品管負有更重大責任。由於這種電路板密度高，不良率又有累加性，相關問題追蹤影響整體良率很大。尤其許多品質問題屬於跨製程問題，如果不能確實了解製程間橫向牽連關係，品質改善並不容易，這也是為何許多電路板業者在改善單一製程後，卻無法對整體品質作出貢獻的原因。

電路板表面缺點可以直接觀察，但內部潛在品質瑕疵不易偵測。破壞性測試，是確認潛在缺點的方法之一。依據以往經驗，因為潛在缺點不易在一般測試中察覺，常是成品左右信賴度的重大問題。這類問題最好在製程中排除，否則會成為信賴度殺手。

為了保有信賴度，除了前述測試片檢查必須執行，還要定期在電路板上加入信賴度測試線路，全方位確認製程能力及品質狀況，從而改善品質。評估範圍涵蓋可以廣泛，但千萬不要只重多樣測試項目，而忽略了內容切實，使用對的量測方法及每單項測試足量，會比測試項目多更重要。如果品管人力不足，可以交替作各種品質指標追蹤，但不能輕忽量測程序。

　　持續實施品管數據蒐集，最好作適當整理與保存。它可以累積起來作為日後訓練及判讀問題依據，也有助於製程改善及信賴度提昇。

15.6 多層板整體信賴度探討

　　測試目的是為了確認產品符合一定規格水準，沒有測試標準就無法評估產品現況與未來表現，而產品類型則會影響測試方法選用。經濟執行測試工作，取樣是最可行的辦法，應該讓取樣程序能代表整體產品表現。如果產品是大量生產所產生，一切過程都經過適當控制，品質與特性應該落在合理的狀況範圍內。製程變因必須要監控，而取樣測試做統計分析，則有助於產出允收產品。測試與檢查並不相同，檢查只是將有問題與沒問題的產物分開，但測試卻是要做信賴度把關，意義不相同。

　　信賴性有兩個層面，其一是取得產品時的故障率有多高？其二是產品可以穩定使用壽命有多長？這是一般對產品信賴度的認知。由於產品檢查無法確實檢出所有缺點，尤其是潛在缺點，因此希望藉由品保體系，使材料、製程及操作管理能提昇產品信賴度，使產品使用者滿意度提高。電路板必須根據設計規格製造，並持續供應穩定無潛在瑕疵的產品。隨著線路微細化、孔微形化、板厚降低、結構多樣趨勢，容許公差愈來愈嚴，相對信賴度挑戰也愈高，這些都是信賴度必須努力的方向。

　　使用者的立場，不論使用何種設備或機械，都會期待拋棄或不再使用前一切運作順利。尤其是與生命安全相關的設備，如：航太設備、航空器、汽車、醫療器材等，皆不容任何故障發生，否則會危及生命。因此對此類產品規格，業界定有非常嚴謹的規定，尤其是與信賴度有關的規定更是嚴格。這類產品所用電路板不僅對線路、孔徑等一般規格有要求，從設計階段就開始關注信賴度問題。在 IEC 電路板規格中，將用途分為：航太用、電腦控制機具用、民生用不同等級，對其信賴度有不同等級的探討及規定。

　　電路板是結構性元件，作為電子元件載體是主要功能，若板內發生瑕疵則系統完全無法運作，其損失為整體。這不同於單一元件故障可以即時更換修補，因此信賴度測試扮演的角色就格外重要。一般電路板信賴度，主要著重在導通及絕緣，但對於可攜式電子設備則會追加振動、掉落等使用中會發生的現象模擬測試。

電路板應力及環境測試

多層電路板信賴度，會因使用環境變化而劣化，超過允許範圍就會故障。而環境條件中，又以熱及濕度影響最大。電路板製作完成後所受應力，一般最常見的是熱應力。由於電子元件組裝日趨繁複，表面貼裝時常必須做兩次甚至更多次，所以會受到超過兩次以上熱衝擊應力。由於無鉛焊錫導入，重熔 (Reflow) 溫度提高，因而材料特性也受到嚴苛考驗，對電路板信賴度影響就更須重視。

另外在電子元件作業時，必然會因作業而散發出熱量。對高功率元件，一般都會設置冷卻機構，但對略小功率者就未必如此。這些因素對信賴度的影響，在探討時也必須考慮。

至於濕度影響，一般最怕的是組裝前溼度吸收，其中尤其是電路板成品包裝運送最容易發生問題。近年來較高階產品不但有真空包裝，較精細者甚至使用防靜電包材，問題確實因為這些處理而減少。至於操作中電路板，一般對於環境溼度較高的地方，會要求設備配置空調設施，否則設備停機或開啟程序造成的溫濕差異，可能會產生結露問題，進而對信賴度產生影響。

在這些應力及溼度影響下，如何使電子設備仍能順利運作並使壽命延長，就有賴信賴度提昇的工程努力。依據以往經驗，電路板信賴度問題，幾乎都源自於製造程序發生的潛在缺陷，因此這方面的問題特別值得重視。表 15.4 為一般電路板受到應力影響的一些項目整理。

▼ 表 15.4　一般印刷電路板受到的應力

應力種類	施加時間	應力的工程	應力條件	備註
熱	元件裝載時	元件插入組裝	230 ～ 260℃ 2 ～ 5 秒	
		表面組裝 超音波熔接 覆晶組裝	230 ～ 250℃ 10 ～ 60 秒 230 ～ 260℃ 2 ～ 5 秒 依材料而定 230 ～ 250℃ 10 ～ 60 秒	
	元件更換時	熱空氣與焊錫烙鐵		作業中也要施力
	裝置放置	屋外放置	8 ～ 120℃	
	裝置操作	電路發熱	使用中 60 ～ 80℃	
溼度	放置時	輸送、保管、設置期間、裝置暫時停止	室溫、85 ～ 100% RH	

電路板信賴性主要分為導通、絕緣兩類信賴度。對這兩類長時間受熱應力及溼度影響，產生信賴度問題，主要影響因素如表 15.5 所列。

▼ 表 15.5　熱應力及溼度對信賴度的影響

導通信賴度	
原因	現象
● 鍍層的伸長率不足	● 鍍層龜裂
● 鍍層厚度不足	● 鍍層龜裂
● 樹脂膠渣	● 孔壁與內層連接不良
● 鍍層結合力差	● 孔壁與內層連接不良
● 銅箔物性差	● 線路斷裂
絕緣信賴度	
原因	現象
● 膠片與基材、銅箔微細剝離	● 絕緣不良離子遷移
● 玻纖被溶液滲透	● 離子遷移 CAF(Conductive Anodic Filament)、絕緣不良
● 孔位置偏移等	● 絕緣不良離子遷移

由於潛在缺點呈現時間拖延較長，因此多數信賴度實驗都採用加速、加強法，以期縮短時間模擬出可能發生的狀況，這些測試方法及規定隨產品及各地規格而不同。例如：IPC-TM-650 就是一系列測試方法規範，但對某些特定測試仍必須業者自行規劃。對導通信賴度的試驗，以熱衝擊試驗較具代表性，試驗以低、高溫間定時移動循環衝擊，測試電路板導通信賴度。一般作法以熱煤油作液相測試，測試標準依業者希望方式作業。在試驗溫度選擇方面，溫度範圍以高溫 250、150、125℃較常被採用，低溫則有 − 65、− 60、− 40℃，操作溫度及停滯時間依產品及公司而不同。

絕緣信賴度測試必須在有水氣狀態下作業，主要是模擬電路板吸濕後對絕緣性影響，因此被稱為加濕絕緣試驗。由於電路板加濕後不但金屬離子有遷移的媒介，電路板結構也會因為水氣液態與氣態間變化產生破壞應力，近來電路板在半導體構裝載板產品，就常使用 HAST(Highly Accelerated Temperature & Humidity Stress Test) 這類溫濕熱循環試驗，加速電路板老化及應力反應，以快速驗證產品信賴度。常用的加濕試驗多在 85℃；85%RH 下進行，試驗時間依需要而定，常見規格 700 ∼ 1000 小時左右。

蒸氣鍋測試 PCT(Pressure Cooker Test) 是在飽和水蒸氣內的高溫試驗，此測試對塑膠基材相當嚴苛。目前一般電路板材料多數都很難通過此項考驗，幸好不少使用者也認同 PCT 對塑膠基材要求過苛，因此多所修正並不強求。

　　環境測試為抽樣破壞性檢查，對缺陷解析十分重要，尤其對製程改善及材料選用有回饋必要性。因此對信賴度測試案例多作了解，有助於長期製程解析及品質改善能力提昇。

　　電路板導通信賴度，主要著重在多層板鍍通孔、增層板微孔立體連接或線路連接完整性上。

(1) 電鍍層信賴度

在多層板鍍通孔或增層微孔鍍層信賴度方面，較會發生的問題是：

● 材料物性與鍍層物性不合引起的龜裂。

● 製程中產生的鍍層缺陷，如：密著不良、鍍層空隙或不均

● 膠渣殘留引起的連接不良。

發現問題要靠對製程充分的了解，發生時迅速的回饋。

　　在鍍通孔鍍層信賴度上發現問題，多數屬於局部性缺點。由於近年來電子設備替換率高，使用時間都不十分長，因此信賴度訂定有放鬆現象，常聽到所謂一萬小時至兩萬小時使用壽命，多數都是模擬每天使用約八小時，可以使用超過三到六年的假設性數字。由於高密度增層電路板歷史並不久，新的設計結構不斷推出，長期信賴度數據尚不足，無法充分反應實際產品信賴度狀況。因此只能針對目前所了解的有限資訊，作適度的探討。

(a) 電鍍通孔信賴度

　　　　電鍍通孔信賴度，在許多不同產品與應用領域都有探討。如圖 15.3 所示，電路板經過熱應力測試，孔轉角處應力斷裂範例。從以往研究證實，電鍍通孔應力斷裂除了與鍍銅層物性有關，與孔幾何形狀尺寸也有關。因熱膨脹對不同材料會產生不同變形量，不平衡變形會使通孔鍍層產生拉扯，因此可能拉斷或剝離孔壁上的內層銅。一般斷裂原因多為冷熱循環造成，測試方法用熱衝擊及熱循環產生的應力，藉反覆疲勞應力測試模擬實際設備操作狀況。

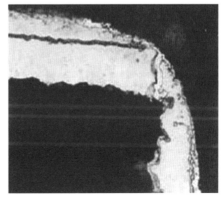

▲ 圖 15.3　加熱應力斷裂的通孔斷面

　　　電路板朝高密度化、多層化發展，面對更多複雜組裝程序，選用恰當樹脂材料，設計恰當電路板結構，才容易作出高品質多層電路板。以往對通孔鍍銅厚度，多數都以最低厚度 1 mil 為指標。由於高密度電路板，板厚隨細線製程出現而保持在較低狀態，垂直方向熱膨脹變化相對較小，因此鍍層厚度也有放鬆現象。

(b) 盲孔鍍層信賴度

　　　使用高密度增層板的盲孔，一般深度設計範圍約為 30 ～ 100 μm。相較於傳統通孔，鍍銅厚度可以較薄，一般常定義的厚度約為 10 ～ 20 μm 間。由於盲孔深度有限，因此一般問題都不出在孔轉角處，反而因為化學銅處理或雷射鑽孔因素，使盲孔經過信賴度測試後在孔底與銅墊間介面產生斷裂。多數這類原因，還是因為介面清潔度不足造成的機會較多，圖 15.4 為盲孔經過信賴度測試後產生斷裂的範例。

▲ 圖 15.4　盲孔經過信賴度測試產生的斷裂

　　　高密度增層板的構造，現在已經累積了較多資料，結果顯示此類電路板仍具有不錯的信賴性。

(c) 膠渣與導通信賴度的關係

　　　多層電路板，電鍍通孔鍍層與內層連接好壞十分重要。在機械鑽孔或雷射鑽孔作業時產生或殘留的膠渣，會對連接完整性產生很大影響。一般對膠渣要求幾乎都是一致的，不允許孔壁與孔銅間有膠渣存在。現行鑽孔製程後，都會做除膠渣作業，因而膠渣殘留導致的導通不良並不多見。當然對孔間距較近的設計，除膠渣處理過度容易有絕緣不良問題，製作者不可有除膠愈乾淨愈好的想法，必須對膠去除量作適度控制。當然最佳辦法是改善鑽孔降低膠渣產生。

(d) 內層線路與孔銅連接信賴度

　　　與內層線路連接的鍍層，如：多層電路板內層銅與通孔鍍層連結、增層板盲孔與底部線路連結等。若其信賴度不良時很難判定，若已在使用中則問題更複雜化。

相關影響品質信賴度的項目有：內層銅在化學銅前處理、化學銅的物性、電鍍銅物性等，這些項目必須個別檢討才能掌控問題所在。

對化學銅製程而言，做為化學銅觸媒的鈀吸附在通孔孔壁，藉由緊密吸附，產生均勻的化學銅鍍層。但在內層銅區域，由於鈀沒有結合力，如果它仍存在於化學銅與電鍍銅間，有礙兩者結合。因此事先應該用微蝕劑去除內層銅上的整孔劑，使鈀不能吸附。

當化學銅處理良好，轉入電鍍銅製程時，應該注意銅介面清潔狀態，良好的潔淨度是良好電鍍的保證。

(2) 絕緣信賴度

固定電路板線路的介電質材料，其絕緣信賴度非常重要。絕緣特性是保障線路與線路間、層間、電鍍通孔或盲孔間，絕緣安定性與持久性的基礎。由於電路板高密度化的驅動，線間距細密化、層間薄型化、孔距縮小，要保持絕緣特性成為大問題。

絕緣變差時，金屬離子會在兩有電壓差距的線路間產生離子移動，而它主要發生的誘因，可能有以下幾個可能性：

● 線路間有電壓差，提供了離子運動動力。

● 有材料間隙產生，提供離子運動通道。

● 有水分存在，提供離子化環境媒介。

● 有金屬離子物質存在。

這些因素多數來自於材料破裂、潔淨、異物污染等等所造成。

當離子遷移現象產生，線路就會有陰陽極之分，在陰極線路會析出少量銅，陽極則會小量溶出銅。但真能觀察到的現象是，陰極線路會產生樹枝狀突出物，而陰陽極線路間則會長出霧狀銅暈狀態，這些現象最終都會產生短路。圖 15.5 所示，為離子遷移現象範例。

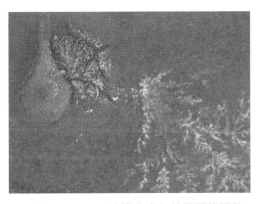

▲ 圖 15.5　Pad 破損造成的離子遷移現象

　　由於介電質層變薄是高密度增層板的特性，而多數半導體構裝板也需要較高信賴度。離子遷移既然是絕緣信賴度殺手，也難怪高密度產品都十分在乎材料吸水性，它正是離子遷移的元兇。樹脂所含不純物有加水分解性氯、電鍍液中鹽類、銅皮表面處理物如：鋅、鉻化合物、止焊漆添加物等。藉著控制鹵素及金屬鹽類含量、銅皮鉻含量、樹脂氯含量，這些對絕緣劣化影響很大的項目，可以提高多層電路板信賴性。

　　由實驗得知，早期用於銅皮防止變色的鉻酸鹽薄膜，在壓入內層基材後，由於鉻酸鹽稍具吸濕性，會使內層接著面產生少許剝離並形成微細空隙。當加濕下會產生電解液，自然形成腐蝕環境，若再有電場施壓，擴散性自然很大。樹脂若有水分解性氯游離，則銅皮會有微量溶解，並從內層線路陰極析出樹枝狀銅向陽極延伸，終致使絕緣劣化造成短路。這類問題在新一代銅皮處理已做改善，這種問題應該不需再擔心。

　　由於上述離子遷移導致絕緣劣化，但電極附近發生的作用卻難以掌握。因此對微小空隙、不明確化學品等，仍難以掌握的事項頗多。但可以確認的是，絕緣劣化與材料及製程有關，而對這種問題延伸討論，則介電層樹脂、玻纖、硬化劑、銅皮表面處理、樹脂浸潤程度等也都會有關係。在製程中開始電鍍前，有多道處理劑前處理，這些處理洗淨程序若有鹽類殘留、污染時，絕緣性也會快速劣化。因此不論生產操作、環境管理、製程化學品等外在污染，都會影響絕緣性，製作時必須杜絕。

15.7　典型環境試驗法及條件

▼ 表 15.6　環境試驗法及條件

	試驗項目	試驗條件及方法	測定項目
熱衝擊測試	熱衝擊試驗 (循環試驗) (氣相、液相)	一個循環 －65℃/15～30 min 至 125℃/15～30 min 直接送入高低溫箱內 3 分鐘做到指定的溫度 (*耐熱樹脂為 150℃)	在箱內的導體電阻變化取出外觀檢查
	熱衝擊試驗 (高溫浸漬)	一個循環 260℃/3～5 秒　　15 秒內　　常溫/20 秒 矽油　　　　　移入　　　　矽油	一個循環終了後的導體電阻變化
	熱衝擊試驗 (砂浴)	一個循環 260℃/20 秒　　　至　　　25℃/水浴 砂浴	一個循環終了後的導體電阻變化

▼ 表 15.6　環境試驗法及條件 (續)

	試驗項目	試驗條件及方法			測定項目
加濕絕緣試驗	溫溼度循環試驗	MIL275….A：65℃			試驗中的絕緣電阻及耐電壓能力取出後作外觀檢查
	耐熱性試驗 (固定加濕)		溫度	溼度	試驗中的絕緣電阻及耐電壓能力 取出後作外觀檢查
		I	85℃	85%RH	
		II	40℃	90 ～ 95%RH	
		一般都有施加電壓			
	HAST (High Accelerated temperature & humidity Stress Test) (不飽和)	EIA/JESD 22-A 110-A 130℃ 85%RH　96 Hr IEC-68-2-66 110℃ 85%RH　96/192/408 Hr 120℃ 85%RH　48/96/192 Hr 130℃ 85%RH　14/48/96 Hr			絕緣電阻測定 外觀檢查 腐蝕導致的連接不良
	PCT(Pressure Cooker Test) (飽和)	EIAJ SD-121-1985(蒸氣加壓試驗) JESD-A-B(1991)：121℃…Atom 2Hr Max 8 Hr IPC-TM-650 2.6.16：15 psig 30 min、500°F 焊錫浸漬			絕緣電阻測定 外觀檢查 腐蝕導致的連接不良

15.8 軟板的功能測試與信賴度

軟板相關規範規格

　　為了便於了解，我們以 IPC 與 MIL 規範為藍本做一些簡單研討，在軟板相關資訊方面這些規範有以下主要內容：

1. 文件會定義相關適用範圍及主要涵蓋領域。
2. 文件提供方法將相關產品或課題融入一些普遍性標題文件中。
3. 文件提供分別產品等級及特定使用方法資料。
4. 文件提供相關資訊的文件管道。
5. 相當多文件會定義需要材料及產品，這包括外觀、尺寸、機械特性、化學特性、電氣特性、環境因素等。
6. 文件中提供品質檢定及功能表現資訊，同時支援使用手法資訊。

7. 文件提供測試方法及驗證確認方式。

8. 某些特定章節會提供對各別材料或產品的表現資訊。

依據這些初步了解，就可以進入一些代表性規範巡禮：

IPC-A-600 PCB 允收標準，一份相當老的 IPC 規範，提供一般電路板允收參考標準，圖文並茂適用於軟硬板一般性允收參考。IPC 有不定期的修正更新，筆者讀過的最新版本是 H 版。

IPC-CF-150 電路板用銅皮特性標準，定義出各級銅皮的應用以及特性，同時有相關的允收標準。

IPC-FC-231 軟板基材規範，用於軟板製造的相關應用資訊。

IPC-FC-232 及 IPC-FC-233 覆蓋層黏著劑的相關規範資訊。

IPC-FC-241 軟板銅皮基材資訊，定義相關軟板基材規格及需求標準。

IPC-RF-245 有關軟硬板的規範。

IPC-D-249 有關單雙面軟板設計標準。

IPC-FC-250 有關單雙面軟板功能表現。

MIL-STD-2118 軟硬板設計需求規則。

MIL-P-50884 軟硬板用於軍用電子產品功能需求。

15.9 軟板的測試及測試方法

以下是一些軟板主要值得注意的測試項目：

原物料

原物料測試，是為了確認未來實際產品不會因為原物料問題而導致功能不足的缺點。為了信賴度問題，軟板製作者會測試基材、黏著劑、覆蓋膜等材料的物理化學性質、電性表現、環境承受度等特性。

在物理性質表現方面，測試會做一些基本的項目如下：

● 伸張強度及延長率：測試材料物理性承受度。

● 撕裂強度：確認材料要用多大力量才會撕裂。

● 延伸性撕裂強度：測試材料破裂後延伸破壞強度。

● 低溫撓曲度：做低溫撓曲承受度測試。

● 尺寸安定性：測試材料是否會因爲漲縮造成信賴度與製造困擾。

● 銅皮拉力：測試基材銅皮與基材間結合力。

● 揮發份測試：確認實際材料內揮發物質含量。

在化學性質表現方面，測試會做的基本項目如下：

● 抗化學性：確認基材不至於因爲碰觸製程化學物質產生損傷。

● 耐燃性：測試最低延續燃燒需氧量。

在電氣性質表現方面，製作樣本做以下基本測試：

● 介電質常數：對電路板特性阻抗值有影響，定義則以兩面銅間填入空氣與填入基材兩種狀況產生的電容值比例爲數值，沒有單位。

● 散逸係數：與電路板訊號傳送衰減有關，對高頻低伏特數位訊號品質影響較大

● 介電強度：測試目的在了解材料最低破壞電壓值，對高電壓應用特別重要。

● 絕緣電阻：測試目的在了解使用材料能夠期待的最大電阻。

● 表面及體積電阻：量測物料表面與體積在潮濕環境具有的絕緣電阻。

● 在環境特性表現方面，會做以下基本測試：

● 吸濕測試：量測材料吸濕量，這對電性考慮也十分重要。

● 吸濕後絕緣電阻：目的在於了解吸濕對電阻的影響。

● 菌類電阻：這部分目的是爲了要模擬板面長菌時電阻變化及影響。

軟板測試

除了原物料測試外，軟板成品測試也非常重要，許多測試是重複的，主要是爲了確認材料經過製程後，沒有劣化到不能接受的狀況。

主要檢視項目包括：目視檢查、焊錫性、尺寸變化、物理性、基本結構、通孔品質、電性、環境承受度及清潔度等。目視檢查主要目的在確認一些基本要求項目，較重要項目如下：

● 材料是否分離：這是過度熱應力或處理不當的指標，一般這類缺點都列入退貨標準。

● 線路邊緣狀況：軟板線路檢查都會注意到，線路與淚滴狀接線處是否有缺陷。

● 焊錫散逸：這是覆蓋層沒有對齊的指標，此狀況未必有品質問題，但要看規格要求而定。

● 支撐結構：支撐結構是機械強度指標，目視確認結構是必要項目。

● 印字與記號：檢查必要印記及輔助記號，以免組裝時發生問題。

● 其它缺點：一般性檢查包括手指印、髒點及其他可能的缺點。

● 焊錫性需求測試：主要在確認組裝操作軟板不會發生問題，這部分測試主要是採用沾錫測試法進行。

尺寸需求項目

尺寸檢驗主要是確認軟板組裝適用性，同時尺寸精度也與軟板是否順利發揮功能有關，以下是一些典型檢測項目：

● 孔位精度：確認孔位的位置精度，這對於軟板順利安裝有直接影響。

● 孔圈尺寸：孔圈尺寸不足會影響焊接性及信賴度。

● 覆蓋層對位準度：影響類似於孔圈尺寸問題。

● 孔徑：孔小會造成通孔元件組裝困難。

● 線路尺寸：線路尺寸必須與設計符合，過大公差不被接受。

● 線寬間距：過小間距可能影響電性及信賴度。

物理特性需求

這部分測試項目與硬板測試類似處很多，也是影響產品信賴度最大的部分，主要項目如下：

● 電鍍層結合力：確認電鍍後銅與基材有良好結合，不良結合會有潛在缺點問題。

● 線路結合力：確認製程並未傷害線路結合力。

● 撓曲測試：軟板生命週期中會有變形及運動過程，這類測試必須不發生提前線路脫離及斷裂問題。

● 動態撓曲測試：這個測試主要在確認動態撓曲產品信賴度。

堆疊結構要求

這方面的檢查，幾乎必須要做破壞性切片檢查，而微觀缺點可能會影響軟板信賴度，典型檢查項目如下：

● 測試前線路脫落：確認是否有銅墊或線路在應力測試前已經脫落，一般脫落都是因為熱應力，但如果事前就有問題應該先發現以免誤判。

● 電鍍結構：這部分主要是想確認電鍍均勻度，孔銅厚度及線路厚度都要符合規格需求，同時未發生斷裂問題。

通孔電鍍銅經過應力測試後的需求

● 熱應力測試：測試是模擬組裝過程對軟板產生的影響，一般測試條件比實際組裝會嚴苛一點。

● 重工模擬：焊接與拔取件模擬，用以確認對軟板的影響。

● 測試後線路脫落：經過應力測試產生線路或銅墊脫落現象偵測。

電性需求是一種對軟板產品規格定義的作法，電路接續與否及線路絕緣性是主要訴求，當然有時也會有特性阻抗或其他特別項目會依需要而增加。

● 短斷路：這個測試主要是確認軟板沒有短斷路，並驗證線路運作正常。

● 絕緣電阻：這個測試主要是確認製程是否有傷害絕緣電阻。

環境測試需求，主要在偵測各種環境變化對軟板品質與信賴度影響。

● 吸濕性：這種測試有時會用吸濕與絕緣電阻測試來驗證，軟板會曝露在溫濕環境中，在這種狀態下偵測是否有不當老化或異常品質發生，尤其是絕緣電阻。

● 熱循環測試：這個用來測試熱衝擊對軟板的影響，測試範圍是 − 65 到 +125℃。是模擬環境溫度變化對軟板品質與信賴度影響。

板面清潔度需求

這些檢測的目的，在確認軟板表面沒有殘留過多離子或有機污染，以免發生不利於組裝及長遠信賴度的情形。

離子污染 (solvent extract resistivity)：這個測試用來檢定板面離子污染程度，利用清洗板面所得離子濃度做導電度變化測試。

有許多測試及檢驗，用來確認軟板是否有良好信賴度、穩定度，但這些品檢卻是一般製作者所不樂見的，因為沒有實際附加價值。另外在品檢的爭議，則是某些時候功能沒問題，但品質卻顯示必須分為兩個等級，第二等的要允收還是報廢，這個方面可能也會有爭議。但不論品檢做法為何，要能順利產出良好產品，注意生產控制，以品檢手法及早回饋資訊，降低不良品產出，是改進產品製作的不二法門。

CHAPTER 16

印刷電路板的未來發展

　　高密度增層板在供應與需求推升下快速發展，多層電路板生態也隨之改變。電路板不再只是完成組裝的平台，應用也延伸到半導體晶粒的構裝領域，樹脂基板適用性愈發廣泛。半導體進步不只是密集度提昇，在構裝構造也有顯著變化。這些都會反映在今後電路板的設計、組裝技術變革上。

　　軟板因為數位相機、行動電話、平面顯示器、可攜式產品等的大幅成長而蓬勃發展，特殊電子構裝也因為軟板搭配而更具彈性。軟板整體產值，在電路板領域的比例，這些年來已經達到不可忽視的程度。相關統計呈現，已經佔了整體電路板產值四分之一左右，尤其是可攜式產品的用量大增，軟硬板設計的必要性，都讓這個領域未來可期。

16.1 半導體的發展

(1) 高密度化

　　目前全球晶圓廠投片規模持續成長，奈米級技術已經量產多年，市場已經宣稱個位數奈米級產品都進入量產。更多電晶體配置在同一個晶片上，一再讓尺寸縮小整合度提高，就是半導體業的寫照。但要讓所有功能完全放在同一個晶片上，製作成本與良率仍然是難以跨越的瓶頸。因此較了小系統可以採用所謂系統晶片 (SOC-System On Chip) 外，一般較大型系統還是要透過不同的幾何結構、構裝技術完成完整的功能性製作。且密集度過高，能量密度隨之成長，造成的散熱問題也將會影響電子元件的設計與組裝。

　　許多廠商嘗試採取折衷辦法，將功能分配給不同小晶片，再以載板組合成為多晶片功能模塊 (MCM-Multi Chip Module)。也有組裝是將裸晶粒直接裝載在基板上 (COB-Chip On Board)，之後再與其他功能性元件連結。立體構裝與組裝，改變了電子元件的外型與密集度，使組裝面積縮小、性能提昇，但當裸晶與其他元件混裝時作業難度會提高。因此又有部分晶片會先作出構裝，之後再與其他的元件組裝。這種彈性變化以提高系統密集度的做法，一般被稱為 SIP(System In Package) 或是 SOM(System On Module)，圖 16.1 所示為 SIP 的想法。

▲ 圖 16.1　SIP 的想法 (來源：http://isipkg.com)

(2)　構裝組裝的 3D 化

　　電路板或半導體都還只能在平面發展，要突破元件連結自由度，走向 3D 是較佳的路，因此有 3D 構裝的各種概念應用。

　　由於半導體技術進步神速，電子構裝的技術又變化多端，未來元件發展形式難有定論。

16.2　電路板的整合

　　為達成電子產品應有功能，電路板表面主被動元件愈來愈多，不但組裝面對空間限制，電氣特性控制也愈來愈難。因而陶瓷板內藏元件的想法就被提出，希望部分電阻、電容能作成電路板內藏。這種想法已經部分實現，不過因為物料單價及搭配技術成本仍貴，可攜式產品一度採用之後又因為成本問題有部分回到傳統設計。

　　雖然這類技術走在進退之間，但高性能系統仍多所嘗試，且新材料也陸續推出，複合化產品研發也陸續公佈。在多層層間配置電阻、電容、內藏主動元件，都還是在特定產品中持續出現，整合研究是重要課題。

16.3　電路板基材趨勢

　　環保意識抬頭，現在已經執行無鉛、無鹵政策多年。而面對高階可攜式產品的發展，業者又提出需要低漲縮、高平整度的基材訴求。面對所謂的類載板 (SLP-Substrate Like PCB) 產品，如何提高尺寸穩定度、組裝密度與良率，是下一代基材的必要訴求。智慧型手機薄型化，電路板同樣有壓縮厚度增加層數的壓力，如何應對是基材供應商與板廠都必須面對的挑戰。圖 16.2 所示，為高階手機的主板外觀。應對這種產品的需求，需要可以順利加工的低介電損失基材，同時必須要有比較高的平整性與膨脹係數，以應對高密度組裝的需求。

▲ 圖 16.2　手機主基板外觀 (來源：NTI-2016 市場報告)

16.4　光波導電路板

　　由於光電科技發達，光有不受干擾、傳訊快速的特性，受到電子業的親睞。許多需要大量資訊交換的產品，都期待光電技術與電子產品整合。但是目前光訊號傳輸，仍多限於骨幹網路傳輸，連大分支網路都還未建置完成，因此要全面實用化有待使用端大量普及。

　　當然光電用於電路板訊號傳輸，就是一個普及光電應用的指標。若能將光路與電路共存在電路板上，製作價格也與現在電路板相當，則光電時代就會來臨。

　　一般對於光路描述，是以光波導 (Optical Wave Guide) 稱呼，目前的課題在於如何引用對的材料、如何與電整合、如何讓光 90 度轉向、如何與現有電路板整合等。不少光波導概念及產品仍在開發中，但是在半導體領域的應用，據說已有部分的成果，這方面在電路板的應用還需要業者能整合技術努力達成。圖 16.3 所示為具有光電功能的電路板概念。

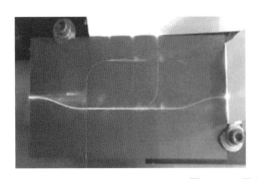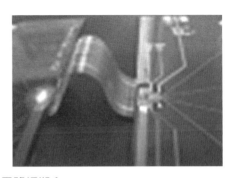

▲ 圖 16.3　具有光電功能的電路板概念

　　由於半導體元件、光電元件、功能元件等整合需求提高，留意整體產品發展軌跡有助於瞭解整體發展趨勢。適度回應觀察所得投入研發，有助於業者掌握先機進入新領域。

16.5　車用電路板

　　汽車產業自動駕駛與高度電子化，讓傳統厚薄板、傳統通孔與盲孔應用的分野模糊化。特別是厚銅結構，過去主要的應用以電源供應產品應用為主，現在因為汽車產業的需要，大電力與高密度整合的電路板，逐漸受到業者重視。圖 16.4 所示，為高密度與厚銅電路板整合應用。

▲ 圖 16.4　高密度與厚銅整合的電路板 (來源：Schweizer Electronic AG)

16.6　變化多端的未來

　　電路板是整體電子產業的基石，作為所有元件連結基地一向是硬式電路板強調的特性，但軟板功能讓硬板操控空間擴大。可攜式電子產品必須便於攜帶、質量輕、好收藏，這些特性使得摺疊、堆疊、密集、3D 構裝都變得更重要。圖 16.5 所示，為多年前 JPCA show 時，日本業者的想像結構。

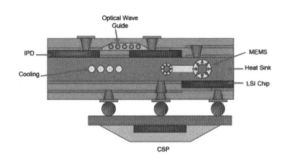

▲ 圖 16.5　日本電子實裝特刊，2007 年電路板埋入機構想像

　　內藏式元件發展，讓以往只是結構元件的電路板不再是無法具有功能的元件，尤其是許多模塊化產品都將埋入主動元件作為目標。環顧全球的電子產業發展，軟板應用與成長性是與日俱增不可忽視。未來電子產品，很難不「軟硬兼施」讓軟板與硬板架接出更多彩的電子世界。

　　這些年大家關注的泛用科技產品發展，以人工智能 (AI-Artificial Intelligence) 最受關注。過去所謂智能化，僅限於一般性行動便捷、效能升級、影音倍增、更自動化、介面更輕便、網路通信更無障礙，這些出現在一般電子產品上，呈現的狀態不難想像。

　　當人工智能出現，虛擬功能隨之而來，可涉及範疇無遠弗屆。人工智能與傳統智慧化最大差異在於互動性、決策性，以往電子世界談智慧性，強調更多便利性、功能性提升。但人工智慧，談的是自我學習、判斷、決策，循環自主運作。會更深入生活，還可能影響生命財產的層次。

　　要達成這種功能境界，少不了硬體搭配，尤其是要人性化、且能符合世俗道德規範。其中重點是能發揮：信息蒐集、快速運算、即時回應、再次循環運作。這些工作應對的硬體，包括：感應 (測) 器、高速處理器、高速記憶、微機電元件、完整網路運作配備等。某些部分算是升級，更大部分是電子元件創新與高度整合。

　　所有智能化都源自資訊處理與傳送，搭配可執行外部硬體。因為產業商機龐大，對國家競爭力影響重大，各大工業國無不卯足力量做產業發展。這類應用已有大範圍發展，比較顯著的項目以：汽車自動駕駛、生活輔助、健康維護輔助、金融應用、社會安全、老齡照護等較受矚目。

　　電路板作為整個電子整合平台，負擔連結、承載功能，自然不可能脫離趨勢。多數傳統生產技術，都將面對高度整合需求挑戰，如：一般電子產品重視訊號處理與通信功能，但對動力整合，過去都是分開製作，比較少著墨。未來汽車自動駕駛，會將厚銅與細線路將整合製作已如前述，這類發展在重要汽車生產大國已看到趨勢。圖 16.6 所示為重要的汽車電子應用趨勢。

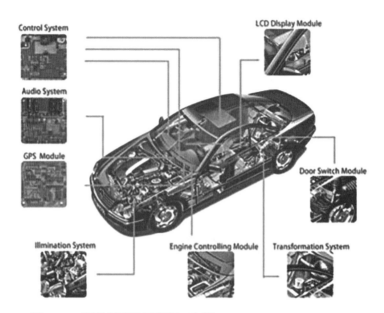

▲ 圖 16.6　汽車重要電子應用 (來源：www.fuelsharksaver.com)

　　微機電技術已經發展很多年，但在實際應用上，比較少有電路板業者加入。這類應用與電路板的整合，仍少看到實際應用案例，這些方面不久的未來都會逐一出現。過去許多理想性推測，都將單一元件發揮所有期待的功能，當作電子電機產品規劃的目標。但比較實際的應用觀點，搭配部分組裝，必然能讓產品發展快速達到量產目標。電路板業者如何提升技術整合力，讓電路板技術能力，能夠跨越傳統侷限，將是未來產業發展的重要方向。

CHAPTER 附錄

印刷電路板重要規格與規範

▼ IPC 規格表

IPC-1710	OEM Standard for Printed Board Manufacturers Qualification Profile(MQP)
IPC-1720	Assembly Qualification Profile
IPC-1730	Laminator Qualification Profile
IPC-1902/IEC-6009	Grid System for Printed Circuits
IPC-2141	Controlled Impedance Circuit Boards and High Speed Logic Design
IPC-2221	Generic Standard on Printed Board Design
IPC-2222	Sectional Standard on Rigid PWB Design
IPC-2223	Sectional Design Standard for Flexible Printed Boards
IPC-2224	Sectional Standard for Design of PWBs for PC Cards
IPC-2225	Design Standard for Organic Multi-chip Modules(MCM-L)and MCM-L Assemblies
IPC-2511	Generic Requirements for Implementation of Product Manufacturing Description Data and Transfer Methodology(GenCA-MTM)
IPC-2524	PWB Fabrication Data Quality Rating System
IPC-3406	Guidelines for Electrically Conductive Surface Mount Adhesives

▼ IPC 規格表 (續)

IPC-3408	General Requirements for An-isotropic Conductive Adhesive Films
IPC-4101	Specification for Base Material for Rigid and Multi-layer PrintedBoards
IPC-4110	Specification and Characterization Methods for Non-woven Cellulose Based Paper for Printed Boards
IPC-4130	Specification and Characterization Methods for Non-woven "E" Glass Mat
IPC-4411	Specification and Characterization Methods for Non-woven Para-Aramid Reinforcement
IPC-6011	Generic Performance Specification for Printed Boards
IPC-6012	Qualification and Performance Specification for Rigid Printed Boards
IPC-6013	Qualification and Performance Specification for Flexible Printed Boards
IPC-6015	Qualification and Performance Specification for Organic Multi-chip Module(MCM-L)Mounting and Interconnecting Structures
IPC-6016	Qualification and Performance Specification for High Density Interconnect(HDI) Layers or Boards
IPC-6018	Microwave End Product Board Inspection and Test
IPC-7711	Rework of Electronic Assemblies
IPC-7721	Repair and Modification of Printed Boards and Electronic Assemblies
IPC-9201	Surface Insulation Resistance Handbook
IPC-9501	PWB Assembly Process Simulation for Evaluation of Electronic Components(Preconditioning IC Components)
IPC-9502	PWB Assembly Soldering Process Guideline for Electronic Components
IPC-9503	Moisture Sensitivity Classification for Non-IC Components
IPC-9504	Assembly Process Simulation for Evaluation of Non-IC Components(Preconditioning Non-IC Components)
IPC-A J-820	Assembly and Joining Handbook
IPC-A-142	Specification for Finished Fabric Woven from Aramid for Printed Boards
IPC-A-20/21	Standard Pitch Stencil Pattern for Slump Test
IPC-A-22	UL Recognition Test Pattern
IPC-A-23	Polymer Thick Film Artwork

▼ IPC 規格表 (續)

IPC-A-24	Surface Insulation Resistance
IPC-A-25	Multipurpose 1&2 Sided Test Pattern
IPC-A-25A	Multipurpose I Sided Test Pattern
IPC-A-26	Surface Insulation Resistance Artwork
IPC-A-28	SMT Assembly Benchmark Artwork/Boards
IPC-A-31	Flexible Raw Material Test Pattern
IPC-A-311	Process Controls for Photo tool Generation and Use
IPC-A-36	Cleaning Alternatives Artwork
IPC-A-38	Fine Line Round Robin Test Pattern
IPC-A-39	Small Hole Reliability Round Robin Artwork
IPC-A-40	Solder Mask Artwork
IPC-A-41	Single-sided Artwork
IPC-A-42	Double-sided Artwork
IPC-A-43	Ten-Layer Multi-layer Artwork
ipc-A-44	Mass Lamination Artwork
IPC-A-46	4.0 Micro via Technology Test Vehicle
IPC-A-47	Composite Test Pattern Ten Layer Photo tool
IPC-A-48	Surface Mount Air Force Mantech Artwork
IPC-A-49	Surface Mount Land Pattern Round Robin Artwork
IPC-A-600E	Acceptability of Printed Boards
IPC-A-610B	Acceptability of Electronic Assemblies
IPC-A-610B-SP	Acceptability of Electronic Assemblies in Spanish
IPC-AC-62A	Post-Solder Aqueous Cleaning Handbook
IPC-AI-641	User's Guidelines for Automated Solder Joint Inspection Systems
IPC-AI-642	User's Guidelines for Automated Inspection of Artwork, Inner-layers, and Unpopulated PWBs
IPC-BP-421	General Specification for Rigid Printed Board Back planes with Press-Fit Contacts
IPC-C-406	Design and Application Guidelines for Surface Mount Connectors

▼ IPC 規格表 (續)

IPC-CA-821	General Requirements for Thermally Conductive Adhesives
IPC-CC-IIOA	Guidelines for Selecting Core Constructions for Multi-layerPrinted Wiring Board
IPC-CC-830A	Qualification and Performance of Electrical Insulating Compound for Printed Board Assemblies
IPC-CD-AI	Electronics Assembly Clip Art Graphics
IPC-CD-BI	Printed Board Fabrication Clip Art Graphics
IPC-CF-148A	Resin Coated Metal for Printed Boards
IPC-CF-152B	Composite Metallic Material Specification for Printed Wiring Boards
IPC-CH-65	Guidelines for Cleaning of Printed Boards and Assemblies
IPC-CI-408	Design and Application Guidelines for the Use of Solder-less Surface Mount Connectors
IPC-CM-770D	Component Mounting Guidelines for Printed Boards
IPC-D-279	Design Guidelines for Reliable Surface Mount TechnologyPrinted Board Assemblies
IPC-D-300G	Printed Board Dimensions and Tolerances
IPC-D-310C	Guidelines for Photo tool Generation and Measurement Techniques
IPC-D-316	Design Guide for Microwave Circuit Boards Utilizing Soft Substrates
IPC-D-317A	Design Guidelines for Electronic Packaging Utilizing High-Speed Techniques
IPC-D-322	Guidelines for Selecting Printed Wiring Board Sizes Using Standard Panel Sizes
IPC-D-325A	Documentation Requirements for Printed Boards
IPC-D-326	Information Requirements for Manufacturing Electronic Assemblies
IPC-D-330	Design Guide Manual
IPC-D-350D	Printed Board Description in Digital Form
IPC-D-356A	Bare Substrate Electrical Test Information in Digital Form
IPC-D-390A	Automated Design Guidelines
IPC-D-422	Design Guide for Press Fit Rigid Printed Board Back planes
IPC-D-859	Design Standard for Thick Film Multi-layer Hybrid Circuits

▼ IPC 規格表 (續)

IPC-DD-135	Qualification Testing for Deposited Organic Interlayer Dielectric Materials for Multi-chip Modules
IPC-DR-570A	General Specification for 1/8 Inch Diameter Shank Carbide Drills for Printed Boards
IPC-DR-572	Drilling Guidelines for Printed Boards
IPC-DRM-18	Component Identification-Desk Reference Manual
IPC-DRM-40	Through-Hole Solder Joint Evaluation-Desk Reference Manual
IPC-DRM-SMT	Surface Mount Solder Joint Evaluation-Desk Reference Manual
IPC-DW-424	General Specification for Encapsulated Discrete Wire Interconnection Boards
IPC-DW-425A	Design and End Product Requirements for Discrete Wiring Boards
IPC-DW-426	Specifications for Assembly of Discrete Wiring
IPC-EG-140	Specification for Finished Fabric Woven Form "E" Glass for Printed Boards
IPC-EM-782	Surface Mount Design and Land Pattern Standard Spreadsheet
IPC-ET-652	Guidelines and Requirements for Electrical Testing of Unpopulated Printed Boards
IPC-FA-251	Assembly Guidelines for Single-Sided and Double-Sided Flexible Printed Circuits
IPC-FA-231C	Flexible Bare Dielectrics for Use in Flexible Printed Wiring
IPC-FC-232C	Adhesive Coated Dielectric Films for Use as Cover Sheets for Flexible Printed Wiring and Flexible Bonding Films
PC-FC-233C	Specification for Adhesive Coated Dielectric Films for Use as Cover Sheets for Flexible Printed Wiring
PC-FC-234	Pressure Sensitive Adhesives Assembly Guidelines for Single-Sided and Double-Sided Printed Circuits
PC-FC-241C	Flexible Metal-Clad Dielectrics for Use in Fabrication of Flexible printed Wiring
PC-HDBK-001	Handbook and Guide to the Requirements of Soldered Electronic Assemblies to Supplement ANSI/J-STD-OOIB
PC-HM-860	Specification for Multi-layer Hybrid Circuits
PC-L-125A	Specification for Plastic Substrates, Clad or Unclad, for HighSpeed/High Frequency Interconnections

▼ IPC 規格表 (續)

PC-M-102	Flexible Circuits Compendium
PC-M-104	Standards for Printed Board Assembly Manual
PC-M-105	Rigid Printed Board Manual
PC-M-106	Technology References for Design Manual
PC-M-107	Standards for Printed Board Materials Manual
PC-M-108	Assembly Cleaning Guides and Handbooks
PC-MB-380	Guidelines for Molded Interconnection Device
PC-MC-324	Performance Specification for Metal Core Boards
PC-MC-790	Guidelines for Multi-chip Module Technology Utilization
PC-MF-150F	Metal Foil for Printed Wiring Applications
PC-MI-660	Incoming Inspection of Raw Materials Manual
PC-ML-960	Qualification and Performance Specification for Mass Lamination Panels for Multi-layer Printed Boards
PC-MS~810	Guidelines for High Volume Micro section
PC~NC-349	Computer Numerical Control Formatting for Drills and Routers
PC-01-645	Standard for Visual Optical Inspection Aids
PC-OL-653A	Qualification of Facilities that Inspect/Test Printed Boards, Components and Materials
PC-OS-95	General Requirements for Implementation of ISO-9000 Quality Systems
PC-PC-90	General Requirements for Implementation of Statistical Process Control
PC-PE-740A	Troubleshooting Guide for Printed Board Manufacture and Assembly
IPC-QE-605A	Printed Board Quality Evaluation Handbook
IPC-QE-615	Electronic Assembly Evaluation Handbook
IPC-QF-143	Specification for Finished Fabric Woven from Quartz(PureFused Silica)for Printed Boards
IPC-QL-653A	Qualification of Facilities that Inspect/Test Printed Boards,Components and Materials
IPC-QS-95	General Requirements for Implementation ofISOO-9000 Quality Systems

▼ IPC 規格表 (續)

IPC-S-816	SMT Process Guideline and Checklist
IPC-SA-61	Post-Solder Semi-aqueous Cleaning Handbook
IPC-SG-141	Specification for Finished Fabric Woven from "S" Glass forPrinted Boards
IPC-SKILL-201	IPC Skill Standards for Printed Wiring Board Manufacturing
IPC-SM~780	Component Packaging and Interconnecting with Emphasis onSurface Mounting
IPC-SM-782A	Surface Mount Design Land Pattern StandardAmendment I Only Amendment 2 Components with Ball Grid Array Contacts
IPC-SM-784	Guidelines for Chip-on Board Technology Implementation
IPC-SM-785	Guidelines for Accelerated Reliability Testing of Surface MountAttachments
IPC-SM-817	General Requirements for Dielectric Surface Mounting Adhesives
IPC-SM-839	Pro-and Post-Solder Mask Application Cleaning Guidelines
IPC-SM-840C	Qualification and Performance of Permanent Solder Mask
IPC-SS-615	Assembly Board Quality Evaluation Slide Set
IPC-T-50F	Terms and Definitions for Interconnecting and Packaging Electronic Circuits
IPC-TA-720	Technology Assessment Handbook on Laminates
IPC-TA-721	Technology Assessment Handbook on Multi-layer Boards
IPC-TA-722	Technology Assessment Handbook on Soldering
IPC-TA-723	Technology Assessment Handbook on Surface Mounting
IPC-TA-724	Technology Assessment on Clean rooms
IPC-TF-870	Qualification and Performance of Polymer Thick Film Printed Boards
IPC-TM-650	Test Methods Manual
IPC-TP-1114	The Layman's Guide to Qualifying a Process to J-STD-OOIB
IPC-TP-1115	Selection and Implementation Strategy for a Low-Residue, No-Clean Process
IPC/EIA J-STD-002A	Solder-ability Test for Component Lead Terminations, Lugs,Terminals and Wires
IPC/JEDEC J-STD-020A	Moisture/Re-flow Sensitivity Classification for Plastic Integrated Circuit Surface Mount Devices
IPC/JEDEC J-STD-033	Standard for Handling, Packing, Shipping and Use of Moisture Re-flow Sensitive Surface Mount Devices

▼ IPC 規格表 (續)

IPC/JEDEC J-STD-035	Acoustic Microscopy for Non-Hermetic Encapsulated Electronic Components
IPC/JPCA-4104	Specification for High Density Interconnect(HDI)and Micro via Materials
IPC/JPCA-6202	Performance Guide Manual for Single-Sided and Double-SidedFlexible Printed Wiring Boards
EMSI T&C	EMSI Terms and Conditions Document
IEC-PAS-62084	Implementation of Flip Chip and Chip Scale Technology
IEC-PAS-62085	Implementation of Ball Grid Array and Other High DensityTechnology
J-STD-OOIB	Requirements for Soldered Electrical and Electronic Assemblies
J-STD-003	Solder-ability Tests for Printed Boards
J-STD-004	Requirements for Soldering Fluxes
J-STD-005	Requirements for Soldering Pastes
J-STD-006	Requirements for Electronic Grade Solder Alloys and Fluxed and Non-Fluxed Solid Solders for Electronic Soldering Applications
J-STD-012	Implementation of Flip Chip and Chip Scale Technology
J-STD-013	Implementation of Ball Grid Array and Other High DensityTechnology
J-STD-026	Semiconductor Design Standard for Flip Chip Applications
J-STD-028	Performance Standard for Flip Chip/Chip Scale Bumps
MC-WP-005	PWB Surface Finishes
PWB EVAL CH	Printed Wiring Board Defect Evaluation Chart
SMC-TR-001	An Introduction to Tape Automated Bonding Fine Pitch Technology
SMC-WP-002	An Assessment of the Use of Lead in Electronic Assembly Surface Mount Council White Paper
SMC-WP-003	Chip Mounting Technology(CMT)
IPC-TR-460A	Trouble-Shooting Checklist for Wave Soldering Printed WiringBoards
IPC-TR-461	Solder-ability Evaluation of Thin Fused Coating
IPC-TR-462	Solder-ability Evaluation of Printed Boards with Protective Coatings Over Long Term Storage
IPC-TR-464	Accelerated Aging for Solder-ability Evaluations and Addendum

▼ IPC 規格表 (續)

IPC-TR-467	Supporting Data and Numerical Examples for ANSI/JSTD-OOIB: Appendix D(Control of Fluxes)
IPC-TR-470	Thermal Characteristics of Multi-layer Interconnection Boards
IPC-TR-476A	Electro chemical Migration: Electrically Induced Failures inPrinted Wiring Assemblies
IPC-TR-551	Quality Assessment of Printed Boards Used for Mounting andInterconnecting Electronic Components
IPC-TR-579	Round Robin Reliability Evaluation of Small Diameter Plated Through Holes in PWBs

▼ MIL 規格一覽表

MIL-P-55110	Printed-Wiring Boards
MIL-P-13949	General Specification for Plastic sheet. Laminated, Metal Clad(for Printed-Wiring Boards)
MIL-STD-105	Sampling Procedures and Tables for Inspectionby Attributes
MIL-STD-202	Test Methods for Electronic and Electrical Component Parts
MIL-STD-275	Printed Wiring for Electronic Equipment
MIL-STD-791	Part and Equipment, Procedures for Packagingand Packing
MIL-STD-810	Environmental Test Methods and Engineering Guidelines
MIL-STD-15662	Calibration Systems Requirements

▼ 印刷電路板銅箔基板相關的 UL 規格表

UL94	Standard for Test for Flammability of Plastic Materials for Parts in Devices and Application
UL746A	Polymeric Materials-Short Term Property Evaluations
UL746B	Polymeric Materials-Long Term Property Evaluations
UL746C	Polymeric Materials-Use in Electrical Equipment Evaluations
UL746D	Polymeric Materials-Fabricated Parts
UL746E	Polymeric Materials-Industrial Laminate, Filament Wound Tubing, Valcanized Fiber, and Materials Usedin Printed Wiring Boards
UL796	Electrical Printed Wiring Boards

參考文獻

1. 電路板機械加工技術 / 林定皓 2015；台灣電路板協會
2. 電路板微切片及規範手冊 / 白蓉生 1999；電路板資訊雜誌社
3. 電路板基礎製程簡介 - 入門篇 / 林定皓 2012；台灣電路板協會
4. 高密度印刷電路板技術 / 林定皓 2015；台灣電路板協會
5. 高密度細線路的製作 / 林定皓 電路板會刊第十八期；台灣電路板協會
6. 印刷電路板設計與製作 / 林水春；全華科技圖書股份有限公司
7. NTI-2016 市場報告 , Dr. Nakahara.
8. Flexible Thinking 系列 / Joseph Fjelstad；Circuittree
9. Tech Talk 系列 / Karl Dietz；Circuittree
10. Micro-Via Filling by Acid Copper Plating/ 竇維平；TPCA Forum Proceedings.(2002)
11. Angstenberger, A., 'Desmear - The Key Processes for Reliable Through-plating of Printed Circuitry', Circuit World, Vol. 20, No. 4, p. 8(1994).
12. Application of Acid Copper Plating Solution for Via Filling/Hideki Hagiwara；TPCA Forum Proceedings.(2000)
13. B.Houghton, "Alternative Metallic PWB Finishes; An Update on the ITRI/ October Project", IPC Expo Proceedings March 1998
14. Bailer, C., 'Converting to Liquid Resist', PC Fabrication, Vol. 18, No. 7, p. 28, July(1995).
15. Carpenter, R., 'Micro-Via Technolog/, CircuiTree, p. 48, November(1996).
16. Chip Scale Package Design；Material；Process；Reliability and Applications / John H. Lau；S.W. Ricky Lee；M cGraw-Hill(1999)
17. CO_2 Laser Drilling in Laser Drillable E-Glass Material/Paul C. W. Lee；TPCA Forum Proceedings.(2001)
18. Coombs. Jr, C. F.,Printed Circuits Handbook-Fourth Edition', MeGraw-Hill.
19. Cousins, Keith(2000)Polymers for Wire and Cable , RAPRA(ISBN 1-85957-183-2)
20. D.Cullen, "New Generation Metallic Solderability Preservatives: Immersion Silver Performance Results", IPC Wor ks September, 1999
21. Fang J. L. and Wu, N. J. 'Study of Antitarnish Films on Copper, Plating & Surface Finishing, p. 54, February(1990).

參考文獻

22. Filled-Via in Build Up Process/Soichiro Kato；TPCA Forum Proceedings(2001)

23. Franck, G@ Jr, 'Cutting Corners: Copper & Solder Plate Strip and Etch Process', PC Fabrication, p. 45, April(1986).

24. Gilleo, K. Expanding Power Hybrid Capability with Flexible Circuitry, Electronic Manufacturing, Sept. 1990.

25. Gilleo. K. Screened Through Hole Technology. Screen imaging Technology for Electronics, pp. 18-22. Feb. 1988.

26. Gonzales, W., 'Consumption of Double-Treated Foil Continues to Rise', CircuiTree, p. 24, July(1994).

27. Handbook of Flexible Circuits, by Gilleo, Ken 1996.

28. Harnden, E., This Time You Can Choose Not To Use Electroless', CircuiTree, p. 14, December(1991).

29. HDI Design / Mike Fitts ; Board Authority from Circuitree(Jun/1999)

30. IPC(1996)IPC-T-50: Term and Definitions for Interconnecting and Packaging Electronic Circuits, Revision F(June 1996), IPC, Northbrook,IL

31. ISBN1-84402-010-X Flexible circuit Technology ；"A review of Flexible circuit technology and it′s application ",Peter Macleod，Jun,2002

32. J.Reed, "Risk Assessment of PCB Alternative Finishes", PC Fabrication July, 2000

33. JPCA Roadmap Call for Increased Test Development Efforts / Steve Gold ; Board Authority from Circuitree(Mar/1999)

34. Keeler, R. Polymer Thick Film Multilayers: Poised tor Takeoff, Electronic Packaging & Production, pp. 36-38. 1987.

35. Low cost flip chip technologies / John H. Lau 2000；McGraw Hill

36. MacNeill, J. A., 'The Effect of Additives on Dry Film Photoregit Stripping', CircuiTree Magazine, p. 42, October(1994).

37. Messner, G. Impact of New Devices On PWB Design and Material Selection, Printed Circuit Design, pp. 4-13, Nov. 1985.

參考文獻

38. Micro Drilling Technology/Takeshi Yamaguchi；TPCA Forum Proceedings(2000)

39. Microvias for low cost high density interconnections /John H. Lau；S.W. Ricky Lee 2001；McGraw Hill

40. Nakahara, H., 'Direct Metalization Technology', Part I, PC Fabrication, October(1992)and Part II, PC Fabrication, November(1982).

41. New Generation of CO2 Laser Drilling/Ohannes Schuchart；TPCA Forum Proceedings. (2002)

42. Payne. D., 'Liquid Etch Resist', PC Fabrication, Vol. 19, No. 3, p. 50, March(1996).

43. 'Performance Evaluation of Aqueous Resist Stripperg', PC Fabrication, p. 43, May(1987).

44. Printed Circuit Assembly Design/Leonard Marks、James Caterina

45. Printed Circuits Handbook(Fifth Edition)/Clyde F. Coombs, Jr.；McGraw-Hill

46. Reiser, A., 'Photoreactive Polymers', in 'The Science and Technology ofResists', John Wiley & Sons, Inc.(1989).

47. Resin Coated Copper Foils For Build Up PCB/Eric Chang；TPCA Forum Proceedings. (2000)

48. Rose, P. R.,'Dry Film Resist Stripping*. PC Fabrication, p. 55, May(1987).

49. Socha, L. and Meyers, J. Termanganate; An Old Chemistry with New Demands', CircuiTree Magazine, p. 52, September(1994).

50. Status of Microvia Technologies in Japan/ Dr. Hayao Nakahara(2003)

51. Stearns, Tom The status of flexible printed wiring as we approach the year 2000, Brander International Consultants, N ashua, New Hampshire

52. Thrasher, H., "Will Direct Plate Methods Replace Electroless Copper PTH Technology?', Circuit World ,Vol.l7, No. 3, p. 28(1991).

國家圖書館出版品預行編目資料

電路板技術與應用彙編 / 林定皓編著. -- 初版. --
新北市 : 全華圖書, 2018.07
面 ; 公分
ISBN 978-986-463-874-1(平裝)

1.CST: 印刷電路

448.62   107010119

電路板技術與應用彙編

作者 / 林定皓

發行人 / 陳本源

執行編輯 / 葉書瑋

出版者 / 全華圖書股份有限公司

郵政帳號 / 0100836-1 號

印刷者 / 宏懋打字印刷股份有限公司

圖書編號 / 06373

初版三刷 / 2022 年 9 月

定價 / 新台幣 490 元

ISBN / 978-986-463-874-1(平裝)

全華圖書 / www.chwa.com.tw

全華網路書店 Open Tech / www.opentech.com.tw

若您對書籍內容、排版印刷有任何問題,歡迎來信指導 book@chwa.com.tw

臺北總公司(北區營業處)
地址:23671 新北市土城區忠義路 21 號
電話:(02) 2262-5666
傳真:(02) 6637-3695、6637-3696

南區營業處
地址:80769 高雄市三民區應安街 12 號
電話:(07) 381-1377
傳真:(07) 862-5562

中區營業處
地址:40256 臺中市南區樹義一巷 26 號
電話:(04) 2261-8485
傳真:(04) 3600-9806(高中職)
　　　(04) 3601-8600(大專)

歡迎加入 全華會員

● 會員獨享
會員享購書折扣、紅利積點、生日禮金、不定期優惠活動…等。

● 如何加入會員
填妥讀者回函卡直接傳真 (02) 2262-0900 或寄回，將由專人協助登入會員資料，待收到
E-MAIL 通知後即可成為會員。

如何購書 全華書籍

1. 網路購書
全華網路書店「http://www.opentech.com.tw」，加入會員購書更便利，並享有紅利積點
回饋等各式優惠。

2. 全華門市、全省書局
歡迎至全華門市（新北市土城區忠義路 21 號）或全省各大書局、連鎖書店選購。

3. 來電訂購
(1) 訂購專線：(02) 2262-5666 轉 321-324
(2) 傳真專線：(02) 6637-3696
(3) 郵局劃撥（帳號：0100836-1　戶名：全華圖書股份有限公司）
※ 購書未滿一千元者，酌收運費 70 元。

OpenTech.com.tw
全華網路書店

全華網路書店 www.opentech.com.tw
E-mail: service@chwa.com.tw

※ 本會員制如有變更則以最新修訂制度為準，造成不便請見諒。

讀者回函卡

填寫日期： ／ ／

姓名： 生日：西元 年 月 日 性別：□男 □女

電話：（ ） 傳真：（ ） 手機：

e-mail： （必填）

註：數字零，請用 Φ 表示，數字 1 與英文 L 請另註明並書寫端正，謝謝。

通訊處：□□□□□

學歷：□博士 □碩士 □大學 □專科 □高中 □職

職業：□工程師 □教師 □學生 □軍 □公 □其他

學校／公司： 科系／部門：

· 需求書類：

□ A. 電子 □ B. 電機 □ C. 計算機工程 □ D. 資訊 □ E. 機械 □ F. 汽車 □ I. 工管 □ J. 土木

□ K. 化工 □ L. 設計 □ M. 商管 □ N. 日文 □ O. 美容 □ P. 休閒 □ Q. 餐飲 □ B. 其他

· 本次購買圖書為： 書號：

· 您對本書的評價：

封面設計：□非常滿意 □滿意 □尚可 □需改善，請說明

內容表達：□非常滿意 □滿意 □尚可 □需改善，請說明

版面編排：□非常滿意 □滿意 □尚可 □需改善，請說明

印刷品質：□非常滿意 □滿意 □尚可 □需改善，請說明

書籍定價：□非常滿意 □滿意 □尚可 □需改善，請說明

整體評價：請說明

· 您在何處購買本書？

□書局 □網路書店 □書展 □團購 □其他

· 您購買本書的原因？（可複選）

□個人需要 □幫公司採購 □親友推薦 □老師指定之課本 □其他

· 您希望全華以何種方式提供出版訊息及特惠活動？

□電子報 □ DM □廣告 （媒體名稱 ）

· 您是否上過全華網路書店？（www.opentech.com.tw）

□是 □否 您的建議

· 您希望全華出版那方面書籍？

· 您希望全華加強那些服務？

～感謝您提供寶貴意見，全華將秉持服務的熱忱，出版更多好書，以饗讀者。

全華網路書店 http://www.opentech.com.tw 客服信箱 service@chwa.com.tw

2011.03 修訂

親愛的讀者：

感謝您對全華圖書的支持與愛護，雖然我們很慎重的處理每一本書，但恐仍有疏漏之處，若您發現本書有任何錯誤，請填寫於勘誤表內寄回，我們將於再版時修正，您的批評與指教是我們進步的原動力，謝謝！

全華圖書 敬上

勘誤表

書號	頁數	行數	書名	作者
			錯誤或不當之詞句	建議修改之詞句

我有話要說： （其它之批評與建議，如封面、編排、內容、印刷品質等⋯⋯）